Edições PensareDiverso
Coleção «O Campo da Consciência».

AF720344

Entrelacamento quântico e campo de consciência na forma viva.

Bruno Del Medico.

A biologia dos campos

Entrelacamento quântico e campo de consciência na nova biologia da vida.

As implicações para a saúde e a doença

Edições PensareDiverso
edizioni@delmedico.it
www.giardinoquantico.it

Índice .

Introdução .

O que é, afinal, um organismo vivo? Uma máquina bioquímica extremamente complexa, como nos ensinou a biologia do século XX, ou algo mais: uma estrutura de sentido, um sistema informativo capaz de manter a forma, a identidade e a finalidade ao longo do tempo? A biologia dos campos nasce desta questão radical e acompanha o leitor numa viagem que atravessa a ciência, a filosofia e as novas fronteiras do pensamento biológico.

Nas últimas décadas, os avanços da genética molecular e da bioquímica produziram resultados extraordinários, mas também revelaram os limites de um paradigma puramente reducionista. Explicar a vida como a soma de reações químicas ou como a simples execução de um código genético já não basta para dar conta de fenómenos fundamentais: a forma, a coerência do organismo, a auto-organização, a capacidade de adaptação criativa e, em última análise, o significado biológico.

Este livro propõe uma mudança de perspetiva: considerar os organismos como estruturas informativas estabilizadas, sustentadas por campos de coerência que precedem e organizam as partes materiais individuais. Não se trata de uma fuga para o vago ou para o simbólico, mas de uma tentativa rigorosa de integrar contributos provenientes da física dos sistemas complexos, da biologia teórica, das neurociências e de uma releitura crítica das tradições vitalistas à luz dos conhecimentos contemporâneos.

Desde a crise do paradigma bioquímico clássico até ao problema por resolver da forma na biologia evolutiva, o texto mostra como a vida pode ser compreendida de forma mais eficaz se for concebida como um u um fenómeno de coerência não-local, em que o todo não é o resultado das partes, mas sim a sua condição de possibilidade. Nesta perspetiva, os campos biológicos não são metáforas sugestivas, mas sim instrumentos conceptuais para descrever como a informação se concretiza, como a energia se transforma em organização e como o organismo mantém a sua identidade dinâmica.

Esta visão tem implicações profundas também na forma como entendemos a saúde e a doença. A saúde surge como um estado de coerência global, enquanto a patologia se apresenta como uma fragmentação do campo, uma perda de harmonia informativa antes mesmo de ser uma avaria mecânica. Ao mesmo tempo, a vida é reinterpretada como um processo cognitivo difuso: cada organismo, no seu próprio existir, conhece, avalia e responde ao mundo.

A biologia dos campos abre um espaço de reflexão responsável, no qual a ciência e a metafísica voltam a dialogar sem se confundirem. Um convite a repensar a vida não apenas como um facto natural, mas como um acontecimento de sentido no universo, e o saber biológico como um conhecimento que implica, inevitavelmente, também uma escolha cultural e ética.

Introdução. Uma nova gramática conceptual.

Porque a vida já não pode ser concebida como matéria em movimento.

Durante mais de um século, a biologia falou a linguagem da física clássica: matéria, colisões, reações, cadeias causais. Uma linguagem poderosa, que produziu resultados extraordinários, mas que hoje mostra fissuras cada vez mais evidentes. Não porque faltem dados — pelo contrário —, mas porque esses dados parecem dizer mais do que as categorias tradicionais são capazes de compreender. Esta introdução nasce daqui: da sensação, cada vez menos latente, de que a vida já não pode ser concebida como mera matéria em movimento, como uma soma de reações químicas orquestradas pelo acaso e filtradas pela necessidade.

O objetivo desta introdução não é demonstrar uma nova teoria biológica, nem propor experiências alternativas. A sua tarefa é mais radical e, ao mesmo tempo, mais sóbria: preparar o terreno conceptual do livro, esclarecer por que razão é necessário mudar a gramática antes mesmo de mudar o modelo. As páginas que se seguem convidam o leitor a suspender, por um momento, o automatismo com que identificamos o vivo com o mecânico, para explorar a ideia de que a vida é, antes de mais nada, um fenómeno de coerência, de campo, de informação que ganha forma.

Nas últimas décadas, a biologia molecular, a teoria dos sistemas complexos, a epigenética e algumas convergências com a física contemporânea geraram um paradoxo silencioso: sabemos cada vez mais sobre os componentes elementares do ser vivo, mas temos dificuldade em explicar por que razão o organismo, no seu conjunto, se comporta como uma unidade dotada de estabilidade, plasticidade e sentido. O problema, como já observava Ludwig von Bertalanffy, fundador da teoria dos sistemas, não está nos factos, mas no olhar: *«Os sistemas vivos não são agregados de partes, mas totalidades organizadas»*. Uma frase que hoje soa menos filosófica e mais operacional do que parecia em meados do século XX.

É aqui que surge aquilo a que poderíamos chamar a crise silenciosa da biologia moderna. Silenciosa porque não se manifesta como um fracasso experimental, mas como um mal-estar interpretativo. Fenómenos como a morfogénese, a regulação global do organismo, a surpreendente robustez dos sistemas vivos perante perturbações, ultrapassam a causalidade linear sem, por isso, violarem qualquer lei natural. Como escreveu o biólogo e Prémio Nobel Albert Szent-Györgyi, *«a vida é uma propriedade da organização, não das moléculas»*. Uma constatação simples, quase óbvia, mas profundamente desestabilizadora para uma biologia habituada a procurar as causas últimas nos blocos elementares.

Quando os dados ultrapassam as teorias, não é raro que a ciência reaja estreitando o seu olhar, aperfeiçoando os instrumentos e acumulando mais detalhes. Este livro opta por um caminho diferente: questiona se não será o quadro conceptual que deve ser alargado. A ideia de campo biológico, que será desenvolvida nas partes seguintes, não surge como uma metáfora sugestiva, mas como uma tentativa de conceber o organismo como uma estrutura informativa estabilizada, na qual o todo precede e orienta as partes. Neste sentido, a referência à informação não deve ser entendida de forma abstrata ou digital, mas como um princípio encarnado, capaz de gerar forma, função e continuidade no tempo.

Uma passagem análoga tinha sido intuída, noutro contexto, pelo físico David Bohm quando escreveu que *«numa ordem implícita, o todo está presente em cada parte»*. Transferida para o domínio biológico, esta intuição sugere que o ser vivo não é simplesmente construído a partir de baixo, mas mantido a partir de cima, por uma ordem de coerência que não coincide com nenhum componente material isolado. Não se trata de abandonar a bioquímica, mas de reconhecer o seu limite explicativo quando utilizada como ontologia total.

Do mecanismo ao significado: é este o movimento que a introdução pretende iniciar. Falar de significado na biologia não equivale a introduzir finalismos ingénuos, mas a reconhecer que cada organismo opera constantemente distinções, mantém relações, conserva uma forma. Neste sentido, a afirmação de Francisco Varela continua a ressoar como atual: *«Viver é um processo de conhecimento»*. Uma frase que abre espaço a uma biologia capaz de dialogar não só com a física, mas também com a epistemologia e a filosofia da natureza, sem perder o rigor.

Esta introdução é, portanto, um ponto de partida. Não oferece soluções, mas sim orientações. Não responde a todas as perguntas, mas esclarece por que razão as próprias perguntas devem ser reformuladas. Nos capítulos seguintes, a crise do paradigma clássico, a noção de coerência, a ideia de campo e as implicações para a saúde e a doença serão exploradas com maior profundidade. Aqui, o leitor é simplesmente convidado a considerar uma possibilidade: que a vida não seja apenas o que acontece na matéria, mas a forma como a matéria é continuamente informada, mantida unida e dotada de significado.

As palavras com que pensamos a vida.

Cada ciência nasce duas vezes: uma nos laboratórios e outra na linguagem com que tenta contar a sua história. A biologia não é exceção. Desde as suas origens modernas, tomou emprestadas palavras, imagens e metáforas da física e da engenharia, encontrando nelas uma extraordinária força explicativa. Falar de «mecanismos», «engrenagens moleculares», «programas genéticos» permitiu tornar o ser vivo compreensível, decompor-no, analisá-lo, manipulá-lo. Mas hoje, precisamente quando a biologia dispõe de uma quantidade de dados sem precedentes, essas mesmas metáforas começam a revelar o seu lado obscuro: mais do que esclarecer, por vezes parecem ocultar.

É necessário focar um ponto frequentemente negligenciado: o problema não é apenas o que sabemos sobre a vida, mas como o dizemos. A linguagem científica não é um mero veículo neutro de informação; orienta o olhar, sugere relações causais, estabelece o que parece plausível e o que é excluído a priori. Como recordava a filósofa da ciência Mary Hesse, *«as metáforas não são ornamentos do pensamento científico, mas instrumentos cognitivos»*. Instrumentos que, precisamente por serem poderosos, podem tornar-se restrições invisíveis.

A metáfora mecanicista acompanhou a biologia com uma coerência quase perfeita. Desde o século XVII que o organismo tem sido concebido como uma máquina sofisticada, o corpo como um aparelho, a célula como uma fábrica química. No século XX, com o advento da genética molecular, o léxico foi atualizado sem alterar verdadeiramente o registo: o ADN tornou-se um «código», os genes «instruções», o organismo a execução de um «programa». Em 1961, quando François Jacob falava de *«programme* génétique», a expressão parecia esclarecedora; hoje, décadas depois, muitos biólogos reconhecem que essa metáfora corre o risco de sugerir um determinismo linear que os dados reais não confirmam.

O ponto crítico surge quando a linguagem começa a preceder a observação, em vez de a seguir. Fenómenos como a plasticidade fenotípica, a regulação epigenética ou a auto-organização dos sistemas vivos têm dificuldade em encontrar lugar num vocabulário concebido para descrever cadeias de comando e sequências instrutivas. O biólogo inglês Denis Noble observou, não sem uma certa ironia, que *«os genes não são comandos, mas recursos»*. Mudar uma palavra, neste caso, significa mudar a própria imagem do organismo: já não é um executor passivo, mas um sistema dinâmico que integra sinais, contextos e restrições globais.

É nesta discrepância entre a linguagem e os fenómenos que se insere a proposta deste livro. Falar de campo, de coerência, de informação incorporada não equivale a introduzir termos vagos ou sugestivos, mas a tentar uma recalibração do discurso e o científico. Aliás, a história da ciência mostra que os momentos de viragem coincidem frequentemente com uma profunda mudança lexical. Quando Michael Faraday introduziu o conceito de campo na física, não estava a acrescentar uma entidade misteriosa, mas a proporcionar uma nova forma de expressar o que as equações já deixavam entrever. De forma semelhante, na biologia, o recurso a uma linguagem menos mecanicista visa tornar expressável o que os dados mostram, mas que as antigas metáforas já não conseguem abranger.

Esta reflexão não implica a rejeição da precisão científica, nem uma fuga para linguagens poéticas ou simbólicas. Pelo contrário, como sublinhava Niels Bohr, *«estamos suspensos na* linguagem», e precisamente por isso devemos usá-la com rigor e consciência. O problema não é usar metáforas, mas esquecer que são metáforas. Quando o organismo é descrito exclusivamente como uma máquina, torna-se difícil concebê-lo como uma unidade dotada de história, memória e estabilidade dinâmica. Quando a vida é reduzida a matéria em movimento, o que escapa não é o pormenor, mas o sentido global.

Este parágrafo pretende, portanto, oferecer ao leitor uma chave de leitura: antes de nos aprofundarmos nos temas da crise do paradigma clássico, da coerência biológica e dos campos da vida, é necessário questionar o vocabulário com que estes temas são abordados. Porque, como escreveu o linguista Benjamin Lee Whorf, *«analisamos a natureza de acordo com as linhas traçadas pela nossa língua»*. Repensar a biologia significa, inevitavelmente, repensar também as palavras com que a descrevemos.

Dos campos físicos aos campos da vida.

Há um sinal subtil, mas cada vez mais reconhecível, que atravessa muitas disciplinas científicas contemporâneas: a sensação de que os fenómenos mais interessantes já não se deixam descrever como simples cadeias de causas e efeitos locais. Na física, nas neurociências, na ecologia e até mesmo em alguns ramos da economia teórica, palavras como «campo», «coerência», «emergência» e «organização global» entraram no léxico não por moda, mas por necessidade. A biologia, neste sentido, não é uma exceção isolada, mas sim o último elo de uma transformação mais ampla da forma de conceber a natureza.

O caso mais conhecido é o da física do século XX. Quando, entre os anos 20 e 30, a mecânica quântica e a eletrodinâmica dos campos se afirmaram, tornou-se claro que certas propriedades não pertencem aos objetos considerados individualmente, mas ao sistema no seu conjunto. Em Göttingen e em Copenhaga, locais que hoje parecem quase míticos na história da ciência, discutia-se o facto de uma partícula já não poder ser concebida como um ponto isolado, mas sim como um nó numa rede de relações. Sem entrar em pormenores técnicos, o que importa é a mudança de perspetiva: a realidade não é uma soma de partes, mas sim uma configuração coerente.

Algo semelhante acontece hoje nas neurociências. A partir da década de 1990, com o desenvolvimento das técnicas de *neuroimagem*, começou-se a observar que funções como a perceção ou a consciência não correspondem a um único «centro» no cérebro, mas a padrões dinâmicos de sincronização entre áreas distantes. O neurocientista Francisco Varela falava de coerência neural para descrever estes estados transitórios, mas altamente organizados. Não se trata de um comando central, mas de um acordo temporário, semelhante (como afirmou numa conferência em Paris, em 1998) a um *conjunto de jazz* mais do que a uma orquestra clássica.

A ecologia também oferece exemplos esclarecedores. Os ecossistemas são hoje estudados como campos de interações não lineares, onde a estabilidade não depende da imutabilidade, mas da capacidade de absorver perturbações mantendo uma estrutura global. O trabalho de C.S. Holling sobre a resiliência ecológica, desenvolvido entre o Canadá e a Escandinávia na década de 1970, demonstrou que um sistema vivo pode mudar continuamente sem perder a sua identidade. Uma ideia que ressoa profundamente com a noção biológica de organismo como estrutura informativa estabilizada.

Esta rápida análise comparativa não serve para importar modelos de uma ciência para outra, nem para forçar analogias. Serve, antes, para situar a biologia dos campos num contexto cultural e científico mais amplo, no qual conceitos como coerência e campo emergem espontaneamente sempre que nos deparamos com sistemas complexos e vivos. A sensação, partilhada por muitos investigadores em diferentes áreas, é que a linguagem reducionista funciona bem para os componentes, mas perde eficácia quando se trata de compreender o comportamento do todo. A biologia, hoje em dia, parece encontrar-se exatamente neste limiar.

A biologia que funciona, mas não compreende.

Se olharmos para a biologia contemporânea de fora, a ideia de uma «crise» pode parecer quase paradoxal. Nunca como hoje dispusemos de instrumentos tão sofisticados, bases de dados infinitas, tecnologias capazes de ler, reescrever e visualizar os processos vitais com uma precisão impensável há apenas algumas décadas. No entanto, precisamente no seio da comunidade científica, espalha-se uma sensação menos triunfalista: a de uma disciplina que avança rapidamente, mas sem saber exatamente para que ideia de vida está a caminhar.

É uma crise silenciosa porque não produz rupturas espetaculares, nem conflitos abertos entre escolas de pensamento. Não há uma experiência que «não funcione», nem uma anomalia clamorosa que obrigue a reescrever os manuais da noite para o dia. O mal-estar surge noutro lugar: na forma como os resultados são interpretados, categorizados e narrados. Como já observava na década de 1990 a historiadora da ciência Evelyn Fox Keller, o problema não é a falta de explicações, mas o excesso de explicações parciais que não se articulam numa visão global.

Uma anedota que circulou durante muito tempo nos corredores do *«Laboratory of Molecular* Biology» de Cambridge conta que Sydney Brenner, um dos pais da biologia molecular, gostava de repetir com um toque de provocação: *«Sabemos tudo sobre os genes, mas ainda não sabemos o que é um organismo»*. A frase, atribuída a uma conversa informal dos primeiros anos dos anos 2000, não era uma confissão de ignorância, mas sim um diagnóstico lúcido. A biologia destaca-se na análise dos componentes, mas tem dificuldade em explicar como é que esses componentes se transformam numa forma de vida e e estável, capaz de se manter, adaptar-se e reconhecer-se como uma unidade.

O problema interpretativo manifesta-se sempre que se tenta ligar diferentes níveis de descrição. Os mapas genómicos, as redes de regulação e os fluxos metabólicos fornecem informações extremamente detalhadas, mas a transição do «como funciona uma parte» para o «por que é que o organismo é assim e não de outra forma» continua a ser problemática. Não por falta de dados, mas porque o quadro conceptual dominante tende a tratar o organismo como o resultado emergente de processos locais, sem questionar a estabilidade global da forma.

Esta discrepância é evidente também na formação científica. Em muitas universidades europeias e norte-americanas, incluindo Heidelberg e Stanford, discute-se há anos a dificuldade que os estudantes têm em interligar a biologia molecular, a fisiologia e a morfologia. As disciplinas coexistem, mas falam línguas ligeiramente diferentes. O resultado é um conhecimento fragmentado, altamente competente a nível técnico, mas hesitante quando se trata de articular uma noção unificada da vida.

A crise, portanto, não diz respeito à validade das experiências, mas sim ao horizonte interpretativo no qual estas se inscrevem. Continuar a acumular dados sem rever as categorias conceptuais corre o risco de produzir aquilo a que o filósofo da ciência Thomas Kuhn teria chamado uma «*ciência* normal», cada vez mais eficiente e cada vez menos questionadora. Neste sentido, a biologia moderna assemelha-se a uma biblioteca infinita onde os livros aumentam, mas o catálogo conceptual permanece estagnado.

Falar de crise interpretativa não significa invocar uma mudança de método ou uma rebelião contra o rigor experimental. Significa reconhecer que a pergunta «o que é um organismo?» não pode ser resolvida apenas melhorando a resolução dos instrumentos. Exige um repensar dos quadros teóricos, uma maior atenção aos princípios de organização, de continuidade e de estabilidade informativa que mantêm unida a vida. É neste limiar, discreto mas decisivo, que se situa a proposta de uma biologia dos campos.

Ver nunca é neutro: são as imagens que determinam o que é a vida.

Cada época científica olha para a vida através das imagens que sabe produzir. Não se trata de um pormenor estético, mas de uma escolha epistemológica profunda. Quando, na segunda metade do século XIX, Rudolf Virchow afirmava em Berlim que *«omnis cellula e* cellula» (*cada célula nasce de outra célula*), não estava apenas a enunciar um princípio biológico: estava a consagrar uma visão do ser vivo moldada pela imagem ao microscópio óptico, pela célula como unidade discreta, delimitada e autossuficiente.

Desde então, a biologia tem vindo a aperfeiçoar os seus instrumentos visuais — microscopia eletrónica, fluorescência, imagiologia molecular — sem, no entanto, questionar-se suficientemente sobre o que estas imagens sugerem implicitamente. Os mapas metabólicos, as sequências genéticas visualizadas como códigos lineares, os diagramas em cascata das vias de sinalização celular contam uma história precisa: a de uma vida que pode ser decomposta, localizada e governada por causas pontuais. No entanto, como já observava na década de 1970 o biofísico inglês Brian Goodwin, ao analisar os processos de morfogénese embrionária, *«as imagens explicam menos do que prometem»*. Mostram-nos o «onde», raramente o «como» e quase nunca o «porquê».

Um caso emblemático é a famosa «dupla hélice» do ADN, tornada icónica pelo modelo de Watson e Crick em 1953, em Cambridge. Uma imagem extremamente poderosa, capaz de orientar décadas de investigação, mas também de consolidar a ideia de que a informação biológica reside numa estrutura estática, legível como um texto. Em contrapartida, foi dado muito menos espaço visual aos fenómenos de regulação epigenética, aos campos elétricos celulares estudados por Lionel Jaffe em Berkeley, ou aos padrões dinâmicos de e m observados na década de 1990 nos laboratórios de desenvolvimento embrionário em Quioto e Tübingen. Não porque fossem menos reais, mas porque eram mais difíceis de «fotografar». Como recordava o filósofo da ciência Ian Hacking, as imagens científicas não se limitam a representar o mundo: contribuem para estabelecer o que conta como real. Na biologia, isto significou privilegiar o que é isolável e colorável, em detrimento do que é relacional, difuso e coerente. É neste ponto cego, silencioso mas decisivo, que se abre a perspetiva dos campos biológicos: não contra as imagens, mas para além do seu poder de simplificação.

Laboratórios sem horizonte: a fragmentação do conhecimento biológico.

Há um aspeto da crise da biologia contemporânea de que pouco se fala, talvez porque toca em pontos sensíveis que vão além do laboratório: a sua dimensão social e institucional. A biologia de hoje não sofre por falta de dados, nem por carência de tecnologias. Pelo contrário, produz informação em quantidades vertiginosas. No entanto, como já observava na década de 1990 o sociólogo da ciência Bruno Latour durante as suas investigações sobre o trabalho quotidiano nos laboratórios, o conhecimento nunca surge no abstrato: está sempre inscrito em redes de financiamento, carreiras, revistas, concursos e indicadores de produtividade. Neste contexto, a hiperespecialização não é apenas uma escolha epistémica, mas uma estratégia de sobrevivência. Estudar uma única proteína, uma via metabólica circunscrita, um recetor isolado é frequentemente mais «financiável» do que questionar-se sobre o funcionamento global de um organismo.

Um biólogo molecular que conheci há anos num centro de investigação europeu — vamos chamá-lo de M. — contava, com uma pitada de ironia, que no seu departamento *«todos sabem tudo sobre quase nada»*. A piada capta um ponto essencial: a divisão do « » trabalho científico, impulsionada por sistemas de avaliação quantitativos, tende a fragmentar o ser vivo em problemas cada vez mais pequenos, perfeitamente analisáveis, mas cada vez menos reconduzíveis a um quadro unitário. Não é por acaso que conceitos como «campo», «coerência» ou «organização global» são frequentemente percebidos como vagos ou suspeitos: não porque careçam de fundamento, mas porque não encontram facilmente lugar nos formulários de um *subsídio* ou nos critérios de uma revista com elevado *fator de impacto.*

Já em 1962, Thomas Kuhn, na sua obra *«A Estrutura das Revoluções* Científicas», observava que os paradigmas não mudam apenas pelo acúmulo de anomalias, mas quando se torna possível imaginar outra forma de fazer ciência. Hoje, na biologia, muitas anomalias estão à vista de todos: regulações não locais, sincronizações à distância, resiliências sistémicas dificilmente explicáveis em termos puramente bioquímicos. O que falta não são as observações, mas os espaços institucionais e culturais para as integrar. A isto acrescenta-se um efeito paradoxal: quanto mais uma disciplina se torna poderosa a nível técnico, mais tende a defender as suas próprias categorias interpretativas, porque delas dependem financiamentos, reputações e escolas de investigação inteiras. Como observou o Prémio Nobel Peter Medawar numa conferência em Londres em 1974, *«a ciência pode tornar-se conservadora precisamente quando parece mais avançada»*.

Neste cenário, falar de organismos como estruturas informativas estabilizadas não significa propor uma heresia, mas tentar uma recomposição. Não se trata de negar o valor das análises moleculares, mas sim de reconhecer que estas descrevem fragmentos de um processo mais amplo, que requer uma linguagem capaz de atravessar diferentes níveis. A biologia dos campos surge também como resposta a uma questão implicitamente sociológica: como devolver unidades de sentido a uma ciência que, pela forma como está organizada, corre o risco de perder a visão do todo precisamente enquanto acumula detalhes sem precedentes.

Prever não é compreender: o paradoxo da biologia contemporânea.

Uma das características mais surpreendentes — e menos discutidas — da biologia contemporânea é o fosso crescente entre o que sabemos fazer e o que sabemos compreender. Tornámo-nos extraordinariamente hábeis a prever e a manipular processos biológicos: antecipamos a expressão de um gene, modificamos uma proteína, bloqueamos uma cascata inflamatória, orientamos uma célula estaminal para um destino em vez de outro. No entanto, se pararmos por um instante, a pergunta mais simples permanece frequentemente sem resposta: o que é, no seu conjunto, o organismo que estamos a controlar? Esta tensão não é nova. Já em 1917, em Viena, Ludwig von Bertalanffy anotava nos seus cadernos que *«a capacidade de previsão não coincide com a compreensão da organização»*. Um século depois, a distância entre as duas parece ter-se alargado.

Um exemplo emblemático vem da história recente da farmacologia. Na década de 2000, em vários centros de investigação entre Boston e Basileia, aperfeiçoou-se a capacidade de conceber medicamentos altamente seletivos, capazes de atingir um único alvo molecular com precisão quase cirúrgica. As previsões experimentais confirmavam-se: o recetor era inibido, o sinal bloqueado. No entanto, nos ensaios clínicos, os efeitos sistémicos inesperados multiplicavam-se.

Como relatou um investigador envolvido num desses programas, *«tudo estava sob controlo, exceto o organismo»*. A previsão local não se traduzia em compreensão global. O problema não era técnico, mas sim conceptual: o organismo respondia como uma unidade coerente, não como uma soma de partes independentes.

Esta discrepância remete para uma distinção clássica, cara à tradição filosófica alemã, entre Erklären e Verstehen: explicar um mecanismo não equivale a compreender um significado. Na biologia, a explicação causal produziu resultados extraordinários, mas tende a perder de vista a dimensão organizacional e , aquela que dá sentido às interações locais. Norbert Wiener, fundador da cibernética, recordava em 1950 que *«um sistema pode ser previsível e, no entanto, incompreensível, se ignorarmos o princípio que o organiza»*. É precisamente aqui que a perspetiva dos campos biológicos introduz uma descontinuidade: não nega a previsão, mas relativiza-a, inserindo-a num quadro em que o comportamento das partes só adquire significado em referência a uma totalidade informada.

A biologia dos campos sugere que compreender um organismo não significa apenas antecipar as suas respostas, mas captar a sua lógica interna de estabilização, as regras implícitas que mantêm a forma, a função e a identidade ao longo do tempo. Como observava o neurofisiologista Kurt Goldstein, ao trabalhar com doentes com lesões cerebrais em Frankfurt na década de 1930, o organismo não «reage» simplesmente aos estímulos: reorganiza-se a si próprio. Prever um único resultado experimental pode ser útil; compreender a organização que torna esse resultado possível é outra tarefa, mais lenta e menos imediatamente aplicável, mas decisiva se quisermos realmente falar da vida como um fenómeno dotado de sentido.

Dados rebeldes: o que os organismos fazem e as teorias não explicam.

Há um momento, na história de cada ciência, em que os dados começam a comportar-se de forma anómala. Não porque estejam errados, mas porque já não se encaixam no seu lugar. Continuam a acumular-se, são reproduzíveis, sólidos, muitas vezes até espetaculares, e, no entanto, não se enquadram nos paradigmas teóricos disponíveis. Na biologia, este momento não é repentino nem declarado: é silencioso, progressivo, quase embaraçoso. Os fenómenos observados funcionam, mas não «fazem sentido». É como assistir a um concerto em que cada músico toca corretamente, mas a harmonia global escapa a qualquer partitura conhecida.

Um exemplo clássico vem da morfogénese, o estudo de como um organismo toma forma. Em 1952, num gabinete da Universidade de Manchester, Alan Turing — o mesmo matemático que tinha ajudado a decifrar o Enigma — publicou um artigo surpreendente na revista *«Philosophical Transactions of the Royal Society»*. Demonstrava que reações químicas simples, quando combinadas com processos de difusão, podiam gerar padrões complexos: riscas, manchas, simetrias. O modelo funcionava e ainda hoje é utilizado. Mas já nessa altura era claro que explicar como surge uma forma não equivalia a explicar por que razão essa forma permanece estável, reconhecível e capaz de se regenerar se danificada. Os dados revelavam uma regularidade que ultrapassava a cadeia local de causa e efeito.

Ainda mais surpreendente é o caso da regeneração. Qualquer pessoa que já tenha observado uma planária — um pequeno verme achatado estudado desde o século XIX — sabe que ela consegue reconstruir um organismo inteiro a partir de um fragmento minúsculo. Quando cortada em várias partes, não produz um amontoado aleatório de células, mas novos indivíduos completos, com cabeça e cauda no lugar certo. No decorrer de experiências realizadas entre os anos 20 e 30 por Thomas Hunt Morgan em Woods Hole, em Massachusetts, o fenómeno já estava bem documentado. O problema não era empírico: era teórico. Nenhuma cadeia linear de instruções locais parecia suficiente para explicar como é que as células «sabiam» onde se posicionar. Os dados apontavam para uma regência global, mas a linguagem disponível falava apenas de reações pontuais.

Fenómenos análogos surgem na biologia celular contemporânea. O chamado «*quorum* sensing», observado pela primeira vez na década de 1970 em bactérias marinhas estudadas em Honolulu, mostra como populações unicelulares alteram o seu comportamento coletivo em função da densidade, ativando genes apenas quando é atingido um limiar crítico. Nenhuma célula, considerada isoladamente, contém a causa da mudança. É o sistema no seu conjunto que produz um novo estado. A causalidade já não é linear, mas sim distribuída: não é «A causa B», mas sim «uma configuração torna possível um evento».

Até a genética, durante muito tempo considerada o bastião da explicação determinística, viu-se confrontada com um excesso de dados. Barbara McClintock, ao trabalhar com milho nas décadas de 1940 e 1950 em Cold Spring Harbor, observou que o genoma não é um texto estático, mas um sistema dinâmico capaz de se reorganizar em resposta ao stress e ao contexto. Falava de «genoma sensível», uma expressão que lhe valeu décadas de incompreensão antes do Prémio Nobel de 1983. Os dados existiam, mas as teorias não estavam preparadas para os acolher.

Estes exemplos, diferentes em escala e contexto, convergem num ponto crucial: o ser vivo manifesta propriedades emergentes que não se deixam reduzir a concatenações lineares de causas. A biologia dos campos surge precisamente neste espaço de excedência, onde os factos exigem uma gramática diferente. Não para abandonar o rigor, mas para reconhecer que o organismo funciona como uma estrutura informativa estabilizada, capaz de manter a coerência através de fluxos, perturbações e mudanças. Os dados, no fundo, não estão a trair a ciência: estão a sinalizar que é hora de alargar a sua linguagem.

Emergência sem mistério.

Para muitos biólogos, pronunciar a palavra «emergência» foi, durante muito tempo, um gesto ambíguo, quase uma rendição elegante. Como se dizer que uma propriedade «emerge» significasse admitir que não sabemos realmente explicar como e por que razão isso acontece. No entanto, observando com atenção a história recente das ciências da vida, torna-se cada vez mais claro que a emergência não é um buraco negro do conhecimento, mas sim um dos seus instrumentos mais refinados. Não anula a explicação: desloça-a para outro nível.

Um episódio frequentemente contado nos corredores do Instituto de Santa Fé, no Novo México, ajuda a esclarecer esta questão. No início dos anos 90, durante um seminário informal, um jovem investigador demonstrou como modelos computacionais muito simples podiam gerar comportamentos coletivos imprevisíveis. No final da apresentação, um físico mais velho comentou: *«Não perdemos a causalidade, distribuímo-la»*. Nessa frase já estava o cerne da emergência: não a ausência de causas, mas a sua organização em configurações que produzem novidade.

Na biologia, a emergência torna-se necessária quando as propriedades observadas não pertencem a nenhuma das partes consideradas isoladamente. A consciência de um organismo, a sua capacidade de se adaptar criativamente, a estabilidade de uma forma ao longo do tempo não são localizáveis numa molécula, num gene ou numa célula. São propriedades do sistema no seu conjunto. Ludwig von Bertalanffy, fundador da teoria dos sistemas, já o escrevia em 1968 na sua *«General System Theory»*: *«O todo é mais do que a soma das partes, não por magia, mas por organização»*. Uma frase e , que, décadas depois, soa menos filosófica e mais operacional.

Um exemplo particularmente instrutivo vem da biologia do desenvolvimento. Nos anos 80, nos laboratórios do EMBL em Heidelberg, alguns investigadores observaram que os embriões submetidos a perturbações significativas conseguiam, mesmo assim, atingir uma estrutura final correta. Não porque cada erro fosse corrigido localmente, mas porque o organismo parecia «tender» para uma forma global. Falar de emergência, neste caso, não significava introduzir um princípio oculto, mas sim reconhecer que a explicação residia na dinâmica coletiva, e não nas etapas individuais.

O mal-entendido surge frequentemente de uma comparação implícita com o ideal mecanicista clássico, em que explicar equivale a decompor. Mas a ciência contemporânea, desde a termodinâmica dos sistemas longe do equilíbrio até à teoria das redes, demonstrou que compreender pode também significar acompanhar o surgimento de padrões, restrições e regularidades que não estavam escritas em nenhuma parte isolada. Os vórtices estudados por Ilya Prigogine na década de 1970, ou as estruturas dissipativas observadas em sistemas químicos reais, não eram «misteriosos»: eram emergentes e, precisamente por isso, inteligíveis a um novo nível.

Nesta perspetiva, a emergência torna-se uma chave fundamental para conceber o organismo como uma estrutura informativa estabilizada. Não uma máquina complicada, mas um processo que gera e mantém sentido biológico. Longe de representar um retrocesso em relação à explicação, a emergência marca um avanço: aceita que a vida não se esgota numa única escala descritiva e que a verdadeira compreensão nasce na transição entre os níveis. O mistério, se é que existe algum, não é o facto de a ordem emergir, mas sim o facto de, durante muito tempo, termos pensado que a podíamos explicar sem ter isso em conta.

Entre expectativas e limites: a biologia e o tempo que não corre em linha reta.

Há um pressuposto tácito que acompanha grande parte da biologia moderna: a ideia de que o tempo decorre de forma uniforme, reversível e neutra. Um tempo de laboratório, marcado por cronómetros e gráficos cartesianos, em que uma causa precede um efeito com uma regularidade quase ferroviária. No entanto, quem já observou verdadeiramente um organismo vivo — uma planta que «decide» quando florescer, um sistema imunitário que reage demasiado tarde ou demasiado cedo, uma cicatriz que permanece como vestígio — sabe que o tempo biológico é outra coisa. É irregular, estratificado, muitas vezes assimétrico. Numa palavra: não linear.

Nos anos 50, o biólogo britânico Conrad Hal Waddington, a trabalhar em Edimburgo, introduziu a imagem da paisagem epigenética: uma bolinha que rola numa superfície composta por vales e cumes, onde o percurso depende não só do impulso inicial, mas também do caminho já percorrido. Não era apenas uma metáfora elegante: era uma forma de dizer que, na biologia, o passado continua a ter influência. As células «lembram-se» do que aconteceu, e essa memória influencia o que poderá acontecer. O tempo, neste contexto, não é uma variável externa: está incorporado na forma.

Um exemplo menos teórico provém da observação clínica. Nos anos 90, em alguns serviços de oncologia europeus, verificou-se que tumores aparentemente semelhantes, tratados com protocolos idênticos, apresentavam respostas radicalmente diferentes. Não se tratava apenas de uma questão genética. Com o tempo, tornou-se evidente que o que importava eram os atrasos, os limiares ultrapassados ou não atingidos, as sequências temporais das terapias. Um medicamento administrado «demasiado cedo» podia ser ineficaz; um administrado «demasiado tarde», devastador. O sistema biológico não reagia de forma proporcional, mas sim por saltos, descontinuidades, pontos de não retorno.

Isto introduz outra característica decisiva da temporalidade viva: a irreversibilidade. Um organismo nunca regressa exatamente ao estado anterior. Mesmo quando se cura, permanece diferente. Como escreveu o fisiologista francês Henri Atlan no final dos anos setenta, *«a ordem biológica constrói-se consumindo possibilidades»*. Cada escolha temporal abre alguns caminhos e fecha outros. A vida não é uma fita que se pode rebobinar, mas uma história que se escreve à medida que acontece.

Não é de admirar, portanto, que muitos modelos lineares tenham dificuldade em descrever fenómenos como a latência, a adaptação lenta ou as respostas atrasadas. Pensemos no sistema endócrino: um sinal pode ser emitido agora e produzir efeitos significativos apenas dias ou meses depois. Ou na microbiota intestinal, estudada intensamente desde 2010, onde alterações mínimas e inicialmente invisíveis podem, com o tempo, reorganizar equilíbrios fisiológicos inteiros. Aqui, o tempo atua como um amplificador silencioso, não como uma simples coordenada.

Esta temporalidade complexa obriga-nos a repensar o organismo como uma estrutura informativa estabilizada no tempo. Estabilizada, mas não fixa. A informação biológica não é uma mensagem instantânea: é um processo que se deposita, se transforma e, por vezes, se reativa. Tal como em certos bairros históricos de cidades como Lisboa ou Nápoles, onde camadas de épocas diferentes coexistem no mesmo espaço, também nos organismos coexistem tempos diferentes: evolutivos, ontogenéticos, fisiológicos. Compreender a vida significa aprender a lê-los em conjunto, sem os reduzir a uma única linha temporal.

Quando a experiência corre bem, mas a teoria cala-se.

Nos laboratórios de todo o mundo, verifica-se cada vez com mais frequência uma cena curiosa, quase embaraçosa. A experiência foi bem-sucedida, os dados são claros, reproduzíveis e passíveis de publicação em revistas de renome. No entanto, na hora de explicar por que razão esse fenómeno ocorre, as palavras tornam-se cautelosas, as interpretações divergem e as conclusões ficam em suspenso. É como se a biologia e contemporâneas se tivessem tornado extraordinariamente hábeis a produzir respostas corretas a perguntas mal formuladas.

Um caso emblemático vem da *Universidade de Tufts*, no laboratório de Michael Levin, onde, há mais de uma década, se estudam os padrões bioelétricos no desenvolvimento dos organismos. Ao alterar gradientes elétricos extremamente fracos nas células de embriões de rã (*Xenopus laevis*), o grupo obteve resultados que parecem saídos de um conto de ficção científica: olhos que se formam em posições anómalas, membros que se regeneram onde não deveriam, tecidos que «sabem» no que se vão transformar mesmo quando o contexto genético foi perturbado. As experiências são sólidas, replicadas e filmadas. Mas o que é que realmente orienta a forma? Um gene? Um sinal local? Ou algo que se assemelha mais a um campo informativo distribuído, capaz de coordenar tudo?

Outro exemplo, menos conhecido do grande público mas muito debatido entre os especialistas, diz respeito à chamada «robustez biológica». Em numerosas experiências de biologia do desenvolvimento, realizadas na Alemanha e no Japão no início dos anos 2000, observou-se que embriões submetidos a perturbações significativas — variações de temperatura, remoção de células, alterações químicas — conseguem, mesmo assim, desenvolver formas surpreendentemente normais. Os modelos clássicos falam de compensações moleculares locais. Mas quando as compensações são demasiadas, demasiado coordenadas e demasiado fiáveis, a ideia de uma simples soma de ajustes começa a dar sinais de fragilidade.

Há ainda o caso, já famoso, da fotossíntese. Em 2007, um grupo liderado por Graham Fleming publicou na revista *Nature* dados experimentais que revelavam sinais de coerência quântica nos complexos fotossintéticos de algas e bactérias. Os resultados eram claros: a energia não «saltava» aleatoriamente de uma molécula para outra, mas parecia explorar simultaneamente vários percursos, como se o sistema soubesse antecipadamente qual era o mais eficiente. A comunidade científica reagiu com interesse, mas também com algum desconforto. O fenómeno era real; a interpretação, muito menos. Seria um artefacto? Um caso-limite? Ou o indício de que os sistemas vivos utilizam princípios organizacionais que a biologia clássica nunca integrou verdadeiramente?

Também na medicina, o cenário repete-se. Nos transplantes de microbiota fecal, realizados com sucesso crescente para algumas patologias intestinais, os resultados clínicos podem ser excelentes. No entanto, dois doentes tratados com protocolos quase idênticos podem apresentar resultados radicalmente diferentes. As bactérias transferidas são as mesmas, as condições são controladas, os dados são precisos. O que falta é uma teoria capaz de explicar como um ecossistema vivo complexo se reorganiza como um todo e por que razão essa reorganização segue trajetórias imprevisíveis a partir dos seus componentes individuais.

Em todos estes casos, o problema não é a falta de fiabilidade da experiência. Pelo contrário: é o seu sucesso excessivo. Os dados excedem as categorias conceptuais disponíveis. Como já observava em 1968 o físico e filósofo da ciência Peter Medawar, *«os factos não falam por si, se não houver uma linguagem adequada para os ouvir»*. A biologia dos campos surge precisamente neste espaço de resíduo: ali onde o organismo já não se apresenta como uma máquina complicada, mas como uma estrutura informativa estabilizada, capaz de manter a forma, a função e o sentido mesmo quando as partes individuais são alteradas.

Quando controlamos o resultado, mas perdemos o sentido.

Um dos triunfos mais celebrados da biologia contemporânea é a sua capacidade de produzir efeitos. Desativamos um gene e uma proteína desaparece. Ativamos um recetor e uma célula altera o seu comportamento. Inserimos uma sequência e obtemos um resultado mensurável, muitas vezes reproduzível com uma precisão impressionante. Mas entre o efeito obtido e a forma compreendida abre-se uma lacuna que a retórica do progresso científico tende a minimizar.

Um exemplo eloquente vem do mundo dos organóides, aquelas minúsculas estruturas tridimensionais cultivadas em laboratório a partir de células estaminais. Em 2009, nos laboratórios do «*Hubrecht* Institute» de Utrecht, o grupo liderado por Hans Clevers conseguiu fazer crescer pequenos «intestinos» funcionais in vitro. O resultado foi extraordinário: células isoladas que, sem um esquema explícito, se organizavam espontaneamente numa estrutura dotada de criptas, vilosidades e diferenciação funcional. A previsão experimental confirmou-se. Mas à pergunta crucial — de onde surge a forma? — as respostas permaneciam vagas. Não havia um gene arquiteto, nem uma sequência de instruções lineares. Havia, antes, uma dinâmica coletiva que parecia preceder e orientar os eventos moleculares individuais.

Algo semelhante acontece com as técnicas de edição genética. O CRISPR-Cas9, desenvolvido a partir de 2012 graças ao trabalho de Jennifer Doudna e Emmanuelle Charpentier, permite intervenções com precisão cirúrgica. Podemos prever o efeito de uma mutação com uma probabilidade extremamente elevada. No entanto, em muitos casos, o organismo reage de formas inesperadas: circuitos alternativos são ativados, funções surgem noutros locais, a forma global reorganiza-se. Como já observava na década de 1970 o biólogo inglês Brian Goodwin, intervir num elemento não equivale a compreender a lógica que mantém tudo unido. É a diferença entre saber como obter um resultado e saber por que razão esse resultado é possível.

A história da biologia do desenvolvimento está repleta destes «curtos-circuitos» interpretativos. Nos anos 50, em Woods Hole, Conrad Waddington introduziu o conceito de «paisagem epigenética» para explicar por que razão células geneticamente idênticas podiam seguir destinos diferentes. Era uma metáfora poderosa, mas também uma confissão implícita: os mecanismos conhecidos não eram suficientes. Hoje dispomos de instrumentos infinitamente mais sofisticados, mas a questão permanece surpreendentemente semelhante. A forma não é a simples consequência de uma cadeia causal; é uma propriedade global que emerge de relações distribuídas no espaço e no tempo.

Esta distinção entre efeito e forma não é meramente teórica. Na medicina regenerativa, por exemplo, é possível estimular a proliferação celular ou a expressão de fatores de crescimento, obtendo-se resultados temporários. Mas reconstruir uma estrutura funcional — um tecido, um órgão, um equilíbrio fisiológico — requer algo mais: um princípio organizacional que coordene os processos locais numa totalidade coerente. É aqui que a noção de campo biológico começa a ganhar terreno, não como uma fuga para o vago, mas como uma tentativa de dar um nome ao que a experiência mostra sem conseguir explicar.

Como escreveu o filósofo da ciência Georges Canguilhem, a vida não é definida pelos seus componentes, mas pela normatividade que os organiza. Prever um efeito significa mover-se no âmbito de uma norma já estabelecida. Compreender a forma significa questionar-se sobre como essa norma é continuamente gerada, mantida e, por vezes, transformada. É uma transição subtil, mas decisiva: da biologia como engenharia do resultado para a biologia como ciência do sentido.

Números inquietantes: o que os dados biológicos, por si só, não revelam.

Houve um tempo em que os dados científicos eram acolhidos como uma resposta. Um ponto de referência, uma confirmação, por vezes uma vitória. Na biologia contemporânea, esta atitude sobrevive mais como um hábito do que como uma convicção real. Hoje em dia, os dados são abundantes, quase redundantes, mas raramente encerram um debate. Pelo contrário, abrem-no. E, muitas vezes, abrem-no em direções imprevistas.

Isso é claramente percetível nos grandes centros de investigação que produzem atlas biológicos globais. Em 2016, quando o projeto *«Human Cell* Atlas» foi apresentado em Londres, o objetivo declarado era «mapear todas as células do corpo humano». Uma promessa ambiciosa, apoiada por tecnologias de sequenciação de célula única cada vez mais sofisticadas. Mas, já passados poucos anos, os investigadores envolvidos — entre Cambridge, Stanford e o EMBL de Heidelberg — depararam-se com um paradoxo: quanto mais células eram classificadas, mais instáveis se tornavam as categorias. Tipos celulares que se fundiam uns nos outros, estados intermédios, transições contínuas. Os dados não forneciam uma resposta definitiva sobre «o que é» uma célula, mas levantavam uma questão mais profunda: como se mantém uma identidade biológica em constante mudança?

Esta mudança de perspetiva é crucial. Na biologia de campo, os dados não são o alicerce último do conhecimento, mas sim um sinal. Indicam que existe uma ordem, sem, no entanto, a esgotarem. Tal como aconteceu com Claude Bernard na Paris de meados do século XIX: ao estudar o *«milieu* intérieur», apercebeu-se de que a estabilidade dos organismos não decorria da ausência de variações, mas da sua regulação contínua. As suas experiências forneciam medições precisas, mas o que realmente importava era a questão que daí emergia: que princípio mantém unida esta aparente instabilidade?

Ainda hoje, muitos dados biológicos funcionam da mesma forma. Tomemos como exemplo as oscilações metabólicas observadas nas leveduras, estudadas desde os anos 90 nos laboratórios de Gotemburgo. Os gráficos mostram ciclos regulares, flutuações sincronizadas, comportamentos coletivos entre as células. Tudo é mensurável, repetível. Mas o significado não está contido no número. O dado pede para ser interpretado como um vestígio de uma coordenação invisível, de uma dinâmica de conjunto que não se deixa reduzir à soma dos processos individuais.

Neste sentido, o dado biológico assemelha-se mais a uma questão filosófica do que a uma resposta de engenharia. Não diz simplesmente *«isto* acontece», mas sugere *«como é possível que isto aconteça*?». Uma diferença subtil, mas decisiva. Como recordava o físico e filósofo Erwin Schrödinger nas suas palestras em Dublin, em 1943, os factos da vida não são estranhos porque violam as leis conhecidas, mas porque as utilizam de forma e mente organizada. O dado, então, não é o fim da investigação: é o início de uma reflexão sobre a organização.

Mudar o olhar sobre os dados significa também aceitar uma certa dose de incompletude. Nos corredores do *Instituto Max Planck* de Dresden, onde se estudam os processos de auto-organização tecidular, é comum ouvir jovens investigadores dizerem que *«os dados são lindos, mas ainda não sabemos o que nos estão a perguntar»*. É uma frase reveladora. Indica uma ciência que já não pretende dominar o fenómeno, mas sim ouvi-lo.

Nesta perspetiva, a biologia dos campos não propõe abandonar os dados, mas sim devolver-lhes profundidade. Considerá-los não como respostas que encerram, mas como interrogações que orientam. Cada medição torna-se então uma janela para uma ordem mais ampla, cada anomalia um indício, cada regularidade uma pergunta disfarçada. É talvez aqui que a biologia deixa de ser apenas uma ciência da vida e começa a tornar-se uma ciência do sentido da vida.

Para além da engrenagem: porque os organismos não são máquinas bem montadas.

Durante mais de um século, a biologia falou a linguagem do mecanismo. Uma linguagem poderosa, precisa, capaz de produzir resultados extraordinários: medicamentos direcionados, técnicas de imagiologia sofisticadas, intervenções genéticas impensáveis até há poucas décadas. No entanto, por baixo desta superfície de sucesso, abriu-se uma fenda silenciosa. Os organismos continuam a ser descritos como dispositivos que funcionam, mas cada vez mais raramente como sistemas que têm significado.

A transição do mecanismo para o significado não ocorre por uma repentina rebelião teórica, mas por saturação. Quando cada processo vital é explicado como uma cadeia de causas eficientes, fica por responder uma questão elementar: por que razão precisamente esta organização e não outra? Por que razão uma forma estável, uma função coordenada, uma resposta contextual que parece «fazer sentido» face à situação? A linguagem mecânica diz como algo acontece, mas cala-se sobre o motivo pelo qual essa coisa tem coerência para o organismo.

Um episódio frequentemente recordado nos laboratórios de biologia de sistemas do MIT diz respeito às primeiras simulações computacionais de redes genéticas, no início dos anos 2000. Os modelos funcionavam: produziam oscilações, estados estáveis, transições. Mas, como contou Stuart Kauffman durante um seminário informal em 2002, *«não sabíamos dizer se o sistema estava a fazer algo ou se estava simplesmente a acontecer»*. Foi uma admissão importante: o comportamento estava correto, o significado não. Faltava uma semântica biológica.

É aqui que entra em jogo a perspetiva do campo. Falar de campo não significa evocar metáforas vagas, mas reconhecer que a organização biológica precede e orienta os eventos individuais. Tal como num campo magnético, onde as limalhas de ferro tornam visível uma estrutura invisível, assim também nos sistemas vivos os processos moleculares «alinham-se» com uma ordem que não está contida em nenhuma reação isolada. A informação, neste contexto, não é uma mensagem que viaja de um ponto para outro, mas uma relação que dá forma ao comportamento global.

Um exemplo esclarecedor vem da biologia do desenvolvimento. Em 1924, em Berlim, Hans Spemann demonstrou que, ao transplantar uma pequena região embrionária — o famoso «organizador» —, era possível induzir a formação de um segundo eixo corporal. Spemann falava de «campos morfogenéticos», com grande cautela terminológica. Não sabia como esse efeito se produzia nos detalhes moleculares, mas tinha percebido algo essencial: a informação biológica não reside apenas nos componentes, mas sim na configuração que os torna operacionais como um todo.

Esta intuição surge hoje, com instrumentos diferentes, no estudo das redes celulares e tecidulares. Quando um organismo responde a uma lesão, a um stress ambiental ou a uma alteração nutricional, não segue um protocolo rígido. Interpreta uma situação. E interpretar significa atribuir relevância, estabelecer prioridades, modular respostas. É uma linguagem elementar, desprovida de consciência reflexiva, mas não desprovida de sentido.

Não é por acaso que filósofos da ciência como Georges Canguilhem insistiam, já na década de 1950, no caráter normativo da vida. Numa palestra na Sorbonne, em 1952, Canguilhem observou que um organismo não se limita a sofrer o seu ambiente: avalia-o, distingue-o em favorável e desfavorável. Esta capacidade de avaliação não é um acessório, mas o próprio cerne do ser vivo. É aqui que o mecanismo revela o seu limite conceptual.

A perspetiva do campo e da informação incorporada permite, então, uma mudança de registro. A vida já não aparece como um objeto que funciona, mas como um processo que, ao « », significa algo para si mesmo. Cada organismo torna-se uma estrutura informativa estabilizada: não um arquivo de dados, mas um sistema que mantém a sua identidade interpretando continuamente sinais, restrições e possibilidades. Como escreveu o biólogo chileno Francisco Varela no seu caderno de investigação de 1987, hoje conservado em Santiago: «*Viver é produzir sentido, mesmo quando não há ninguém a observá-lo*».

Nesta transição do mecanismo para o significado, a biologia não perde rigor. Muda de gramática. E talvez, precisamente por isso, se aproxime mais daquilo que pretende compreender.

A linguagem oculta dos organismos.

Existe um paradoxo silencioso que permeia a biologia contemporânea. Nunca como hoje tivemos acesso a uma quantidade infinita de dados: genomas sequenciados, redes metabólicas mapeadas, imagens celulares de altíssima resolução. No entanto, quanto mais os detalhes aumentam, mais a vida parece escapar a uma compreensão unificada. É como observar uma conversa conhecendo na perfeição a química da tinta, mas ignorando o significado das frases.

Nas últimas décadas, uma questão começou a insinuar-se nos margens da investigação biológica: e se os organismos não fossem apenas máquinas bioquímicas, mas sistemas capazes de produzir, interpretar e transformar sinais? Não metáforas poéticas, mas sinais no sentido estrito do termo. É aqui que entra em cena a biosemiótica, um campo de estudo que surgiu entre o final dos anos 80 e o início dos anos 90, muitas vezes longe dos holofotes, mas cada vez mais difícil de ignorar.

O biólogo dinamarquês Jesper Hoffmeyer gostava de dizer que o primeiro erro da biologia moderna foi confundir a causa com o sentido. Uma reação química pode explicar como algo acontece, mas não o que esse acontecimento significa para o organismo que o vive. Na biosemiótica, o conceito-chave é o de sinal: algo que representa outra coisa para alguém. Num organismo, esse «alguém» não é uma consciência reflexiva, mas sim todo o sistema vivo.

Pensemos numa bactéria que altera o seu movimento em resposta a uma variação química no ambiente. Do ponto de vista clássico, trata-se de uma cascata de reações moleculares. Do ponto de vista semiótico, essa molécula externa funciona como um sinal que significa «alimento» ou «perigo». Não é a molécula em si que orienta o comportamento, mas o valor que assume no âmbito da história e da organização do ser vivo.

Em 2001, durante um colóquio em Tartu — cidade estónia indissoluvelmente ligada à tradição semiótica de Juri Lotman —, um jovem investigador contou como a mesma substância química podia induzir respostas opostas em organismos geneticamente semelhantes, mas criados em ambientes diferentes. *«Eles não* reagem», disse ele, *«eles interpretam»*. A sala ficou em silêncio durante alguns segundos: não se tratava de uma provocação, mas de uma constatação empírica que exigia novas categorias conceptuais.

A biosemiótica não nega a bioquímica, tal como a linguística não nega a física das ondas sonoras. Ela ultrapassa-a por integração. Cada organismo, do mais simples ao mais complexo, vive imerso numa rede de signos que ele próprio contribui para gerar. Hormonas, gradientes elétricos, configurações espaciais dos tecidos: tudo isto não é apenas «matéria em movimento», mas informação que tem valor para o sistema.

Um exemplo fascinante vem da botânica. Nos anos 2000, numa estufa experimental perto de Florença, uma equipa observou que algumas plantas alteravam o seu desenvolvimento radicular não com base na presença física de outras raízes, mas em resposta a moléculas específicas libertadas no solo. Essas moléculas não eram nutrientes nem toxinas: eram sinais. A planta «lia» o ambiente e tomava decisões morfológicas coerentes com essa leitura.

Aqui, o sinal não é um símbolo arbitrário, mas uma relação estável entre forma, função e contexto. É isso que torna possível falar de organismos como estruturas informativas estabilizadas: entidades que mantêm a sua identidade não só graças à energia e à matéria, mas graças à continuidade dos significados biológicos que sabem reconhecer.

Ao contrário das linguagens humanas, a linguagem da vida não está codificada em dicionários nem regulada por sintaxes explícitas. É uma gramática imanente, que emerge da história evolutiva e da organização interna dos organismos. O biólogo e filósofo Jakob von Uexküll, já nas primeiras décadas do século XX, falava de *Umwelt*: o mundo significativo próprio de cada espécie. Não um ambiente objetivo, mas um universo de sinais pertinentes.

Relido hoje, Uexküll parece surpreendentemente atual. O seu trabalho sugere que a realidade biológica não é um cenário neutro, mas um tecido de relações interpretadas. Cada organismo vive num mundo que faz sentido para ele, e essa capacidade de dar sentido é o que chamamos de vida.

Aceitar esta perspetiva significa mudar o olhar: não nos perguntarmos apenas de que componentes é feito um organismo, mas que sinais é capaz de reconhecer, que informações pode incorporar, que coerências consegue manter ao longo do tempo. É uma mudança de linguagem antes mesmo de ser uma mudança de teoria.

Falar de sinais na biologia não é um regresso ao vitalismo nem uma cedência ao misticismo. É a tentativa, rigorosa e necessária, de colmatar uma lacuna conceptual. Como observou a filósofa da ciência Evelyn Fox Keller numa conferência em Berlim em 2012, *«aprendemos a descrever os componentes da vida, mas ainda não o seu discurso»*.

Esta introdução não pretende fornecer respostas definitivas. Pretende, antes, abrir uma brecha: sugerir que a vida, antes de ser explicada, deve ser compreendida como um fenómeno de significação. Um acontecimento em que a matéria se torna capaz de dizer algo a si própria.

Informação sem remetente

Estamos habituados a pensar na informação como algo que alguém envia a outra pessoa. Um remetente, uma mensagem, um destinatário. É o modelo de comunicação que herdamos da tecnologia, desde o telégrafo do século XIX até aos algoritmos digitais. Mas o que acontece se tentarmos aplicar este esquema à vida? Quem «envia» a informação a uma célula que se diferencia, a um embrião que toma forma, a um organismo que se adapta a um ambiente em constante mudança?

A biologia contemporânea depara-se cada vez mais com fenómenos informativos desprovidos de um emissor reconhecível. Não há um centro de comando, não há um maestro oculto. No entanto, a informação existe: circula, estabiliza-se, produz forma e comportamento. É uma informação que não é enviada, mas que emerge.

Na década de 1950, o matemático Claude Shannon desenvolveu uma teoria da informação extremamente poderosa, mas deliberadamente omissa quanto ao significado. Funcionava muito bem para os cabos telefónicos, mas muito menos para os sistemas vivos. Num organismo, a informação não é uma quantidade abstrata que viaja de A até B, mas um acontecimento que ocorre «quando uma diferença faz a diferença», para usar uma expressão que ficou famosa graças ao antropólogo Gregory Bateson.

Bateson, que gostava de contar que tinha aprendido mais a observar golfinhos do que a ler manuais, insistia num ponto crucial: nos sistemas vivos, a informação nasce da relação. Não está contida num sinal isolado, mas na forma como um sistema está estruturado para responder a certas variações e não a outras. Não é necessária intenção, basta uma coerência interna que torne essa mudança relevante.

Um exemplo fascinante provém dos estudos sobre *o Physarum polycephalum*, um fungo mucilaginoso estudado desde os anos 70 em laboratórios japoneses e americanos. Este organismo, desprovido de sistema nervoso, é capaz de «resolver» labirintos e otimizar percursos em direção à comida. Nenhum neurónio envia instruções, nenhum centro toma decisões. A informação surge da dinâmica do próprio corpo, do diálogo contínuo entre forma, movimento e ambiente.

Falar de informação sem remetente significa deslocar a atenção do sinal para a interface. A informação não está nem toda dentro do organismo nem toda fora: nasce no espaço de contacto. O psicólogo James J. Gibson, na década de 1960, introduziu o conceito de «affordance» para descrever as possibilidades de ação oferecidas pelo ambiente a um organismo. Uma superfície «diz» que só pode ser pisada por quem tem um determinado corpo, uma determinada escala, uma determinada história evolutiva.

Neste sentido, o ambiente não envia mensagens: propõe configurações. É o organismo, com a sua estrutura informativa estabilizada, que torna essas configurações significativas. A informação não precede a relação, mas acompanha-a. É um subproduto necessário do estar-em-relação.

Um investigador contou ter-se apercebido disso ao observar colónias bacterianas em condições de stress térmico. Não havia um sinal químico novo, nenhum «alarme» molecular identificável. No entanto, o comportamento coletivo mudava de forma coordenada. A informação não estava numa molécula específica, mas na mudança global do contexto físico e na capacidade do sistema de a interpretar como tal.

Nesta perspetiva, a informação não é um conteúdo transportado, mas sim uma configuração eficaz. Os sistemas vivos não recebem instruções: organizam-se de forma a que certos eventos se tornem informativos. É uma diferença subtil, mas decisiva. Como observou o biólogo teórico Francisco Varela numa conferência em Paris, em 1996, *«a cognição não é a representação de um mundo dado, mas o surgimento de um mundo praticável»*.

É aqui que se insere a ideia de campo biológico. O campo não transmite mensagens, mas estabiliza relações. É isso que torna possível que uma informação surja sem ser enviada, que uma forma se mantenha sem um projeto externo. Neste sentido, os organismos são estruturas informativas não porque contenham dados, mas porque tornam o mundo informável.

Aceitar a ideia de uma informação sem remetente significa também renunciar a uma certa imagem tranquilizadora da vida como um sistema controlado a cada instante a partir de cima. Os processos vitais não executam ordens: respondem a restrições, oportunidades, ressonâncias. O biólogo e químico Ilya Prigogine, Prémio Nobel em 1977, falava de «ordem através das flutuações»: estruturas que surgem não apesar da desordem, mas graças a ela.

Nesta perspetiva, a vida surge menos como uma máquina e mais como um processo interpretativo difuso, sem um intérprete central. Um processo em que a informação não tem autor, mas tem sentido. E talvez seja precisamente isto que torna o ser vivo tão difícil de reduzir a matéria em movimento.

Tecnologia e mal-entendidos sobre o ser vivo.

Cada época compreende a natureza com os instrumentos conceptuais de que dispõe. No século XVII, o universo era um grande relógio; no século XIX, uma máquina a vapor; hoje, inevitavelmente, um computador. A biologia não foi exceção. Pelo contrário, é talvez a disciplina que mais profundamente absorveu as metáforas tecnológicas do seu tempo. Falar de «código genético», de «programas de desenvolvimento», de «erros de transcrição» teve uma enorme força explicativa. Mas, como acontece frequentemente com as metáforas bem-sucedidas, o sucesso acabou por ocultar as suas limitações.

A ideia de que a vida funciona como um software que roda num hardware molecular surgiu num contexto histórico específico. Estamos nas décadas de 1940 e 1950, entre Princeton, Cambridge e Los Alamos. É a época da cibernética, dos primeiros computadores eletrónicos, das conferências Macy. Não é de admirar que, poucos anos depois, Francis Crick pudesse referir-se ao ADN como um «código» e Jacques Monod, n , descrevesse o organismo como uma máquina química regida por instruções. A metáfora informática parecia finalmente oferecer uma linguagem rigorosa para aquilo que, até então, parecia misterioso.

No entanto, já nessa altura, havia quem sentisse um certo mal-estar. Em 1967, em Santa Fé, o biólogo Conrad Hal Waddington — o mesmo que tinha introduzido a imagem da «paisagem epigenética» — observou ironicamente que nenhum embrião jamais tinha lido o seu próprio genoma. Uma piada, claro, mas reveladora: o problema não é o ADN, mas sim a ideia de que a informação biológica funciona como um manual de instruções.

As metáforas informáticas funcionaram porque permitiram fazer ciência operacional. Sequenciar, comparar, modificar. Nos anos 90, durante o *Projeto Genoma Humano*, os laboratórios de Bethesda e Cambridge falavam abertamente de «debugging» genético. O imaginário era o da engenharia: se há um erro, corrige-se. Mas enquanto um software permanece idêntico a si próprio, independentemente do computador em que é executado, um gene fora do seu contexto biológico perde grande parte do seu significado.

Uma anedota contada por uma geneticista francesa é esclarecedora. No início dos anos 2000, durante uma experiência de transferência genética em plantas-modelo, o gene «certo» produzia efeitos radicalmente diferentes consoante o tecido, a fase de desenvolvimento e até mesmo as condições de luz da estufa. «*Era o mesmo* código», contava ela, *«mas parecia falar línguas diferentes*». O problema não residia na sequência, mas na ideia de que a sequência fosse a mensagem.

Aqui surge o mal-entendido central: confundir a informação biológica com a informação técnica. Nos sistemas tecnológicos, o significado é externo: somos nós que decidimos o que um bit representa. Nos sistemas vivos, pelo contrário, o significado está no interior do próprio processo. Não é atribuído, mas sim incorporado.

A imagem do programa sugere uma sequência linear, um início e um fim, um controlo vindo de cima. Mas a vida não «executa» nada. Organiza-se, reorganiza-se, desvia-se, explora. Em 1981, o biólogo evolucionista Stephen Jay Gould contava como a evolução se assemelha mais a uma improvisação de jazz do que a uma partitura clássica. Uma metáfora musical, não informática, que capta melhor a dimensão temporal, situada e relacional do ser vivo.

Pensar no organismo como um computador leva-nos a procurar o «centro de comando», o ficheiro principal, a instrução original. Mas os organismos reais funcionam por distribuição, redundância e plasticidade. A tecnologia digital, paradoxalmente, só nos ajudou a compreender a vida quando começou a assemelhar-se menos a ela: com as redes neurais, os sistemas adaptativos, a aprendizagem não supervisionada. Sinal de que o problema não é o uso das metáforas, mas sim interpretá-las à letra.

A questão não é abandonar a linguagem da informação, mas libertá-la do imaginário da máquina. Na biologia, a informação não é um texto a decifrar, mas uma dinâmica a habitar. Reduzi-la a código significa perder de vista o que a torna eficaz: o contexto, a história, a forma global do organismo.

Em 2005, durante um seminário em Heidelberg, um jovem investigador perguntou provocatoriamente se um organismo se assemelhava mais a um computador ou a uma cidade. A resposta não foi unânime, mas muitos concordaram num ponto: uma cidade não funciona porque alguém possui o seu mapa completo, mas porque milhões de interações locais produzem uma ordem reconhecível. A vida, talvez, seja mais urbana do que informática.

Neste sentido, a perspetiva dos campos biológicos não rejeita a tecnologia, mas relativiza-a. Recorda que cada instrumento conceptual ilumina algo e obscurece outra coisa. E que o ser vivo, quando é compreendido apenas através das metáforas das máquinas que construímos, acaba inevitavelmente por ser mal interpretado.

Do cálculo ao sentido: a nova inquietação das ciências exatas.

Durante grande parte do século XX, falar de «sentido» nas ciências exatas era considerado, na melhor das hipóteses, um capricho filosófico; na pior, um desvio pouco respeitável. As equações funcionavam sem significado, os modelos previam sem compreender, e isso parecia bastar. No entanto, algo começou a rachar precisamente ali onde a formalização era mais rigorosa. Não por falta de dados ou de poder de cálculo, mas por um mal-estar mais subtil: a impressão crescente de que descrever não equivale a compreender.

Na física, o sinal chegou de longe. Já na década de 1980, nos corredores do CERN, em Genebra, alguns teóricos — entre os quais Carlo Rovelli, então um jovem investigador — começavam a questionar-se sobre o facto de as leis fundamentais não descreverem «coisas», mas sim relações. A gravidade quântica em laços, desenvolvida naquela época entre a Europa e os Estados Unidos, já não fala do espaço como um recipiente neutro, mas sim como uma rede de relações significativas. Não é por acaso que Rovelli escreveu, muitos anos depois, que a física não nos diz *«como é o* mundo», mas *«como o mundo interage consigo mesmo»*. Uma frase que teria feito um positivista clássico torcer o nariz.

A questão não é que a física se tenha tornado subitamente humanística. Aconteceu algo mais interessante: os modelos mais avançados começaram a funcionar apenas quando incorporavam noções que se assemelham surpreendentemente ao que, outrora, se chamava de sentido. Na teoria da informação quântica, por exemplo, a informação já não é uma simples quantidade abstrata, mas depende do contexto, do observador, da relação. Em Viena, em 2015, durante uma conferência sobre os fundamentos da mecânica quântica, um físico experimental observou ironicamente que «*a informação não existe por si só: existe sempre para alguém*». Uma afirmação banal para um filósofo, quase escandalosa para um físico da velha guarda.

Um movimento semelhante verificou-se nas neurociências. Durante décadas, o cérebro foi descrito como um processador de sinais: entrada, processamento, saída. Mas a partir dos anos 2000, sobretudo nos laboratórios de Friburgo e San Diego, ganhou terreno outra ideia: que o cérebro não processa simplesmente informação, mas produz significados. O neurocientista Francisco Varela — falecido em 2001, mas hoje mais citado do que nunca — falava de «sense-making», a construção de sentido, como função primária dos sistemas vivos. Não se trata de uma metáfora poética, mas de uma tentativa rigorosa de explicar por que razão um organismo não se limita a reagir, mas interpreta.

Uma anedota contada por uma investigadora italiana ilustra bem essa mudança de perspetiva. Durante um estudo com doentes com lesões corticais, ela apercebeu-se de que dois indivíduos com danos quase idênticos apresentavam comportamentos radicalmente diferentes. Não era o mapa neuronal que fazia a diferença, mas sim a história pessoal, a forma como o corpo tinha aprendido a habitar o mundo. Ela concluiu: «*O cérebro não representa o mundo: ele significa-o*». Uma conclusão difícil de formalizar, mas impossível de ignorar.

É neste clima cultural que a biologia dos campos encontra o seu espaço natural. Não como uma invasão de conceitos vagos nas ciências exatas, mas como o reconhecimento de que o ser vivo não pode ser compreendido sem recorrer ao sentido. Os organismos não são simplesmente sistemas complexos; são estruturas que mantêm uma coerência significativa ao longo do tempo. A sua informação não serve para os descrever a partir do exterior, mas para lhes permitir existir como unidades dotadas de direção.

Curiosamente, este regresso do sentido não surge à margem, mas no seio das disciplinas mais formalizadas. É como se, depois de terem levado a linguagem matemática ao limite do seu poder, as ciências exatas se tivessem deparado com uma questão que as equações, por si só, já não conseguem eludir: o que é que realmente importa num sistema vivo? Não o seu tamanho, nem a sua velocidade , mas o que é que teve significado para a sua sobrevivência, a sua forma, a sua história.

Em 2022, numa conferência interdisciplinar em Zurique, um biólogo teórico concluiu a sua intervenção com uma frase que ficou gravada na memória de muitos: *«Aprendemos a calcular tudo, exceto aquilo que faz sentido»*. Não foi uma rendição, mas sim um convite. Um convite a reconhecer que o significado não é um acréscimo tardio à ciência, mas sim uma dimensão que ressurge sempre que nos aproximamos seriamente da vida.

PRIMEIRA PARTE. O ponto cego da biologia moderna.

A partir do pensamento de Ludwig von Bertalanffy
Um organismo não pode ser explicado a partir das suas partes, porque é a organização que dá sentido às partes, e não o contrário.

A partir do pensamento de Denis Noble:
Os genes são essenciais, mas não são os comandantes: a vida funciona como um sistema cooperativo, não como uma cadeia de comando.

A partir do pensamento de Stuart Kauffman:
A forma de vida não está totalmente determinada pelo passado: ela surge, estabiliza-se e abre possibilidades que antes não existiam.

Segundo o pensamento de Henri Bergson:
A vida não se limita a seguir leis já estabelecidas, mas molda-as, utiliza-as e ultrapassa-as no seu próprio ímpeto criativo.

A primeira parte deste livro abre um limiar crítico. Não para demolir o que a biologia construiu ao longo de mais de um século, mas para questionar os seus fundamentos ali onde começam a mostrar sinais de tensão. A crise do paradigma biológico clássico não nasce de um fracasso, mas sim de um sucesso: a extraordinária eficácia das explicações bioquímicas e genéticas na descrição dos mecanismos locais da vida. É precisamente essa eficácia, porém, que torna mais evidente o que fica fora do quadro.

Os dois capítulos que compõem esta parte abordam uma questão que só à primeira vista parece simples: o que é, afinal, um organismo vivo?

No primeiro capítulo, o limite da explicação bioquímica torna-se evidente quando se tenta passar da descrição das reações para a compreensão da unidade do organismo. As moléculas funcionam, os processos são claros, mas o ser vivo surge como algo mais do que uma simples soma: uma totalidade estável, orientada, capaz de se manter e transformar-se sem um projeto externo que a guie. A questão da finalidade — sem recorrer a um projetista — continua a ser um nó por resolver para a causalidade clássica.

O segundo capítulo centra-se no darwinismo e na seleção natural. Aqui, a crise não diz respeito à adaptação, que a teoria explica com grande elegância, mas sim à forma. O surgimento, a persistência e a coerência das estruturas biológicas parecem obedecer a um princípio organizacional que não se deixa reduzir nem à variação aleatória nem apenas ao gene. A forma não surge como um efeito secundário da função, mas como uma prioridade silenciosa que torna possível qualquer função.

No percurso global do livro, esta primeira parte desempenha uma função decisiva: cria o espaço conceptual necessário para o que se seguirá. Ao mostrar onde o paradigma clássico se detém, prepara o terreno para uma ideia diferente da vida, que será explorada nas partes seguintes através dos conceitos de coerência, campo, informação e equilíbrio dinâmico. Sem esta crise inicial, as propostas subsequentes pareceriam arbitrárias; com ela, tornam-se uma resposta possível a questões que permaneceram em suspenso durante demasiado tempo.

Esta não é, portanto, uma parte «contra» a biologia tradicional, mas sim para além dos seus limites atuais. É o momento em que o leitor é convidado a suspender as explicações habituais, não para as abandonar, mas para as observar a partir de uma distância crítica. É aqui que o livro começa verdadeiramente a mudar de perspetiva.

Em conclusão, esta primeira parte convida o leitor a reconhecer que a crise não é uma fraqueza da ciência, mas o sinal de que é necessária uma transformação conceptual. É o ponto em que a questão da vida volta a ser radical.

I. O limite da explicação bioquímica.

Este capítulo parte de uma constatação tão simples quanto desestabilizadora: a bioquímica funciona magnificamente e, precisamente por isso, revela hoje os seus limites. Ninguém põe em causa o poder descritivo com que a biologia molecular esclareceu os mecanismos íntimos da vida — as vias metabólicas, a regulação enzimática, a expressão génica. No entanto, quando se tenta passar do «como» para o «o quê», do funcionamento local para a realidade global do organismo, surge uma discrepância que já não pode ser ignorada.

O tema central do capítulo não é uma crítica à bioquímica, mas sim à sua utilização como explicação total do ser vivo. As reações químicas ocorrem, sem dúvida, mas não explicam, por si só, por que razão o organismo se apresenta como uma unidade coerente, estável ao longo do tempo e orientada funcionalmente. A célula não é um simples recipiente de reações: é um sistema que se mantém a si próprio, que seleciona o que importa e que age como se tivesse um objetivo, mesmo sem um projeto externo que o dirija.

É aqui que o paradigma clássico começa a revelar uma falha conceptual. A causalidade linear — uma reação que produz outra — é extremamente eficaz a nível local, mas torna-se insuficiente quando se trata de explicar a unidade do organismo. Como é que o todo emerge das partes? De que forma milhões de processos distribuídos dão origem a um comportamento coordenado, orientado e surpreendentemente robusto? A bioquímica descreve os tijolos, mas tem dificuldade em explicar o edifício.

Ainda mais delicada é a questão da finalidade. Os organismos parecem agir «com um objetivo em vista»: manter o equilíbrio interno, reparar um dano, reproduzir-se. No entanto, a biologia moderna eliminou qualquer referência a fins intrínsecos, substituindo-os pela linguagem da adaptação e da seleção. O resultado é uma tensão não resolvida: a finalidade está presente em todos os fenómenos biológicos, mas ausente nas explicações teóricas. Este capítulo aborda abertamente este paradoxo, sem invocar projetistas ocultos, mas reconhecendo que a causalidade clássica pode não ser suficiente.

No contexto geral do livro, o Capítulo I desempenha uma função preparatória essencial. Serve para pôr em suspenso a evidência do paradigma dominante, mostrando que o que parece óbvio — a vida como soma de processos químicos — é, na realidade, uma simplificação poderosa, mas incompleta. Só ao colocar em foco esta limitação é que se torna possível, nos capítulos seguintes, introduzir os conceitos de coerência, campo e informação incorporada, não como alternativas arbitrárias, mas como respostas a uma lacuna teórica real.

Este capítulo não pede ao leitor que renuncie às explicações científicas, mas que reconheça que explicar como algo acontece nem sempre equivale a explicar o que isso é. É a partir desta distinção, muitas vezes negligenciada, que se inicia todo o percurso da biologia dos campos.

A causalidade circular nos sistemas vivos: a vida que se causa a si própria.

Se há um ponto em que a explicação bioquímica revela com maior clareza os seus limites, é precisamente a forma como concebe a causalidade. A bioquímica clássica raciocina bem ao longo de cadeias ordenadas: uma molécula ativa uma enzima, a enzima produz um efeito, o efeito desencadeia outra reação. É uma lógica linear, poderosa e elegante. Mas quando a aplicamos ao organismo no seu conjunto, algo não bate certo. O ser vivo não funciona como uma fila de peças de dominó: assemelha-se antes a um sistema em que o que acontece altera as próprias condições do seu próprio acontecer.

É aqui que entra em jogo a noção de causalidade circular, um dos conceitos mais delicados e menos assimilados da biologia contemporânea. Circular não significa vago, nem muito menos místico. Significa que, nos sistemas vivos, as causas não fluem numa única direção: o nível global do organismo influencia os processos locais tanto quanto os processos locais contribuem para constituir o global. O organismo não é o resultado final das suas reações: é a condição ativa que as torna possíveis, as seleciona e as estabiliza.

Este ponto já era muito claro para Immanuel Kant quando, no final do século XVIII, falava dos organismos como seres em que *«as partes existem para o todo e o todo para as partes»*. Kant não tinha acesso à bioquímica, mas tinha intuito um problema que hoje volta com força: no ser vivo, a causalidade nunca é apenas de baixo para cima. Cada célula atua num contexto que não criou sozinha, mas que contribui continuamente para manter.

Muitas vezes confunde-se a causalidade circular com o simples feedback, um conceito emprestado da engenharia e da cibernética. O termóstato que regula a temperatura de uma divisão é um exemplo clássico: deteta um desvio e corrige-o. Mas o organismo faz algo mais radical. Não se limita a corrigir um desvio em relação a um valor pré-definido; redefine continuamente o que conta como equilíbrio. O ponto de referência não é definido de uma vez por todas: emerge da própria história do sistema.

Na década de 1970, Humberto Maturana e Francisco Varela introduziram o conceito de *autopoiese* precisamente para descrever esta dinâmica. Um sistema vivo — escreviam eles — é uma rede de processos que produz os componentes que, por sua vez, mantêm a rede. Não existe um início privilegiado da cadeia causal, porque a cadeia é um circuito. É uma ideia que, ainda hoje, põe em dificuldade qualquer explicação puramente linear: quem causa o quê, quando tudo contribui para tudo?

Um biólogo que observa uma cultura celular sabe bem que o comportamento das células individuais muda consoante o estado global do tecido. Um médico que acompanha a evolução de uma doença crónica observa frequentemente como o organismo altera a sua resposta ao longo do tempo, não só reagindo a uma causa, mas reorganizando a sua forma de funcionar. Em ambos os casos, a causalidade não é uma seta, mas um circuito dinâmico, histórico e sensível ao contexto.

Esta ideia tem profundas repercussões também fora da biologia. O filósofo Maurice Merleau-Ponty, ao refletir sobre o corpo vivo, falava de uma «lógica da implicação recíproca», na qual a perceção, a ação e a estrutura corporal se co-determinam. Não é por acaso que, precisamente, a fenomenologia e a biologia teórica se cruzaram, no século XX, neste ponto: a vida escapa a qualquer explicação que separe rigidamente causa e efeito.

No contexto do Capítulo I, a causalidade circular ainda não é a solução, mas já constitui uma fissura decisiva no paradigma clássico. Mostra por que razão a vida não pode ser concebida como uma soma de reações independentes: porque cada reação ocorre no seio de uma organização que ela própria contribui para manter. A bioquímica descreve os passos; a causalidade circular convida-nos a observar a dança na sua totalidade.

As palavras que dizem mais do que expressam.

Toda a ciência é também um exercício de linguagem. Nunca descrevemos a natureza de forma neutra: contamo-la através de palavras que, como lentes, focam alguns aspetos e esbatem outros. A bioquímica, provavelmente mais do que qualquer outra disciplina biológica, construiu um léxico preciso, operacional e aparentemente isento de ambiguidades. No entanto, se nos detivermos para ouvir verdadeiramente esta linguagem, surge uma curiosa tensão: as palavras utilizadas para descrever reações moleculares parecem aludir a algo que vai além das próprias reações.

Tomemos termos comuns como regulação, controlo, sinal. Nenhum bioquímico sério os utiliza num sentido metafórico ou intencional. No entanto, estas palavras trazem consigo uma carga semântica que não é puramente química. Falar de regulação significa evocar a ideia de uma ordem que é mantida; falar de controlo sugere uma direção, uma prioridade; falar de sinal implica alguém — ou algo — que recebe, interpreta, responde. Por outras palavras, a linguagem da bioquímica introduz implicitamente a unidade do organismo, mesmo quando o paradigma teórico gostaria de o limitar apenas à soma de processos locais.

Claude Bernard, na Paris de meados do século XIX, estava perfeitamente ciente disso. Quando introduziu o conceito de «*milieu* intérieur», não estava simplesmente a acrescentar um termo técnico: estava a reconhecer que o organismo vivo mantém ativamente condições internas compatíveis com a vida. Não uma consequência automática das reações químicas, mas uma manutenção. Walter Cannon, algumas décadas mais tarde, chamou a este processo *homeostase*, uma palavra que significa literalmente «permanecer igual», mas que, na realidade, descreve uma estabilidade dinâmica, continuamente renegociada. É difícil não notar o quanto esta ideia já está impregnada de uma visão unitária do ser vivo.

O mesmo acontece quando se fala de sinais. Uma molécula-sinal não está simplesmente presente ou ausente, como uma gota de reagente num tubo de ensaio. Só é eficaz se for reconhecida como relevante. Em 1956, no Instituto Rockefeller de Nova Iorque, o biólogo George Palade demonstrou que as células não eram sacos caóticos de moléculas, mas sim sistemas altamente organizados, capazes de tráfego interno e comunicação seletiva. A partir desse momento, o termo «sinalização celular» passou a fazer parte do léxico biológico. Mas sinalizar, mesmo na linguagem quotidiana, significa indicar algo a alguém. A bioquímica pode descrever os recetores e as cascatas intracelulares, mas o próprio facto de uma molécula ser considerada um sinal depende do estado global do organismo.

O termo talvez mais revelador é «controlo». Fala-se de controlo enzimático, controlo génico, controlo metabólico. Ninguém imagina um «maestro» escondido na célula, mas a imagem continua a ser surpreendentemente adequada. Como observou o biólogo evolucionista Conrad Waddington, durante uma conferência em Edimburgo em 1968, *«descrevemos processos moleculares como se o organismo soubesse para onde ir, mesmo quando negamos que ele saiba alguma coisa»*. O controlo, na biologia, não funciona como uma alavanca mecânica: é distribuído, contextual, dependente da história do sistema. E, no entanto, a palavra permanece, porque nenhuma outra consegue dar conta dessa coerência funcional que atravessa os níveis da organização viva.

Esta tensão linguística não é um defeito: é um sintoma. Indica que a bioquímica, apesar do seu sucesso pontual, move-se continuamente na fronteira do que pode explicar com categorias puramente mecanicistas. A linguagem revela aquilo que o modelo teórico tem dificuldade em integrar: o organismo como uma unidade orientada, capaz de se manter, responder e adaptar-se de forma sensata às circunstâncias.

A filósofa da ciência Evelyn Fox Keller, ao refletir sobre a linguagem das ciências da vida, observou como certos termos funcionam como «pontes conceptuais»: permitem trabalhar e m eficazmente, embora remetam para uma compreensão mais ampla ainda por esclarecer. É como se a bioquímica, ao descrever as notas individuais, fosse obrigada a usar palavras que dão a intuir a existência da melodia.

Neste sentido, a linguagem bioquímica não é apenas um instrumento descritivo, mas um limiar. Mostra que a vida não é simplesmente o que acontece quando certas moléculas reagem, mas o que mantém essas reações unidas numa forma estável, reconhecível e orientada. As palavras sabem disso, mesmo quando a teoria finge que não.

Identidade em pedaços: porque a vida não se deixa desmontar.

Há um gesto simples, quase banal, que ilumina uma diferença profunda entre máquinas e organismos: a desmontagem. Podemos desmontar uma bicicleta na garagem de casa, dispor as peças no chão e, mesmo assim, ninguém duvida que aquela continua a ser a mesma bicicleta. Está temporariamente inutilizável, claro, mas a sua identidade não está em causa. Pelo contrário, se desmontarmos um organismo — mesmo que seja apenas separando as suas partes vitais —, o que resta já não é esse organismo. Não é uma versão «incompleta»: é outra coisa.

Esta diferença não é metafórica nem sentimental. É ontológica. Diz respeito à forma de ser de uma máquina em comparação com a de um ser vivo.

Uma máquina é definida pela disposição funcional das suas partes. O seu princípio de identidade é externo: reside no projeto, no desenho, no esquema que antecede e sobrevive ao objeto concreto. Um motor a diesel fabricado em Turim em 1984 é ontologicamente idêntico a um montado hoje em Pune, desde que respeite as mesmas especificações. Desmontá-lo não altera a sua essência: a máquina é, no fundo, uma possibilidade sempre reconstruível.

Um organismo, pelo contrário, não tem um projeto externo que o defina, nem um esquema separável da sua existência concreta. A sua identidade coincide com o próprio processo de vida. Como já observava Aristóteles no «*De* Anima», o ser vivo não é um corpo que tem uma forma, mas um corpo que é a sua forma em ato. Retirar as partes significa interromper esse processo, não suspendê-lo.

Immanuel Kant, na «*Crítica do* Juízo» (1790), captou este ponto com uma clareza ainda hoje surpreendente: um organismo é um ser em que «as partes são reciprocamente causa e efeito da sua forma». Numa máquina, as partes cooperam porque alguém as dispôs assim. Num organismo, as partes existem porque o todo já está em ato. É uma diferença subtil, mas decisiva.

Uma anedota frequentemente contada nos departamentos de biologia do desenvolvimento remonta aos anos 30, no laboratório de Hans Spemann, em Friburgo. Quando os seus alunos separavam células embrionárias muito precoces de salamandra, descobriam que cada uma delas se podia reorganizar e dar origem a um organismo completo. Mas, à medida que o desenvolvimento avançava, essa possibilidade desvanecia-se: a separação já não produzia dois organismos, mas sim dois fragmentos destinados a perecer. Não eram «pedaços» de um todo pré-existente, como engrenagens sobre uma mesa: eram momentos de um processo que só existe enquanto se mantém íntegro.

A máquina tolera a interrupção porque a sua unidade é acrescentada a partir do exterior. O organismo não a tolera porque a sua unidade é imanente. Gilbert Simondon, filósofo francês frequentemente ignorado nos manuais de biologia, explicava-o com uma linguagem quase de engenharia: a máquina é um indivíduo técnico que permanece como tal mesmo quando está inativo; o organismo é um indivíduo que só existe no seu funcionamento. Pará-lo significa dissolvê-lo.

Isto esclarece também um equívoco generalizado nas metáforas tecnológicas da biologia contemporânea. Dizer que o ADN é um «programa» ou que a célula é uma «fábrica» pode ser útil num contexto específico, mas torna-se enganador no plano ontológico. Um programa pode ser copiado, suspenso, reiniciado. Um organismo, não. Não porque seja mais frágil, mas porque não é separável do seu próprio tempo. A sua identidade é histórica, não replicável instante a instante.

Norbert Wiener, o pai da cibernética, admitiu-o com certa inquietação numa conferência no MIT em 1951: *«A máquina pode ser desligada e ligada novamente; o organismo não, porque aquilo a que chamamos vida é o seu próprio devir contínuo»*. É uma frase que soa quase óbvia, mas que marca o ponto exato em que o paradigma mecanicista revela a sua insuficiência.

Em resumo, uma máquina é algo que continua a ser o que é mesmo quando não funciona; um organismo é o que é apenas enquanto funciona, cresce e se mantém. Desmontar uma máquina é uma operação reversível. Desmontar um organismo é um acontecimento ontologicamente irreversível. Não porque falte alguma peça, mas porque deixou de existir aquilo que mantinha as peças unidas: a unidade viva enquanto processo.

E é precisamente esta unidade — que não pode ser localizada em parte alguma, mas que é, no entanto, real — que a explicação bioquímica, por si só, não consegue captar.

O sucesso local da bioquímica.

Se há uma disciplina que, no século XX, cumpriu as promessas da ciência moderna, essa disciplina é a bioquímica. Explicou, previu, manipulou. Transformou a medicina, a agricultura, a indústria alimentar. Deu nomes, fórmulas e percursos ao que, durante séculos, se mantivera obscuro. Seria intelectualmente desonesto não reconhecer o seu sucesso. O problema não é o que a bioquímica explica, mas o que fica de fora do que ela explica.

Quando, em 1926, James Sumner cristalizou a urease, demonstrando que uma enzima é uma proteína, pôs ponto final numa disputa que parecia quase metafísica. A partir desse momento, a vida passou a parecer cada vez mais uma questão de reações catalisadas, de afinidades moleculares, de cinéticas mensuráveis. A partir daí, a história é conhecida: a descoberta da estrutura do ADN em Cambridge, em 1953; o código genético decifrado na década de 1960; as vias metabólicas representadas como mapas de metro nos manuais universitários.

Neste sentido, a bioquímica funciona de forma impecável. Funciona quando isola um processo, o reproduz in vitro e mede as condições que o tornam possível. Funciona quando um fármaco bloqueia um recetor, quando um inibidor retarda uma cascata enzimática, quando uma mutação é associada a uma proteína defeituosa. É uma ciência extraordinariamente eficaz no domínio do local: o sítio ativo de uma enzima, a cavidade de ligação de um ligando, a sequência de uma cadeia polipeptídica.

Um investigador do EMBL de Heidelberg contava, durante um seminário informal no início dos anos 2000, que *« o laboratório tudo faz sentido, até voltares a colocar a molécula dentro da célula*». Não era uma piada contra a bioquímica, mas uma constatação dos seus limites. No tubo de ensaio, o sistema é limpo, controlável, elegantemente redutível. Nos seres vivos, a mesma reação está imersa num contexto que a altera, a desvia e, por vezes, a subverte.

O ponto crucial é que a bioquímica descreve interações, não organizações. Sabe explicar como uma molécula reconhece outra, mas não por que razão esse encontro ocorre ali, naquele momento, naquela sequência, contribuindo para a estabilidade de todo o organismo. A soma das reações corretas, por si só, não garante a presença da vida. Como observou François Jacob, Prémio Nobel em 1965, *«a biologia não é uma física do vivo, mas uma história*». E uma história não se reconstrói enumerando as letras do alfabeto.

Um exemplo emblemático vem da biologia molecular do início dos anos 70. No Instituto Salk, em La Jolla, alguns grupos conseguiram reconstruir in vitro processos fundamentais como a transcrição e a tradução. Tudo funcionava. Mas quando se tentava transferir essa lógica explicativa para o organismo inteiro, surgia uma discrepância subtil, mas persistente: as mesmas moléculas, no mesmo número, não produziam o mesmo resultado. Algo dependia do contexto global, da organização dinâmica, de relações que não se reduziam a uma cadeia causal linear.

A bioquímica destaca-se na resposta à pergunta «como ocorre uma reação?», mas tem dificuldade quando a pergunta se torna «por que razão esta reação é relevante para a vida do organismo?». Trata-se de uma diferença de escala e de lógica, não de precisão. O paradigma reducionista não é falso: é localmente verdadeiro. O problema surge quando o seu sucesso é indevidamente alargado ao que não é local.

Na década de 1980, o biólogo inglês Conrad Waddington — figura hoje menos citada do que mereceria — observou que a bioquímica tinha explicado os «blocos de construção» da vida, mas não a «arquitetura». E acrescentava, com certa ironia, que ninguém pretenderia compreender uma catedral gótica analisando apenas a composição química das pedras. A comparação não menospreza a química das pedras: aponta apenas o seu limite explicativo.

O sucesso da bioquímica, portanto, é real e mensurável. Mas é um sucesso que ilumina partes do fenómeno vital, deixando outras, decisivas, na sombra. Enquanto nos mantivermos ao nível das reações, tudo é claro. Quando nos perguntamos como é que essas reações se mantêm unidas, se estabilizam e se coordenam ao longo do tempo, a linguagem bioquímica torna-se subitamente muda. Não porque esteja errada, mas porque não foi concebida para responder a esse tipo de pergunta.

E é precisamente nesta zona de sombra — entre a eficácia local e a insuficiência global — que começa a delinear-se a necessidade de um outro olhar sobre a vida.

Das moléculas às redes: quando a vida mudou de escala.

Durante grande parte do século XX, a bioquímica representou o coração pulsante das ciências da vida. Não só pelos resultados obtidos, mas pela ideia de conhecimento que encarnava: compreender um organismo significava decompor-no nos seus componentes elementares, estudá-los um a um e, depois — pelo menos em princípio —, reconstruir o todo. Um programa ambicioso, coerente com o espírito da modernidade científica e, em muitos aspetos, extraordinariamente produtivo.

Nos laboratórios de Harvard, de Cambridge ou do Instituto Pasteur, em Paris, entre os anos 50 e 70, esta abordagem parecia não ter rivais. Cada nova via metabólica mapeada, cada recetor identificado, cada enzima caracterizada reforçava a ideia de que a vida era, no fundo, uma questão de química bem organizada. Como recordava ironicamente um antigo investigador do Karolinska Institutet, *«se não o compreendemos, é apenas porque ainda não encontrámos a molécula certa»*.

No entanto, precisamente no momento de maior sucesso, começaram a surgir as primeiras fissuras conceptuais. Estas não provinham de uma rebelião ideológica, mas da experiência quotidiana em laboratório. No final dos anos 80, com o advento das técnicas de genómica e proteómica, percebeu-se que conhecer todos os componentes não equivalia a compreender o comportamento do sistema. Os genomas eram sequenciados, as listas de proteínas aumentavam, mas a distância entre o inventário e a compreensão não diminuía.

Um episódio frequentemente recordado — quase com algum embaraço — remonta a 1995, durante uma conferência em Santa Fé, local emblemático para as ciências da complexidade. Perante modelos matemáticos extremamente elegantes e uma quantidade impressionante de dados moleculares, alguém observou que era possível descrever uma célula como uma rede de milhares de interações, mas não prever com fiabilidade como esta reagiria a uma perturbação mínima. A piada que circulou pelos corredores foi: *«Sabemos tudo, menos o que ela faz»*.

É neste clima que a biologia dos sistemas toma forma. Não como uma rejeição da bioquímica, mas como o seu prolongamento crítico. As continuidades são evidentes: os mesmos dados, os mesmos instrumentos, a mesma atenção ao rigor quantitativo. Mas a ruptura está no ponto de vista. Já não é a reação individual como unidade explicativa fundamental, mas sim o conjunto das interações consideradas simultaneamente, no tempo e no espaço.

Em 2000, em Tóquio, Hiroaki Kitano — figura-chave desta transição — falou explicitamente da necessidade de passar de uma «biologia das partes» para uma «biologia dos comportamentos emergentes». O termo emergência não tinha nada de místico: indicava simplesmente propriedades observáveis que não são atribuíveis a nenhum componente isolado. Uma constatação empírica, antes mesmo de ser teórica.

A biologia dos sistemas nasce, portanto, de uma insatisfação interna ao paradigma anterior. Não nega que as reações químicas sejam reais, necessárias e fundamentais. Mas mostra que o seu significado biológico muda consoante a rede em que estão inseridas. Uma mesma molécula pode ser um sinal, um nutriente ou uma toxina, dependendo do estado global do sistema. Aqui, a causalidade linear, tão eficaz na bioquímica clássica, começa a mostrar os seus limites.

É interessante notar que esta transição tem também um reflexo cultural mais amplo. Nos mesmos anos em que a biologia descobre as redes, a Internet torna-se uma metáfora dominante; a economia fala de sistemas complexos; a ecologia abandona modelos simplistas para descrever equilíbrios dinâmicos. Não é uma coincidência: é o sinal de uma mudança na sensibilidade científica, de uma nova atenção às relações, mais do que aos objetos.

No entanto, a biologia de sistemas permanece — deliberadamente — dentro do perímetro da ciência experimental. Não introduz novas entidades, não invoca princípios externos. Limita-se a afirmar que a vida não se explica apenas alterando o nível de detalhe, mas requer uma mudança de perspetiva. Trata-se de um limiar conceptual, ainda não de um novo paradigma completo. Mas é um limiar decisivo.

Neste sentido, a transição da bioquímica clássica para a biologia dos sistemas representa um momento de suspensão: a consciência de que a linguagem das reações já não basta, sem que ainda esteja claro que linguagem a substituirá. Uma fase de transição fértil, muitas vezes inquieta, em que a ciência começa a intuir que o organismo não é apenas um conjunto de processos, mas uma unidade dinâmica que dá sentido aos seus próprios mecanismos.

O todo que não se deixa desmontar.

Há um momento, no estudo da vida, em que a análise mais refinada se detém perante uma pergunta aparentemente ingénua: onde está o organismo? Não nas moléculas consideradas individualmente, não nos genes isolados, não nos tecidos observados como compartimentos separados. No entanto, o organismo existe, impõe-se, resiste, reconhece-se como uma unidade coerente ao longo do tempo. A biologia moderna, extraordinariamente hábil a descrever os detalhes, ainda tem dificuldade em explicar esse «algo mais» que transforma um conjunto de partes num ser vivo.

O problema não é novo. Já no início do século XIX, Johann Wolfgang von Goethe, ao observar as metamorfoses das plantas no seu jardim em Weimar, anotava que a forma viva nunca é um simples resultado, mas um processo que se expressa. Não procurava a planta «verdadeira» num órgão privilegiado, mas no movimento que os liga a todos. Uma folha não é apenas uma folha: é uma variação temporária de um tema unitário. Goethe não falava a linguagem da bioquímica, mas tinha captado algo que ainda hoje nos interpela.

O reducionismo clássico procede por decomposição: compreende uma função isolando-a. Mas a unidade do organismo não se comporta como uma função. É uma presença distribuída, que nunca coincide com um ponto preciso. Kurt Goldstein, neurologista alemão forçado ao exílio nos Estados Unidos na década de 1930, compreendeu isso ao trabalhar com soldados com lesões cerebrais da Primeira Guerra Mundial. Lesões semelhantes produziam resultados diferentes em pessoas diferentes. Não era a parte em falta que explicava o défice, mas sim a reorganização de todo o organismo em torno dessa perda e . Goldstein falou do organismo como totalidade, um conceito que a neurologia oficial da época considerava embaraçosamente vago.

No entanto, os factos eram incontestáveis. Um organismo reage como um todo, mesmo quando é atingido numa parte. Não soma respostas locais: redefine-se a si próprio. Este é o ponto cego da explicação puramente bioquímica. As reações são necessárias, mas não explicam por que razão ocorrem de forma coordenada, estável e orientada para a conservação da unidade.

Nos anos 50, trabalhando entre Bruxelas e Austin, Ilya Prigogine demonstrou que alguns sistemas físicos distantes do equilíbrio podem auto-organizar-se. Mas o que impressionava, nos seres vivos, era a persistência da identidade: não apenas a ordem, mas uma ordem que se reconhece e se mantém. Um vórtice num fluido existe enquanto durarem certas condições; um organismo, por outro lado, contribui ativamente para produzir as condições da sua própria existência. Aqui, a física aproxima-se da fronteira, mas não a atravessa totalmente.

Uma anedota frequentemente recordada nos laboratórios de embriologia diz respeito a Hans Driesch, que, em 1891, em Nápoles, trabalhava com ovos de ouriço-do-mar. Separou as primeiras células embrionárias, esperando obter fragmentos incompletos. Em vez disso, obteve organismos inteiros, apenas mais pequenos. Driesch, inicialmente um mecanicista convicto, viu-se obrigado a mudar de opinião: não havia uma «peça» que comandasse, mas sim uma capacidade global de organização que não se deixava localizar. Falou de «entelequia», um termo hoje em desuso, mas criado para designar um problema real.

O ponto crucial é que a unidade do organismo não surge após a montagem das partes, como acontece num artefacto. Está presente desde o início como princípio operativo, como contexto que dá sentido às partes à medida que estas se diferenciam. Neste sentido, o todo não é o resultado final: é a condição inicial que torna possível toda a diferenciação.

O filósofo Maurice Blondel escreveu em 1893 que *«a vida é uma ação que só pode ser compreendida a partir do seu interior»*. Hoje diríamos que a unidade do ser vivo é uma unidade de sentido, não um mente de estrutura. Um fígado não é «um fígado em geral», mas aquele fígado, naquele corpo, naquela história biológica. Retiremo-lo dali e resta matéria competente, mas muda.

O problema da unidade do organismo, portanto, não é uma falha temporária da teoria biológica, à espera de melhores dados. É um desafio conceptual. Exige que pensemos no ser vivo não como um mosaico bem encaixado, mas como uma forma dinâmica que mantém unidas a diferença e a identidade, a transformação e a permanência. Uma estrutura que não se encontra em nenhum lugar em particular, mas que se manifesta em todo o lado.

O rosto que reconhecemos sem saber explicar porquê.

Há uma experiência quotidiana que todos conhecemos e que, se observada com atenção, diz muito sobre a natureza do organismo vivo. Reconhecemos um rosto à distância, talvez numa fotografia desfocada ou após anos de ausência, sem sabermos indicar com precisão quais as características que o tornam inconfundível. Não é o nariz, não são os olhos considerados isoladamente, nem a sua simples combinação geométrica. É algo que está «entre» as partes, ou melhor, que as atravessa a todas. Uma unidade percebida, não medida.

Esta experiência estética — pois trata-se de estética, no sentido original de «aisthesis», perceção — é surpreendentemente próxima do que acontece quando nos deparamos com um organismo vivo. Também aqui o todo manifesta-se antes da análise. Nenhum biólogo, ao observar um animal ou uma planta, precisa de enumerar as suas moléculas para reconhecer a sua identidade. O organismo apresenta-se como uma unidade, antes mesmo de ser explicado.

Em 1896, em Paris, Henri Bergson assistia a uma representação teatral e anotava nos seus cadernos como o gesto de um ator era reconhecível mesmo quando executado por outro corpo. Não era a sequência muscular que contava, mas o estilo do movimento. Bergson utilizará este exemplo para falar da vida como impulso, mas a observação mantém-se válida: o estilo precede a decomposição. Da mesma forma, um organismo tem um «estilo biológico», uma assinatura global que não coincide com nenhum elemento isolado.

Pensemos na música. Uma fuga de Bach continua a ser reconhecível mesmo quando transposta para outra tonalidade ou tocada com instrumentos diferentes. As notas individuais contam, claro, mas não explicam a unidade da obra. A unidade musical é uma estrutura relacional, uma coerência interna que se mantém através das variações. De forma análoga, um organismo passa por mudanças contínuas — renovação celular, adaptações fisiológicas, ciclos — sem perder a sua identidade. As partes mudam, o todo permanece.

Uma anedota frequentemente contada nos círculos da história da arte diz respeito a Ernst Gombrich, que, na década de 1960, em Londres, mostrava aos seus alunos cópias deliberadamente imperfeitas de quadros famosos. Muitos reconheciam o autor mesmo na presença de erros evidentes. «O estilo», dizia Gombrich, «não é um detalhe, é uma totalidade que filtra cada detalhe». Esta frase poderia ser transposta sem esforço para a biologia: a forma viva filtra e organiza cada processo local.

A bioquímica, tal como a crítica formalista mais rígida, tende a perguntar de que é feita. Mas a unidade estética — tal como a biológica — responde a outra pergunta: o que faz com que isto seja o que é? Quando observamos um quadro de Morandi, por exemplo, não o reduzimos à lista de objetos representados. Garrafas e caixas também existem noutros lugares. O que reconhecemos é uma tensão composicional, um equilíbrio silencioso que não se deixa traduzir em parâmetros independentes.

Nos anos 80, estudos de psicologia da Gestalt — realizados entre Berlim e Nova Iorque — demonstraram que a perceção do rosto humano resiste à fragmentação: mesmo quando alguns traços são alterados ou ocultados, o rosto permanece identificável desde que a configuração global seja preservada. É uma lição valiosa para a biologia: a unidade não é um efeito colateral das partes, mas uma condição percetiva e funcional primária.

O organismo, tal como uma obra de arte bem-sucedida, não é simplesmente complexo. É coerente. E a coerência nunca é localizável. Não reside num gene, tal como não reside numa pincelada. É uma propriedade do campo de relações que mantém tudo unido. Compreender isto significa reconhecer que a vida não se explica apenas com o inventário dos seus componentes, tal como a arte não se compreende apenas com a análise dos materiais.

Neste sentido, a unidade biológica e a unidade estética partilham uma mesma lógica profunda: ambas existem como formas reconhecíveis antes de serem descrevíveis, como presenças que precedem a medida. Não negam a importância das partes, mas subordinam-nas a uma ordem que não nasce da soma, mas sim a orienta.

Quando as células «sabem» o que fazer: o desafio da finalidade sem um projetista.

Há uma questão que acompanha a biologia desde as suas origens modernas e que, apesar de séculos de descobertas, continua a inquietar os laboratórios e as salas de aula universitárias: por que razão os organismos parecem agir «com um objetivo em vista», apesar de não terem sido projetados por ninguém? O cerne da questão não reside na forma como funcionam os mecanismos da vida — neste aspeto, a bioquímica fez milagres —, mas sim na razão pela qual esses mecanismos cooperam de forma tão coerente, estável e orientada.

Quando observamos uma ferida a cicatrizar, um embrião a desenvolver-se segundo uma sequência surpreendentemente fiável, ou um sistema imunitário que «reconhece» o que deve ser eliminado, somos levados a utilizar uma linguagem finalista: curar, desenvolver-se, defender-se. No entanto, desde Darwin que a ciência tem feito de tudo para expelir a finalidade do seu vocabulário oficial. Falar de objetivos parecia um regresso disfarçado à teologia natural de William Paley, famoso pelo seu exemplo do relógio encontrado no prado: se há um relógio, tem de haver um relojoeiro. Mas a biologia moderna não quer relojoeiros.

O resultado é uma tensão que nunca foi totalmente resolvida. Por um lado, os organismos comportam-se como se tivessem um objetivo; por outro, a causalidade admitida é apenas a eficiente: cadeias de eventos locais, cegos, desprovidos de intenção. A linguagem dos manuais procura, então, soluções de compromisso: «teleonomia», «função selecionada», «programa genético» (metáfora informática que Jacques Monod já utilizava com cautela nos anos 60). Mas o mal-estar persiste.

Uma anedota contada nos anos 90 no laboratório de embriologia da Universidade de Cambridge é emblemática. Durante uma discussão informal, um jovem investigador, ao observar a regeneração de um embrião de salamandra a quem tinha sido removida uma parte, exclamou: *«Parece que sabe o que falta»*. A frase foi recebida com sorrisos irónicos. No entanto, ninguém soube propor uma explicação que não recorresse, implicitamente, àquela ideia proibida: uma forma global que orienta os processos locais.

A causalidade clássica funciona magnificamente quando se trata de explicar como ocorre uma reação ou por que razão uma proteína se liga a um recetor. Mas quando o objeto é o organismo no seu conjunto, a explicação falha. Como pode uma sequência de causas locais produzir um comportamento orientado para a manutenção da forma, da integridade e da funcionalidade global? Dizer que é «apenas» o resultado da seleção natural desloca o problema no tempo, mas não o elimina. A seleção explica por que razão certas configurações persistem, não como elas funcionam, aqui e agora, como unidades finalizadas.

Já Immanuel Kant, na *«Crítica do* Juízo» (1790), tinha captado a essência da questão com uma lucidez que ainda hoje surpreende. Os organismos, escrevia ele, são entidades em que as partes existem para o todo e o todo para as partes. Não são como uma máquina, montada a partir do exterior, mas como uma realidade que se autoproduz. Kant concluía que a finalidade na biologia é inevitável como princípio de juízo, mesmo que não seja demonstrável como causa real. Dois séculos depois, o problema continua lá, apenas revestido de uma linguagem mais técnica.

Hoje evitamos palavras como «entelequia», mas o fenómeno não desapareceu. Nos laboratórios de biologia de sistemas, tanto em Boston como em Zurique, estudam-se redes genéticas e metabólicas que demonstram robustez: a capacidade de manter uma função mesmo quando componentes individuais são perturbados. É uma linguagem elegante, matemática, mas, por baixo da superfície, ressurge a mesma questão: robustez em relação a quê? A uma forma, a uma função, a um resultado esperado.

O paradoxo da finalidade sem um projetista é este: a vida parece orientada sem ser intencional, direcionada sem um diretor. A causalidade clássica, linear e local, não dispõe dos instrumentos conceptuais para dar conta desta direcionalidade intrínseca. Pode descrever o percurso, mas não o porquê desse percurso. Pode enumerar as etapas, mas não explicar por que razão, apesar do ruído, dos erros e das perturbações, o organismo regressa sempre — enquanto estiver vivo — a uma certa coerência funcional.

Não é de admirar, então, que, na prática quotidiana, até os cientistas mais rigorosos caiam numa linguagem finalista. Fala-se de «erro a corrigir», de «sinais apropriados», de «resposta adequada». É uma linguagem operacional, certamente, mas revela algo mais profundo: a dificuldade de conceber a vida sem lhe atribuir, pelo menos implicitamente, um sentido interno.

Talvez o enigma não resida no facto de a biologia ainda não conseguir explicar a finalidade, mas na premissa de que toda a explicação deve reduzir-se a causas cegas e locais. Como observou o filósofo da ciência Francisco Varela numa conferência em Paris, em 1996, «a questão não é reintroduzir um projetista, mas compreender como surge uma normatividade sem legislador». Uma frase anotada por muitos, mas raramente aprofundada até ao fim.

A finalidade sem um projetista permanece, assim, uma zona de fronteira: demasiado empírica para a metafísica tradicional, demasiado carregada de sentido para uma bioquímica reduzida a uma engrenagem. É precisamente nesta tensão que se abre espaço para uma nova questão sobre a vida — já não apenas sobre de que é feita, mas que tipo de ordem é.

O fim sem fim: reler Aristóteles à luz da vida contemporânea.

Quando se pronuncia o nome de Aristóteles num departamento de biologia molecular, muitas vezes instala-se um silêncio educado, seguido de uma rápida mudança de assunto. No entanto, sem que nos apercebamos, muitas das dificuldades conceptuais da biologia contemporânea continuam a girar em torno de uma noção que o filósofo de Estagira tinha colocado no centro da sua reflexão: a causa final, o *«télos»*.

Aristóteles não entendia a finalidade como um projeto imposto pelo exterior, nem como a execução de um plano consciente. Em «*De Partibus* Animalium», insiste num ponto que hoje soa surpreendentemente moderno: nos organismos vivos, as estruturas existem com vista a uma função, e essa função é interna ao próprio processo de desenvolvimento. Não há um arquiteto oculto, mas sim uma orientação intrínseca da forma para a sua própria realização.

A biologia moderna reagiu a esta ideia com um longo ato de repressão. A partir do século XVII, com Descartes e o nascimento da ciência mecanicista, a causa final foi progressivamente expulsa do discurso científico, considerada um atalho metafísico. Explicar significa identificar causas eficientes, concatenações de eventos mensuráveis. Todo o resto — objetivos, fins, tendências — é arquivado como linguagem poética ou, pior ainda, como resíduo teológico.

No entanto, olhando bem, o problema que Aristóteles tentava abordar nunca desapareceu. Como explicar que um embrião de mamífero, partindo de uma única célula, passe por uma sequência de transformações altamente reguladas, chegando quase sempre — salvo incidentes — a uma forma funcional coerente? Dizer que «isso acontece porque é selecionado» não basta para esclarecer por que razão, durante o desenvolvimento, cada etapa parece orientada para uma configuração futura que ainda não existe.

Um episódio relatado pelo historiador da ciência Pietro Corsi diz respeito a uma aula ministrada em Paris, na década de 1970, por um conhecido biólogo evolucionista. À pergunta de um aluno sobre como evitar a linguagem finalista ao falar de desenvolvimento, o professor respondeu com um sorriso: «*Evitamo-la nos títulos dos artigos, não nos corredores*». Uma piada que retrata bem a situação: a finalidade é oficialmente banida, mas continua a operar de forma não oficial.

Reler Aristóteles hoje não significa adotar a sua cosmologia ou a sua biologia descritiva — ultrapassadas há séculos —, mas reconhecer a pertinência da sua intuição central: nos seres vivos, o presente parece organizado em função de uma forma futura. A causa final, nesta perspetiva, não é uma força misteriosa, mas uma forma de descrever uma ordem temporal invertida, em que o sentido de um processo não se reduz à soma dos seus passos intermédios.

No século XX, alguns pensadores tentaram reabrir o diálogo com Aristóteles sem cair no vitalismo ingênuo. O filósofo francês Raymond Ruyer, por exemplo, falava, na década de 1950, de «atividade formal» para descrever aqueles processos biológicos que não podem ser explicados apenas como efeitos mecânicos locais. As suas ideias permaneceram marginais, mas antecipavam um mal-estar que hoje ressurge nas discussões sobre morfogénese e auto-organização.

O ponto crucial é que a causalidade clássica olha sempre para trás, procura as causas no passado imediato. A causa final aristotélica, pelo contrário, olha para a frente: não como uma previsão consciente, mas como uma atração por uma configuração estável. Em termos modernos, poderíamos dizer que Aristóteles estava a tentar nomear aquilo que hoje descrevemos, com um léxico diferente, como «dinâmica em direção a estados organizados».

Um pormenor frequentemente esquecido é que Aristóteles era um observador incansável. Na ilha de Lesbos, onde passou longos períodos a estudar animais marinhos, anotava variações, anomalias, casos-limite. Não procurava a perfeição abstrata, mas sim a regularidade no seio da imperfeição. A causa final não era, para ele, uma garantia metafísica, mas sim uma hipótese interpretativa para tornar inteligível o comportamento global do ser vivo.

Visto desta perspetiva, a distância entre Aristóteles e a biologia dos campos — que interpreta o organismo como uma estrutura informativa estabilizada — reduz-se. Em ambos os casos, o que importa não é o componente individual, mas a forma global que orienta os processos. Mudam as palavras, não o problema de fundo. E talvez, como acontece frequentemente na história da ciência, uma ideia antiga regresse não porque fosse «verdadeira» no sentido moderno, mas porque tinha identificado uma questão que ainda não deixámos de nos colocar.

A causa final, libertada da ideia de um projetista externo, poderia então ser relida não como explicação última, mas como sinal de um limite: o ponto em que a descrição puramente mecânica deixa de ser suficiente. Aristóteles não dispunha dos instrumentos para ir mais além. Nós, talvez, sim. Mas apenas se aceitarmos reconhecer que a vida coloca questões que não se reduzem facilmente a reações e cadeias causais.

Diários, cartas, silêncios: a finalidade que reaparece nas confissões dos cientistas.

Há um momento, na prática científica, que raramente aparece em artigos *submetidos a revisão por pares*, mas que surge com surpreendente regularidade em cartas privadas, em diários de laboratório e em entrevistas concedidas no final da carreira. É o momento da hesitação. Aquele em que o investigador intui que a explicação puramente mecânica, por mais impecável que seja do ponto de vista técnico, não consegue dizer tudo o que parece necessário dizer.

François Jacob, Prémio Nobel da Medicina em 1965, admitiu-o com uma franqueza desarmante em algumas páginas autobiográficas publicadas em 1970 (*La logique du vivant*): *«Utilizamos uma linguagem que atribui fins e intenções, mesmo quando sabemos que não devíamos»*. Jacob estava perfeitamente alinhado com o paradigma molecular, mas reconhecia que termos como «função», «programa» e «controlo» não eram meras metáforas inocentes. Eram muletas conceptuais, necessárias para se orientar num território onde a causalidade linear apresentava fissuras evidentes.

Este mal-estar não nasce de uma nostalgia metafísica, mas da experiência concreta do trabalho científico. Encontra-se, por exemplo, nos cadernos de laboratório de Conrad Hal Waddington, embriologista britânico, que, na década de 1940, anotava à margem das suas experiências com *a drosófila* reflexões invulgares para um geneticista: *«O desenvolvimento parece lembrar-se para onde deve ir»*. Waddington cunhou o termo «*paisagem* epigenética» precisamente para evitar a linguagem finalista, mas a metáfora do «canal» e do «vale» revelava uma tensão não resolvida: como falar de direção sem falar de objetivo?

Mesmo nos grandes templos da biologia experimental, este constrangimento era palpável. No *«Cold Spring Harbor* Laboratory», no estado de Nova Iorque, na década de 1950, alguns jovens investigadores contaram — em entrevistas recolhidas décadas mais tarde por historiadores da ciência — que, durante as discussões informais à noite, falava-se livremente de «objetivos» celulares, para depois eliminar cuidadosamente esse léxico dos manuscritos destinados às revistas. Era uma espécie de duplo discurso: um prático, indispensável para pensar; outro oficial, necessário para publicar.

O biólogo suíço Adolf Portmann, menos conhecido do grande público mas muito lido na década de 1950, abordou abertamente esta discrepância. Nos seus cadernos pessoais, hoje conservados em Basileia, escrevia que o organismo «se revela», como se a forma tivesse um valor expressivo para além do funcional. Não falava de finalidade no sentido clássico, mas admitia que reduzir a forma a um mero subproduto adaptativo deixava uma sensação de incompletude. As suas posições valeram-lhe uma certa marginalização académica, mas também a atenção de filósofos e historiadores de arte.

O ponto interessante é que o mal-estar não diz respeito à ignorância dos mecanismos, mas sim à sua insuficiência narrativa. Os cientistas sabem como ocorrem muitos processos; têm dificuldade em explicar por que razão esses processos convergem com tanta fiabilidade para configurações funcionais estáveis. Numa entrevista concedida à BBC em 1996, a bióloga do desenvolvimento Anne McLaren, figura central da investigação sobre embriões de mamíferos, confessou que a expressão «destino celular» lhe parecia «perigosa, mas inevitável». Perigosa porque evocava a teleologia, inevitável porque nenhum outro termo funcionava tão bem.

Este tipo de admissões não é raro, mas permanece confinado às margens do discurso público. É como se a biologia contemporânea vivesse uma forma de autocensura epistemológica: reconhece certos problemas, mas evita formulá-los até ao fim por receio de sair do perímetro da ciência «dura». No entanto, são precisamente estas hesitações, estas notas de rodapé emocionais, que indicam o ponto de máxima tensão do paradigma bioquímico.

No contexto da biologia dos campos, este mal-estar adquire um novo significado. Se o organismo é uma estrutura informativa estabilizada, então a recorrência de uma linguagem orientada para um fim não é uma fraqueza subjetiva do cientista, mas o sintoma de um nível de organização que exige categorias diferentes. As cartas, os diários, as entrevistas tornam-se assim documentos preciosos: não são desvios do método, mas vestígios de um problema real, ainda em aberto.

Talvez, como escreveu o físico Max Delbrück numa carta privada de 1972 a um colega de Pasadena, *«vencemos muitas batalhas contra o mistério, mas não a guerra contra o sentido»*.

Uma frase que nunca encontraremos num manual, mas que diz muito sobre o que ainda nos escapa quando tentamos explicar a vida sem recorrer, pelo menos implicitamente, a alguma forma de finalidade.

Quando os sistemas fazem mais do que programámos.

Nos últimos anos, uma curiosa inversão de perspetiva insinuou-se nos laboratórios de investigação: já não é apenas a biologia a inspirar a engenharia, mas a engenharia de sistemas autónomos a obrigar a biologia a rever as suas certezas. Em particular, a inteligência artificial — a verdadeira, feita de códigos, robôs e ambientes de simulação — trouxe de volta ao centro uma questão que a biologia clássica tinha tentado pôr de lado: o surgimento de comportamentos orientados para um objetivo sem que esse objetivo tivesse sido explicitamente programado.

Uma anedota frequentemente contada nos corredores do MIT diz respeito a um projeto de robótica autónoma dos primeiros anos dos anos 2000. Um grupo liderado por Rodney Brooks, pioneiro da robótica comportamental, tinha concebido pequenos robôs móveis com regras muito simples, sem representações internas do mundo. Durante os testes, num armazém em Cambridge (Massachusetts), alguns destes robôs começaram a «defender» espontaneamente certas zonas ricas em recursos energéticos, afastando os outros. Nenhuma instrução fazia referência a defesa, competição ou território. No entanto, o comportamento estava lá, estável e repetível.

Os engenheiros chamaram-lhe *«comportamento emergente»*. Mas entre os biólogos presentes nas demonstrações circulava uma questão mais inquietante: não é exatamente isto que observamos nos organismos vivos? Referimo-nos à «*aprendizagem por* reforço», uma forma de dizer que atribui ao agente propósitos, intenções ou objetivos, mesmo que, na realidade, o comportamento surja apenas de regras de atualização e sinais de recompensa.

Neste campo, a questão tornou-se ainda mais evidente. Quando, em 2016, o AlphaGo derrotou Lee Sedol em Seul, muitos comentadores falaram da «criatividade» da máquina. Os programadores, mais cautelosos, sublinharam que o sistema estava simplesmente a maximizar uma função-objetivo. Mas, em entrevistas posteriores, Demis Hassabis admitiu que algumas estratégias não estavam previstas nem compreendidas a priori: emergiam da interação entre o algoritmo, o ambiente e o histórico das partidas. Uma finalidade operacional sem representação consciente do objetivo.

É difícil ignorar o paralelismo com a biologia. Também nos organismos, a finalidade não se apresenta como um plano escrito algures, mas como uma tendência estável do sistema para manter certas formas, certas funções, certas relações. A IA mostra que é possível obter uma orientação funcional sem recorrer a um projetista que controle cada passo. Mas mostra também algo mais subtil: que esta finalidade não se reduz à soma das regras locais.

Numa conferência realizada em Santa Fé em 2011, no Santa Fe Institute — local emblemático do estudo dos sistemas complexos —, o físico Chris Langton observou que alguns autômatos celulares «parecem saber o que evitar». Era uma piada, mas não tanto assim. Sistemas formais, regidos por regras elementares, desenvolviam dinâmicas de preservação e adaptação que lembravam, pelo menos por analogia estrutural, o comportamento dos sistemas vivos.

Aqui, a ligação com a biologia dos campos torna-se particularmente frutífera. Se, nos organismos, a finalidade é uma propriedade emergente do campo de relações que os constitui, então a IA proporciona um laboratório conceptual onde se pode observar como a orientação para um objetivo pode surgir de configurações globais, e não de instruções pontuais. A máquina não «quer» nada e, no entanto, comporta-se como se tendesse para algo. Tal como uma célula que cicatriza uma ferida ou um embrião que corrige um desenvolvimento perturbado.

Não é por acaso que alguns investigadores, como o matemático inglês Michael Levin — conhecido pelos seus estudos sobre morfogénese —, começaram a utilizar instrumentos conceptuais emprestados da IA para descrever os processos biológicos, falando de «goal-directedness» em diferentes níveis de organização. Não se trata de atribuir intenções, mas de reconhecer uma estrutura de sentido e um m operacional, uma direcionalidade que não pode ser localizada numa única molécula, nem numa única linha de código.

O paradoxo é evidente: enquanto a biologia clássica evitou durante muito tempo a linguagem da finalidade para se manter «científica», a engenharia de sistemas autónomos vê-se hoje obrigada a confrontar-se com comportamentos finalísticos que ninguém quis explicitamente introduzir. É como se dois caminhos diferentes estivessem a convergir para o mesmo ponto cego do reducionismo.

Neste sentido, a inteligência artificial não oferece um modelo a copiar, mas sim um espelho. Mostra que a finalidade pode emergir sem intenção e que o problema não é eliminar o propósito do discurso científico, mas compreender a que nível este pertence. Uma lição valiosa para uma biologia que pretenda conceber os organismos não como máquinas complexas, mas como estruturas informativas estabilizadas, capazes de manter uma direção ao longo do tempo.

II. Quando a evolução toca, mas não escreve a partitura.

Há uma imagem que ajuda mais do que muitas fórmulas a compreender o cerne deste capítulo: a de um cego que ouve uma orquestra. Ele consegue reconhecer que a música é harmoniosa, consegue até distinguir os instrumentos e apreciar o equilíbrio entre as partes. Mas não vê a partitura, nem o princípio que mantém a execução coesa. A seleção natural, na narrativa clássica do darwinismo, assemelha-se muito a esse cego: explica por que razão uma determinada variação é favorecida, mas não por que razão existe uma forma coerente a ser selecionada.

O darwinismo foi, e continua a ser, uma das teorias científicas mais poderosas alguma vez formuladas. Mostrou como a adaptação dos organismos ao ambiente pode surgir sem recorrer a desígnios pré-estabelecidos ou a finalismos externos. No entanto, foi precisamente o seu sucesso que acabou por ocultar uma questão mais profunda: de onde vêm as formas biológicas?

Não as variações individuais, mas a arquitetura estável que torna possível a própria variação.

A seleção natural atua sempre sobre algo: sobre organismos já dotados de uma estrutura, de uma simetria, de uma robustez que resiste às perturbações. Um coração pode variar em dimensão, um membro em comprimento, um bico na curvatura, mas a presença do coração, do membro, do bico não é explicada pelo mecanismo seletivo enquanto tal. A seleção filtra, refina, elimina. Não orquestra.

Charles Darwin estava perfeitamente ciente disso, embora muitas vezes isso seja esquecido. Em *«On the Origin of* Species», escreve, com a cautela típica do seu estilo: *«Temos tendência para personificar a lei da variação, como se fosse uma força independente; mas devemos lembrar-nos de que a variação não é a causa da produção de novas espécies, mas apenas a matéria-prima sobre a qual a seleção atua.»*

Uma frase que, lida hoje, soa quase como uma admissão de incompletude: de onde provém essa «matéria-prima»? E, sobretudo, por que razão assume formas tão regulares e recorrentes?

Este capítulo situa-se aqui, neste espaço conceptual deixado na sombra. Não para negar o darwinismo, mas para relativizar o seu alcance explicativo. A seleção explica a adaptação local, não a estabilidade global das formas. Explica o porquê de ser vantajoso, não o porquê de existir. Como observava o biólogo inglês W. H. Thorpe, refletindo sobre os limites da abordagem adaptacionista: *«O problema da origem das espécies não diz respeito apenas à adaptação, mas também à origem de estruturas complexas e altamente específicas que tornam possível a própria adaptação.»*

É aqui que surge o problema da forma como princípio organizacional autónomo. As formas biológicas revelam uma capacidade surpreendente de se manterem, regenerarem-se e corrigirem-se. Um embrião perturbado tende a «recuperar» a sua própria organização; um organismo ferido procura restabelecer uma configuração reconhecível. Tudo isto ocorre antes e para além da pressão seletiva. A forma não é um resultado tardio da evolução, mas sim uma condição de possibilidade da mesma.

Henri Bergson, no início do século XX, tinha-o intuído com clareza filosófica, quando escreveu em *«L'évolution créatrice»*: *«A vida não é um mecanismo, é uma tendência. Uma força que procura superar a resistência da matéria e criar, no próprio coração da matéria, o instrumento da sua própria evolução.»* Para além da linguagem metafórica, a intuição é precisa: a vida não avança por mero acúmulo de vantagens seletivas, mas através de configurações formais que orientam e canalizam a mudança.

O objetivo deste capítulo, no contexto geral do livro, é, portanto, claro: mostrar que a crise do paradigma biológico clássico não diz respeito apenas aos mecanismos moleculares, mas também ao cerne da teoria evolutiva. Sem uma reflexão sobre a forma, a seleção permanece como um maestro sem partitura: capaz de manter o ritmo, mas não de explicar a música.

Esta passagem é decisiva para abrir caminho às partes seguintes do livro. Se a forma não é redutível nem aos genes nem à seleção, então é preciso procurar noutro lugar o princípio que organiza o ser vivo: nos campos de coerência, nas estruturas informativas, numa ordem que não é imposta pelo exterior, mas que emerge como propriedade global dos sistemas biológicos.

A forma que resiste: o mistério da robustez biológica.

Há uma característica da vida que impressiona quem a observa sem preconceitos teóricos: a sua surpreendente capacidade de permanecer fiel a si mesma enquanto tudo muda. Os organismos desenvolvem-se em ambientes imperfeitos, enfrentam perturbações, erros, flutuações moleculares e, ainda assim, chegam quase sempre a uma forma reconhecível, estável e funcional. Esta propriedade, a que os biólogos chamam robustez, é um dos pontos cegos mais evidentes do darwinismo clássico, porque se situa exatamente entre dois domínios que a teoria evolutiva tem tido dificuldade em integrar: a biologia do desenvolvimento e a evolução.

A seleção natural pode explicar por que razão uma forma robusta é favorecida: um organismo que «se mantém» melhor sobrevive mais facilmente. Mas não explica por que razão essa robustez surge em primeiro lugar, nem como é que uma forma consegue manter a sua identidade durante o desenvolvimento, apesar das variações genéticas, do ruído bioquímico e das condições ambientais mutáveis. É aqui que a evolução se depara com um paradoxo: para poder variar, uma forma tem primeiro de ser estável; mas a própria estabilidade não pode ser o produto direto da variação aleatória.

Na década de 2000, o biólogo de sistemas Hiroaki Kitano, a trabalhar entre Tóquio e a Europa, definiu a robustez como uma propriedade fundamental dos sistemas vivos, não redutível a genes individuais ou circuitos isolados. Num artigo já clássico de 2004, escrevia: *«A robustez é a capacidade de um sistema manter as suas funções apesar de perturbações internas e externas.»* Uma definição aparentemente sóbria, que, no entanto, desloca radicalmente o problema: a forma não é um resultado passivo, mas uma configuração mantida ativamente.

Do ponto de vista do desenvolvimento, isto significa que o organismo não segue uma simples sequência de instruções, como um programa linear, mas orienta-se para uma configuração global, corrigindo desvios, compensando erros e reorganizando localmente o que é perturbado. Do ponto de vista evolutivo, significa que a seleção não atua sobre um material amorfo, mas sobre formas já dotadas de uma resiliência intrínseca, que limita o espaço das variações possíveis e canaliza os seus efeitos.

Uma intuição semelhante já estava presente, de forma pré-molecular, na obra de D'Arcy Wentworth Thompson, que, em

1917, em «*On Growth and* Form», observava como muitas estruturas biológicas pareciam obedecer a restrições de ordem e estabilidade, mais do que a uma simples lógica adaptativa. Thompson não negava a evolução, mas sugeria que a geometria e a dinâmica das formas precedem a seleção, proporcionando-lhe o terreno onde atuar.

A robustez, neste sentido, é um conceito-ponte: liga o desenvolvimento individual à história evolutiva, mostrando que a vida não é uma sequência de soluções provisórias, mas um sistema capaz de conservar informação estrutural ao longo do tempo. As formas biológicas não são equilíbrios frágeis à beira do colapso, mas sim configurações ativas que resistem, se reparam e se recompõem. E é precisamente esta resistência inteligente à desordem que torna possível a própria evolução.

No contexto do capítulo, a robustez torna-se assim um argumento decisivo contra uma visão puramente seletiva da forma. Se as formas não fossem robustas, a seleção não teria nada de estável sobre o qual atuar. A orquestra, para voltar à metáfora do capítulo, nem sequer poderia começar a tocar se cada instrumento se desintegrasse ao primeiro toque do arco.

Vórtices, flocos de neve e células: semelhanças enganosas da forma.

Para compreender o que torna uma forma biológica, convém dar um passo atrás e observar as formas que a natureza produz mesmo na ausência de vida. Os cristais, os vórtices nos fluidos, as chamadas estruturas dissipativas estudadas pela física do século XX mostram que a ordem pode emergir espontaneamente do caos, sem necessidade de um projeto externo. É uma descoberta que fascinou gerações de cientistas e que, à primeira vista, parece aproximar o mundo inanimado do mundo vivo. Mas é precisamente nesta aproximação que se torna evidente a distância.

Um cristal de neve, observado ao microscópio, surge como uma pequena obra-prima de simetria. Wilson Bentley, o fotógrafo de Vermont que, no início do século XX, dedicou a sua vida a retratá-los, gostava de repetir que *«nenhum floco é igual a outro»*. No entanto, por trás dessa variedade, existe uma regra férrea: a forma do cristal é inteiramente determinada pelas leis físicas e pelas condições locais de temperatura e humidade. O cristal não «defende» a sua forma, não a corrige, não a interpreta. Se as condições mudarem, a forma muda ou dissolve-se. A estabilidade é passiva, não ativa.

Encontramos um passo mais próximo da vida nos vórtices: uma espiral de água num rio, uma mancha vermelha em Júpiter já observada por Cassini no século XVII, ou as células de convecção descritas por Henri Bénard em 1900 nas suas experiências em Paris. Aqui, a forma já não é estática: é um processo que se mantém ao longo do tempo graças a um fluxo contínuo de energia.

A analogia com os organismos é sedutora. Também a vida é um sistema aberto, longe do equilíbrio, que se mantém graças a trocas contínuas com o ambiente. Mas a diferença crucial surge assim que se observa a forma como a forma é conservada. Um vórtice não tem memória: se o fluxo se interromper, a forma desaparece sem deixar rasto. Um organismo, pelo contrário, atravessa fluxos, perturbações, até mesmo traumas, e tende a regressar a uma configuração reconhecível, como se a forma estivesse inscrita num nível mais profundo do que o simples movimento da matéria.

É aqui que se manifesta o limite da analogia física. As formas físicas são epifenómenos das condições: resultam das leis, mas não atuam sobre elas. As formas biológicas, pelo contrário, parecem exercer uma espécie de causalidade de cima para baixo, orientando os processos locais para um resultado global. Durante o desenvolvimento embrionário, células idênticas em termos de património genético assumem destinos diferentes, não porque o contexto físico o imponha, mas porque o organismo, no seu conjunto, «sabe» — num sentido operacional, não metafórico — para onde deve ir.

Esta comparação esclarece também um aspeto central: a seleção natural pode atuar sobre formas já existentes, mas não basta para explicar por que razão as formas biológicas possuem esta qualidade ativa, reguladora e persistente. As estruturas físicas mostram que a ordem é possível sem seleção; a vida mostra que existe um tipo de ordem que resiste, se repara e se antecipa. É nesta diferença subtil, mas decisiva, que a forma biológica revela a sua autonomia conceptual.

A orquestra da vida, portanto, não é composta apenas por boas leis físicas que soam juntas por acaso. Existe uma partitura implícita que atravessa os processos, os coordena e os torna coerentes ao longo do tempo. E é precisamente esta partitura — ainda difícil de nomear sem sair dos limites do reducionismo — que distingue um floco de neve de uma célula, um vórtice de um organismo.

Quando a forma exige um princípio mais profundo.

Chegados a este ponto, o leitor atento sente uma tensão que não pode ficar por resolver. Vimos que a seleção natural explica como uma forma funciona melhor do que outra, mas não por que razão essa forma existe, nem por que razão consegue manter-se estável ao longo do tempo, atravessando o desenvolvimento, as mutações e os stresses ambientais. A metáfora da orquestra, evocada no título do capítulo, volta então com força: não basta imaginar instrumentos bem construídos ou músicos selecionados pela sua habilidade. Sem um princípio que os mantenha unidos, que sincronize tempos, intensidades e relações, o que emerge não é música, mas ruído.

Este princípio não é uma nova substância, nem uma entidade misteriosa a acrescentar ao inventário da biologia. É, antes, uma propriedade global da organização viva, algo que diz respeito à forma como os processos se harmonizam entre si no tempo e no espaço. Já na década de 1940, trabalhando entre Princeton e Viena, Erwin Schrödinger questionava-se sobre como era possível que o organismo evitasse o colapso na desordem, falando de uma «ordem que se alimenta de ordem». Hoje podemos dizer que essa intuição apontava para um conceito mais preciso: a vida não é apenas ordem, mas ordem coerente, capaz de se manter, de ressoar consigo mesma, de produzir estabilidade dinâmica.

Não é por acaso que, em contextos diferentes, cientistas e filósofos tenham utilizado imagens semelhantes. O neurologista Karl Lashley, ao estudar, na década de 1950, a distribuição das funções no cérebro, falava de ação «de campo», incapaz de ser localizada num único ponto. Noutro domínio, o maestro Wilhelm Furtwängler defendia que a música não nasce da soma das notas, mas da tensão que as atravessa e as une. De forma semelhante, a forma biológica não emerge do acúmulo de partes, mas de uma relação coerente entre processos, que faz com que o todo se anteponha às componentes.

Este parágrafo termina, portanto, num limiar. Se a forma não se reduz nem ao gene nem à função, se a seleção não basta para explicar o seu surgimento e a sua estabilidade, então temos de mudar de ponto de vista. Temos de deixar de nos questionar apenas sobre o que é selecionado e começar a perguntar-nos como é que um organismo consegue ser uma unidade significativa ao longo do tempo. A resposta que se perfila não é um novo mecanismo, mas uma nova palavra-chave: coerência. É a partir daqui que terá início a parte seguinte, onde a vida será observada não como um conjunto de reações fortuitas, mas como um fenómeno físico e biológico capaz de manter sentido, forma e identidade no fluxo contínuo da mudança.

O mito do gene soberano: quando a informação não basta para explicar a forma.

Durante pelo menos meio século, a biologia contou a história da vida como uma narrativa escrita no ADN. Uma narrativa poderosa, elegante, até sedutora: quatro letras, combinações infinitas, um livro molecular capaz de explicar a forma de uma folha, a disposição dos neurónios, a complexidade de um organismo humano. Não é por acaso que, em 1962, quando Watson, Crick e Wilkins receberam o Prémio Nobel, o entusiasmo ultrapassou as fronteiras da comunidade científica. Em Cambridge, falava-se do «segredo da vida» como de algo finalmente revelado.

No entanto, com o passar dos anos, essa promessa revelou-se parcial. Não falsa — o ADN é indispensável — mas incompleta. O gene-centrismo, ou seja, a ideia de que o gene é a unidade fundamental e suficiente para explicar a forma e o comportamento dos organismos, começou a mostrar fissuras precisamente onde pretendia ser mais sólido: no desenvolvimento, na estabilidade das formas, na surpreendente robustez dos seres vivos.

Um dado, entre muitos outros, impressionou a opinião pública no início dos anos 2000: o «*Projeto Genoma* Humano», oficialmente concluído em 2003, revelou que o ser humano possui pouco mais de 20 000 genes, não muito mais do que um verme como *o Caenorhabditis elegans*. A pergunta, embaraçosa na sua simplicidade, começou a circular também fora dos laboratórios: onde está, então, a complexidade? Se a forma estivesse realmente toda inscrita nos genes, seria de esperar uma diferença muito mais acentuada.

O problema é que o ADN não funciona como um projeto arquitetónico detalhado. Não indica para onde irá cada célula, nem como serão coordenadas milhares de milhões de interações ao longo do tempo. Fornece componentes, possibilidades, restrições químicas. Mas a forma biológica surge sempre num contexto, através de relações dinâmicas que não são localizáveis numa única sequência genética.

Um embriologista italiano, durante um congresso em Pavia no início dos anos 90, gostava de provocar o público com uma frase que ficou na memória dos estudantes: *«O ADN sabe fazer proteínas, não organismos»*. Era uma piada, claro, mas ia direto ao cerne da questão. A forma de um coração, a simetria de uma flor, a disposição dos dedos não derivam de um gene «para o coração» ou «para a mão», mas de processos coletivos e reguladores que transcendem o elemento molecular isolado.

É aqui que o gene-centrismo revela o seu limite conceptual mais profundo: confundir informação com instrução. O ADN contém informação, mas não instruções operacionais completas. É como o texto de uma peça de teatro sem indicações de encenação, sem tempos, sem entoação. Quem já assistiu a duas encenações diferentes da mesma peça de Shakespeare — talvez uma clássica no Globe de Londres e outra experimental num teatro de Berlim — sabe o quanto a forma final depende de algo que não está escrito palavra por palavra no guião.

Também na biologia, o mesmo genoma pode dar origem a resultados diferentes, dependendo do contexto celular, das interações mecânicas, dos sinais bioelétricos e do ambiente químico. Os estudos de Conrad Waddington sobre epigenética, já na década de 1940 em Edimburgo, tinham introduzido a imagem da «paisagem epigenética»: uma metáfora poderosa para dizer que o desenvolvimento segue trajetórias preferenciais, mas não rigidamente predeterminadas pelo gene.

A questão, então, não é minimizar o papel do ADN, mas sim reorientá-lo. O gene não é o soberano que governa de cima, mas sim um instrumento no seio de uma organização mais ampla. Continuar a pensar que a forma está «contida» no genoma equivale a procurar a melodia nas notas individuais. A vida, pelo contrário, parece emergir de um nível de integração superior, onde a informação só se torna eficaz quando é relacionada, sincronizada e tornada coerente.

Esta passagem é crucial para a estrutura do capítulo. Mostra por que razão a seleção natural, ao atuar sobre variações genéticas, não pode, por si só, explicar o surgimento de formas estáveis e reconhecíveis. E prepara o terreno para uma questão mais radical: se o ADN não basta, o que é que mantém o organismo unido como unidade de sentido e de forma? A resposta não será procurada numa molécula adicional, mas num princípio organizacional capaz de coordenar o múltiplo. É aqui que o discurso sobre a coerência, desenvolvido anteriormente, se torna não só plausível, mas necessário.

O gene e a máquina.

Cada grande época científica traz consigo não só novos dados, mas também novas metáforas dominantes. E as metáforas não são meros ornamentos do discurso: orientam o olhar, estabelecem o que parece óbvio e o que se torna impensável. O gene-centrismo, que durante décadas orientou a biologia, não surge do nada. É fruto de uma época que tinha feito da tecnologia o seu horizonte de sentido e do determinismo técnico uma espécie de filosofia implícita.

Não é por acaso que, a partir dos anos 50, o ADN passou a ser descrito como código, programa, instrução. São os mesmos anos em que, entre Princeton e Los Alamos, nasce a informática moderna, e Alan Turing se torna uma figura quase mitológica. A biologia, fascinada pelo poder explicativo das novas máquinas de cálculo, começa a falar a sua língua. Se um computador funciona porque segue instruções precisas, por que razão não haveria um organismo de funcionar da mesma forma?

Esta analogia teve uma força extraordinária. Nos anos 70, enquanto o Vale do Silício dava os primeiros passos e o microprocessador entrava no imaginário coletivo, a ideia de que o gene fosse o «software da vida» parecia não só plausível, mas inevitável. Numa famosa conferência em Santa Fé, um biólogo molecular contou ter compreendido o seu próprio trabalho «pensando na célula como um computador químico». Era uma metáfora eficaz, mas também uma jaula conceptual.

O determinismo tecnológico, segundo o qual são as tecnologias que orientam de forma quase automática a evolução da sociedade, tem um parente próximo no gene-centrismo biológico. Em ambos os casos, um elemento — a máquina ou o gene — é elevado à causa primária, enquanto o contexto, as relações e as dinâmicas emergentes passam para segundo plano. Como se uma sociedade pudesse ser explicada apenas pelos seus instrumentos, ou um organismo apenas pelas suas sequências.

Já na década de 1960, o filósofo Lewis Mumford alertava contra esta redução, observando que a tecnologia nunca era neutra nem autossuficiente, mas sempre entrelaçada com valores, escolhas e formas de vida. O mesmo se poderia dizer do gene: não atua no vácuo, não «decide» nada por si só. No entanto, a época precisava de um princípio simples, localizável e controlável. O gene respondia perfeitamente a esta necessidade simbólica.

Há um episódio pouco conhecido, relatado por um sociólogo da ciência francês num seminário em Paris, em 1984. Durante uma visita a um laboratório de biologia molecular, reparou que os quadros estavam cheios de setas, diagramas lineares e fluxos unidirecionais. «Parecia», disse ele, «a sala de controlo de uma central elétrica». Não era apenas uma forma de desenhar: era uma forma de pensar. A forma da explicação refletia a forma das tecnologias dominantes.

Hoje, enquanto falamos de redes, sistemas distribuídos e inteligências coletivas, até a linguagem biológica começa lentamente a mudar. O gene não desaparece, mas perde o seu estatuto de soberano absoluto. E isto permite-nos reler o genecentrismo pelo que ele também foi culturalmente: uma metáfora poderosa, historicamente situada, e não uma verdade definitiva sobre a vida.

Compreender isto não significa relativizar a ciência, mas torná-la mais consciente de si própria. As metáforas orientam a investigação tanto quanto os dados. Reconhecer que o ADN foi concebido como uma máquina numa época dominada pelas máquinas é um passo necessário para abrir o olhar a imagens diferentes: já não o gene como microchip, mas o organismo como processo coordenado, como estrutura informativa que se estabiliza através de relações. É a partir desta consciência que se torna possível imaginar — sem imposições ideológicas — uma biologia que vá além do determinismo, seja ele genético ou tecnológico.

O gene na primeira página: quando os meios de comunicação transformam a biologia em destino.

Há um momento preciso em que o gene deixa de ser um conceito técnico, discutido entre especialistas, e se torna uma figura pública. Isso acontece na segunda metade do século XX, quando a ciência entra de forma permanente nos jornais, nas revistas ilustradas e, posteriormente, na televisão. É aí que o gene começa a ser apresentado não mais como uma componente do organismo, mas como o seu realizador oculto, o depositário de um destino escrito de uma vez por todas.

Um momento simbólico pode ser situado em 1962, ano em que James Watson, Francis Crick e Maurice Wilkins receberam o Prémio Nobel pela descoberta da estrutura do ADN. Nas reportagens da época — desde o *New York Times* até ao *Le Monde* —, a dupla hélice é frequentemente apresentada como a «chave da vida». Uma fórmula eficaz, sem dúvida, mas já carregada de ambiguidade: uma chave abre uma fechadura, permite o acesso. A ideia de que a vida tivesse sido finalmente «decifrada» era demasiado poderosa para não ser amplificada.

Nos anos 70 e 80, com a explosão da divulgação científica em massa, a narrativa torna-se ainda mais nítida. Títulos como «Descoberto o gene da inteligência», «O gene da agressividade», «No ADN está o segredo da obesidade» tornam-se familiares. Não importa que, nas linhas seguintes, os próprios artigos introduzam cautelas, probabilidades e interações ambientais. A imagem que fica é a do gene como causa última, simples e tranquilizadora na sua linearidade.

Um conhecido jornalista científico italiano contou, numa entrevista de 1998, ter discutido longamente com um chefe de redação que insistia em intitular um artigo sobre o genoma humano como «O livro do destino finalmente aberto». «Sei que não é exato», disse-lhe ele, «mas é isso que as pessoas compreendem». Nessa frase está toda a tensão entre a rigor científico e a lógica mediática: a necessidade de uma história clara, com um protagonista forte e um final compreensível.

O Projeto Genoma Humano, anunciado oficialmente em 1990 e celebrado em 2000 na Casa Branca por Bill Clinton e Tony Blair, representa talvez o auge desta narrativa. As imagens televisivas falavam de «mapa completo do ser humano», de «manual de instruções da vida». Poucos se lembram de que, no mesmo discurso, Clinton sublinhou que o genoma não determinava o destino individual. Mas esse pormenor, no fluxo mediático, revelou-se secundário em relação ao poder simbólico do mapa e do manual.

Esta forma de narrar a genética não nasce da má-fé. É o resultado de uma simplificação estrutural, típica dos meios de comunicação modernos, que privilegiam causas únicas, nexo diretos e imagens fortes. O gene, invisível mas nomeável, microscópico mas conceitualmente isolável, presta-se perfeitamente a este papel. É muito mais difícil narrar processos distribuídos, interações dinâmicas e formas que emergem ao longo do tempo.

Assim, quase sem nos apercebermos, o discurso mediático contribuiu para consolidar uma imagem da vida como um guião já escrito, em que a seleção natural se limita a escolher entre variações pré-determinadas pelo ADN. Uma imagem que teve efeitos profundos não só na perceção pública da biologia, mas também na forma como os próprios cientistas comunicaram — e, por vezes, conceberam — o seu trabalho.

Hoje, enquanto novas investigações destacam a plasticidade do desenvolvimento, a importância dos contextos celulares e ambientais e o papel da organização global, essa velha narrativa revela todas as suas fissuras. Mas a sua força cultural persiste. Compreender como os meios de comunicação transformaram o gene de uma possibilidade num destino não é um exercício de crítica externa: é um passo necessário para libertar o olhar e voltar a questionar-nos sobre a forma, sobre o organismo como unidade coerente, sobre aquilo que, na vida, excede sempre a instrução isolada.

Dizer «organismo» ou dizer «mecanismo»: as consequências morais de uma metáfora.

As metáforas científicas não ficam confinadas aos livros ou aos laboratórios. Deslizam silenciosamente para os protocolos, para as decisões clínicas, para as políticas públicas. Dizer que a vida é uma máquina ou um processo coerente não é uma simples escolha linguística: é um ato que orienta a investigação e, sobretudo, a ética que a acompanha.

No século XX industrial, conceber o organismo como uma máquina parecia natural. As máquinas eram o símbolo do progresso, da eficiência, do controlo. Se o corpo é um dispositivo, então a doença torna-se uma avaria, a terapia uma reparação, o médico um técnico especializado. Esta metáfora produziu resultados indiscutíveis — desde a cirurgia moderna à farmacologia — mas também deixou zonas de sombra difíceis de ignorar.

Um cirurgião inglês, que exerceu na década de 1950 no St. Bartholomew's Hospital, em Londres, anotou no seu diário que «*o doente, sob anestesia, assemelha-se terrivelmente a um relógio aberto sobre a mesa*». Era uma constatação prática, não cínica. No entanto, nessa frase percebe-se o risco de uma visão em que o sujeito vivo se dissolve, dando lugar a um conjunto de peças intercambiáveis.

Quando a vida é concebida como uma máquina, também a ética tende a tornar-se engenharia: avalia-se o que funciona, o que é eficiente, o que otimiza um resultado. Não é de admirar que, precisamente neste contexto cultural, se tenham desenvolvido, entre os anos 60 e 70, debates acalorados sobre a experimentação animal e humana, frequentemente abordados mais em termos de custos e benefícios do que de sentido e responsabilidade. A famosa conferência de Asilomar de 1975, dedicada ao ADN recombinante, foi uma das primeiras tentativas de parar para nos questionarmos não só «podemos fazer isto?», mas também «o que estamos a tratar como um objeto?».

Pensar a vida como um processo coerente, por outro lado, altera radicalmente o panorama ético. Se o organismo não é uma máquina montada, mas uma estrutura informativa que se mantém ao longo do tempo graças a relações, então cada intervenção torna-se um ato que envolve o todo. Não se «ajusta» um processo sem alterar o seu equilíbrio global. A responsabilidade já não é apenas técnica, mas interpretativa.

Nos anos 80, o biólogo e filósofo Hans Jonas insistia no facto de que a vida possui uma vulnerabilidade intrínseca que exige proteção, não domínio. Jonas não era um biólogo de campo, mas a sua ética da responsabilidade nascia precisamente da rejeição de uma visão puramente mecânica do ser vivo. Se a vida é um processo, então é também portadora de um valor interno, que não se reduz à sua utilidade ou desempenho.

Esta diferença surge com força também no âmbito médico. Um oncologista italiano contava, durante um seminário em Milão no início dos anos 2000, como a forma de falar sobre a doença influenciava as escolhas terapêuticas. «Se disser ao doente que temos de destruir o inimigo», explicava, «entro numa lógica de guerra. Se falar em restabelecer um equilíbrio, muda o tipo de aliança que se cria». Não se trata apenas de uma questão psicológica: é uma ontologia implícita diferente.

No âmbito da biologia dos campos, esta distinção adquire um peso ainda maior. Intervir numa estrutura informativa estabilizada significa reconhecer que o organismo responde, se adapta, integra. A ética já não pode limitar-se a regras externas, mas deve tornar-se uma atenção à coerência. Nem tudo o que é possível é automaticamente legítimo, porque nem tudo o que altera uma parte respeita o processo que a mantém viva. No fundo, a metáfora da orquestra é mais do que uma imagem sugestiva. Numa orquestra, não se afina um instrumento sem ouvir o conjunto. E nenhum maestro digno desse nome trata os músicos como engrenagens. Pensar a vida como uma orquestra, e não como uma máquina, significa assumir uma ética da escuta antes mesmo da intervenção.

Mudar de forma ou dar forma?

Um dos equívocos mais persistentes na biologia contemporânea nasce de uma sobreposição conceptual tão difundida quanto raramente explicitada: a ideia de que produzir variações equivale, mais cedo ou mais tarde, a gerar organização. No fundo, é uma tentação compreensível. Se a seleção natural atua sobre diferenças aleatórias, se o tempo for suficientemente longo e o número de tentativas suficientemente grande, por que razão não deveria emergir também a forma?

No entanto, entre a mudança e a estrutura existe uma distância que não se colmata por acumulação. Mudar significa alterar um estado; organizar significa estabelecer relações que resistem à mudança. A vida, na sua obstinada regularidade, pertence a esta segunda categoria.

Um exemplo clássico, frequentemente discutido nos corredores dos departamentos de biologia evolutiva, diz respeito às mutações. Nos anos 70, no Museu de História Natural de Londres, um jovem investigador mostrava a um grupo de estudantes uma série de asas de Drosophila deformadas por mutações induzidas em laboratório. «Vejam quanta variedade», dizia ele. Depois, apontando para uma asa normal: «E agora expliquem-me por que razão esta forma reaparece, sempre igual, milhões de vezes, apesar do ruído genético». A pergunta ficava no ar. As mutações explicavam os desvios, não a persistência da forma.

A variação introduz diferenças, mas não explica por que razão certas configurações são privilegiadas, nem por que razão um organismo regressa a uma forma estável mesmo após perturbações significativas. Um embrião de salamandra, cortado ao meio nas primeiras fases de desenvolvimento — experiências já realizadas no final do século XIX por Hans Driesch em Nápoles, na Estação Zoológica Anton Dohrn — não produz dois meios organismos defeituosos, mas sim dois indivíduos completos. Aqui, a mudança é drástica, mas a estrutura reconstitui-se. Algo «sabe» como deve ser o todo.

Este ponto é crucial: a variação é cega em relação à totalidade, enquanto a organização implica uma visão de conjunto. Não no sentido de um projeto consciente, mas de uma coerência que orienta os processos locais. A biologia clássica confundiu frequentemente uma coisa com a outra, atribuindo à seleção o mérito de ter criado aquilo que, na realidade, ela se limita a filtrar.

Uma anedota contada por um ecologista sueco durante um congresso em Uppsala, no início dos anos 2000, ilustra bem esta ideia. Ao estudar populações de líquenes submetidas a stress ambiental extremo, observou um aumento enorme da variabilidade morfológica. «Mudavam imenso», contava ele, «mas não se tornavam mais complexas, nem mais organizadas. Pelo contrário, muitas vezes perdiam a estrutura». A variação, levada para além de um certo limiar, produz desordem, não uma nova forma.

A distinção entre mudança e estrutura é conhecida também fora da biologia. Um arquiteto diria que modificar materiais não basta para criar um edifício. Um músico sabe que variar as notas sem uma relação harmónica produz ruído. É significativo que, em 1948, Norbert Wiener — pai da cibernética — tenha alertado que a informação não coincide com a aleatoriedade: «A informação é informação, não é matéria nem energia, mas também não é ruído». Uma frase frequentemente citada, mas raramente levada a sério nas suas implicações biológicas.

Num organismo vivo, a estrutura não é um resultado tardio da seleção, mas sim uma condição que torna a seleção possível. Sem uma forma relativamente estável, não há nada para selecionar. A variação atua sobre uma estrutura, não em vez dela. Confundir os dois planos significa atribuir ao tempo e ao acaso uma capacidade criativa que, empiricamente, não demonstram.

Esta confusão linguística e conceptual teve consequências profundas. Levou a que se procurasse a origem da forma nos mecanismos que explicam a diversidade, em vez de nos que garantem a coerência. E tornou difícil colocar a questão talvez mais incómoda: de onde vem a tendência da vida para se organizar, para manter a unidade através da mudança?

No contexto da biologia dos campos, esta questão ganha um novo estatuto. A estrutura não é vista como um resultado improvável de variações infinitas, mas como um atrator dinâmico, uma configuração que o sistema tende a concretizar e a preservar. A variação, então, não desaparece, mas assume um papel diferente: explora as margens, não constitui o centro.

Talvez o verdadeiro passo conceptual a dar seja reconhecer que a vida não coincide com a mudança, mas com aquilo que, ao mudar, permanece. E é nesta fidelidade a uma forma — mais do que na proliferação das diferenças — que se vislumbra um princípio organizacional ainda em grande parte por compreender.

O papel dos atratores na biologia teórica.

Para muitos biólogos teóricos, falar de forma sem evocar um propósito sempre foi um exercício delicado. O risco de cair no finalismo — palavra que ainda hoje causa incômodo em muitos seminários académicos — levou muitas vezes a evitar o problema, em vez de o resolver. No entanto, a partir da década de 1960, um conceito emprestado da matemática dos sistemas dinâmicos ofereceu uma saída elegante: o do atrator.

Um atrator não é um fim, nem um projeto oculto. É uma configuração para a qual um sistema tende espontaneamente, dadas certas condições. O termo entrou na biologia sobretudo graças a estudiosos como Stuart Kauffman, que, na década de 1990, entre Santa Fé e Princeton, começou a falar de «redes *reguladoras de* genes» como sistemas dotados de estados estáveis. Não importa quantas perturbações locais o sistema sofra: dentro de certos limites, regressa sempre a esse estado.

O atrator permite afirmar algo forte sem dizer nada de metafísico. Não explica por que razão essa forma existe, mas esclarece como ela se mantém. Neste sentido, é um instrumento conceptual valioso para distinguir variação e organização. A variação é o movimento no espaço das possibilidades; a organização é o facto de esse espaço não ser plano, mas estruturado por bacias de estabilidade.

Um biólogo do desenvolvimento contava, durante um curso de verão em Les Houches no início dos anos 2000, que tinha compreendido verdadeiramente este ponto ao observar um modelo simples de diferenciação celular. Ao alterar os parâmetros e as condições iniciais, as trajetórias mudavam, mas os resultados finais eram surpreendentemente poucos. «Não importa de onde se parte», dizia ele, «acaba-se sempre no mesmo sítio». Sem fim, sem desígnio: apenas uma topologia dinâmica que canaliza o possível.

Este é o ponto crucial: o atrator não dirige, mas limita. Não diz ao sistema o que deve tornar-se, mas o que é improvável que venha a ser. E, ao fazê-lo, devolve à forma um papel ativo sem lhe atribuir intenções. A forma surge como uma propriedade global do sistema, não como um prémio atribuído pela seleção.

Esta distinção torna-se particularmente esclarecedora quando se analisa a biologia computacional. Nas últimas décadas, os modelos computacionais demonstraram uma capacidade extraordinária para simular mudanças: mutações, flutuações, dinâmicas populacionais, adaptações rápidas. As animações são elegantes, os gráficos convincentes, as trajetórias abundam. No entanto, quando se trata de reproduzir a estabilidade das formas biológicas, há algo que muitas vezes escapa.

Um investigador do MIT, entrevistado informalmente durante uma conferência em Berlim em 2017, admitiu-o com certa ironia: «Somos muito bons a fazer com que as coisas aconteçam. Muito menos a fazê-las permanecer.» O problema não é técnico, mas sim conceptual. Muitos modelos são construídos para explorar o espaço das variações, não para dar conta da presença de atratores robustos.

Na ausência de uma noção explícita de atrator, o computador trata a forma como um resultado contingente, sempre reversível, sempre renegociável. Mas nos organismos reais não é assim. Um coração não «experimenta» configurações infinitas antes de bater: converge rapidamente para uma dinâmica estável. Um embrião não explora todas as anatomias possíveis: cai, por assim dizer, num vale bem preciso da paisagem dinâmica.

Hoje, essa paisagem tornou-se computável, mas muitas vezes permanece desabitada: os modelos desenham-na, sem explicar verdadeiramente por que razão certas bacias são tão profundas e outras quase invisíveis.

A consequência é paradoxal: quanto mais aumentamos a potência de cálculo, mais corremos o risco de confundir complexidade computacional com organização biológica. O computador multiplica os cenários, mas a vida concretiza muito poucos deles. Compreender por que — e como — ocorre esta seleção dinâmica, ainda antes da seleção darwiniana, é um dos desafios em aberto da biologia dos campos.

A função surge depois: porque os organismos não são utensílios bem-sucedidos.

Existe um hábito mental, tão enraizado quanto raramente questionado, que permeia a biologia moderna: a ideia de que a função vem antes da forma. O coração serve para bombear o sangue, a asa serve para voar, o olho serve para ver. A forma, nesta perspetiva, seria pouco mais do que um compromisso de engenharia, o resultado de uma longa série de ajustes selecionados por serem úteis. É uma forma de narrar a vida que funciona bem nos manuais, mas que começa a dar sinais de fragilidade quando se tenta levar a sério a estabilidade e a recorrência das formas biológicas.

A inversão conceptual aqui proposta não é um capricho filosófico, mas sim uma necessidade explicativa: não é a função que gera a forma, mas sim a forma que torna possíveis certas funções. As funções mudam, sobrepõem-se, readaptam-se; as formas, por outro lado, revelam uma tenacidade surpreendente. São como partituras que admitem muitas interpretações, mas não infinitas.

Um anatomista do início do século XX, Adolf Portmann, observava em Basileia que muitas estruturas animais são *«mais ricas em forma do que o necessário para a sua função»*. Pensava nas cores dos peixes abissais, invisíveis na escuridão, ou nas simetrias elaboradas de organismos que nenhum predador jamais admiraria. Não se tratava de desperdícios evolutivos, mas de indícios: a forma nem sempre se justifica em termos de utilidade imediata.

A questão torna-se ainda mais clara quando se analisa o desenvolvimento embrionário. Antes de um órgão «servir» para alguma coisa, tem de assumir uma forma coerente, reconhecível e estável. Em muitas espécies, estruturas morfologicamente semelhantes desempenham funções diferentes; outras, com funções análogas, apresentam arquiteturas radicalmente diferentes. A função, em suma, é uma interpretação tardia de uma configuração já estabelecida.

Uma anedota contada na década de 1970 no Laboratório de Embriologia de Utrecht diz respeito a uma série de experiências com embriões de anfíbios ligeiramente deformados. As células, apesar de deslocadas, «sabiam» para onde ir. Não porque conhecessem o objetivo final, mas porque a forma global do organismo funcionava como um limite, como uma estrutura organizacional dentro da qual os comportamentos celulares faziam sentido. A função emergia como consequência, não como guia.

Esta inversão põe em causa uma certa narrativa darwiniana simplificada, segundo a qual a seleção natural esculpiria as formas a partir de funções vantajosas. A seleção pode aperfeiçoar, eliminar, estabilizar; mas trabalha com formas já existentes, não as inventa do zero. Como observou o paleontólogo Stephen Jay Gould durante uma conferência no Museu de História Natural de Nova Iorque em 1984, *«a evolução é uma grande reutilizadora, não uma projetista a partir do zero»*. Uma estrutura nascida num determinado contexto formal pode ser cooptada para funções totalmente novas, sem que a sua arquitetura fundamental seja repensada.

Pensar a forma como prioritária significa também deixar de tratar o organismo como um objeto técnico. Uma faca é definida pela sua função; se não corta, é uma má faca. Um organismo, não. Um pulmão não é um dispositivo para a troca gasosa: é uma configuração viva que torna possível essa troca, juntamente com muitos outros efeitos colaterais, alguns dos quais biologicamente irrelevantes, outros decisivos.

Esta mudança de perspetiva tem consequências profundas. Desvia a atenção da pergunta «para que serve?» para a pergunta «que tipo de forma é possível aqui?». E obriga a biologia a confrontar-se com um facto incómodo: a vida não otimiza funções, estabiliza configurações. A função é uma narrativa que criamos posteriormente, muitas vezes útil, por vezes esclarecedora, mas raramente fundamental.

Não é por acaso que arquitetos como Frei Otto, ao estudarem nas décadas de 1960 as estruturas leves em Estugarda, se inspiraram mais nas formas biológicas do que nas suas funções. As redes de bolhas de sabão, os ossos ocos das aves, as texturas das folhas revelavam uma lógica formal autónoma, capaz de gerar eficiência sem ter sido concebida para um fim específico. A biologia, neste contexto, não ensina o que fazer, mas sim como as formas emergem.

Dizer que a forma precede a função não significa negar a adaptação, mas sim relativizá-la. Significa reconhecer que a vida não nasce para ser útil, mas para ser coerente. A função é uma consequência local; a forma, uma decisão global do sistema.

A mesma arquitetura, mil utilizações: quando a forma não dita o destino.

Se a forma precede a função, como sugere a reviravolta conceptual deste capítulo, então é preciso explicar um facto que só aparentemente é paradoxal: formas biológicas extraordinariamente estáveis podem sustentar funções extremamente variáveis. É aqui que a biologia deixa de se assemelhar a um manual de engenharia e começa a contar uma história mais subtil, feita de reutilizações, desvios e improvisações controladas.

A neurobiologia oferece exemplos difíceis de ignorar. Na década de 1960, no MIT, Paul Bach-y-Rita observou que pacientes cegos conseguiam «ver» através de estímulos táteis nas costas ou na língua. O córtex visual, privado dos estímulos oculares, não perdia a sua forma nem a sua organização, mas alterava- a função: processava informações provenientes de outros canais sensoriais. Não era a função que definia a área cerebral, mas sim a sua arquitetura interna, capaz de acolher conteúdos diferentes mantendo uma coerência estrutural.

Um fenómeno análogo encontra-se na fisiologia comparada. O pulmão dos vertebrados terrestres e a bexiga natatória dos peixes ósseos partilham uma semelhança morfológica evidente. No entanto, uma mesma forma básica presta-se a funções radicalmente diferentes: respiração aérea, controlo do equilíbrio hidrostático, produção de sons. Como observou o fisiologista sueco Per Scholander durante uma expedição ao Ártico na década de 1950, a forma não é um destino funcional, mas sim um recurso aberto.

Ainda mais instrutivo é o caso do coração. Nos manuais escolares, é uma bomba; nos mamíferos marinhos, como as focas de Weddell estudadas na Antártida a partir da década de 1970, torna-se também um refinado modulador metabólico, capaz de abrandar drasticamente o batimento durante mergulhos profundos sem alterar a sua estrutura fundamental. A forma cardíaca permanece reconhecível, quase conservadora; a função, por outro lado, adapta-se a contextos fisiológicos extremos.

Estes exemplos mostram que a estabilidade da forma não coincide com a rigidez funcional. Pelo contrário, é precisamente a estabilidade que torna possível a plasticidade. Uma forma coerente funciona como um campo de possibilidades: não impõe um único uso, mas torna viáveis muitos. O biólogo francês Alain Prochiantz, ao discursar numa conferência em Paris no início dos anos 2000, observou que o cérebro «não é plástico por ser indeterminado, mas por ser profundamente estruturado».

Aqui, a seleção natural surge sob uma perspetiva diferente. Não seleciona funções isoladas, mas formas capazes de suportar variações funcionais sem entrar em colapso. A sobrevivência não recompensa o órgão mais especializado, mas sim aquele que é mais reutilizável. É uma lógica mais próxima da linguagem do que da máquina: uma gramática estável permite frases sempre novas.

Uma anedota contada por um fisiologista italiano diz respeito a um laboratório de Nápoles nos anos 90, onde se estudavam peixes cavernícol . Alguns peixes, sem olhos funcionais, mantinham, no entanto, as estruturas orbitais. Já não serviam para ver, mas para organizar circuitos sensoriais alternativos. A forma permanecia como memória de possibilidades, não como resíduo inútil.

A plasticidade funcional das formas estáveis sugere, de forma sutil, uma ideia poderosa: a vida não resolve problemas de uma vez por todas, mas constrói estruturas que permanecem abertas à interpretação. A função é uma resposta contingente; a forma, um contexto duradouro. E é precisamente esta assimetria que torna os organismos resilientes, criativos e históricos.

Porque a natureza parece-nos bela antes de ser útil.

Há um momento, perante um organismo vivo, em que a mente se cala e resta apenas o olhar. Isso acontece ao observar a espiral de uma concha, a simetria inquietante de uma medusa ou o contorno nítido de uma folha de ginkgo, que permaneceu praticamente inalterada há mais de duzentos milhões de anos. Nesse instante, não estamos a interpretar nem a decifrar símbolos: estamos a reconhecer uma forma. E é precisamente este reconhecimento imediato que põe em causa a ideia de que a forma seja um simples subproduto funcional da seleção natural.

A biologia evolutiva explica bem por que razão uma estrutura funciona, mas diz menos sobre por que razão uma forma parece necessária, evidente, quase inevitável. O naturalista suíço Adolf

Portmann, escrevendo na década de 1950 após longas observações no terreno ao longo da costa do Adriático, observou que muitos animais apresentam características visíveis que não parecem redutíveis nem à sobrevivência nem à reprodução. A sua pergunta, tanto naquela altura como hoje, permanecia em suspenso: a quem se mostram as formas da vida?

Esta questão não está longe daquela que os artistas se colocam. Paul Cézanne, trabalhando obsessivamente na montanh e Sainte-Victoire entre 1882 e 1906, dizia querer «tornar visível a estrutura». Não o significado, não a emoção, mas a forma como tensão interna, como ordem que se manifesta. Cézanne não pintava símbolos da natureza: procurava a sua coerência formal, algo que precede qualquer interpretação. É surpreendente o quanto esta busca ressoa com a ideia biológica de forma como princípio organizativo autónomo.

Também a filosofia da forma, quando é mais sóbria, evita o simbolismo. Maurice Merleau-Ponty, nas suas aulas no Collège de France, insistia no facto de que a perceção não é uma leitura do mundo, mas uma participação na sua estrutura. Vemos formas porque nós próprios somos formas vivas. A estabilidade de uma morfologia biológica não nos impressiona porque «significa» algo, mas porque entra em ressonância com a nossa própria forma de estar organizados.

A forma, neste sentido, não é uma mensagem a decifrar, mas um acontecimento percetivo. Não remete para mais nada: simplesmente existe. E talvez seja por isso que as formas biológicas sempre atraíram arquitetos, designers e escultores. Quando Frei Otto estudava as estruturas leves na década de 1970, em Estugarda, observava bolhas de sabão e redes celulares não para as copiar simbolicamente, mas para compreender como a matéria, deixada à sua sorte, encontra configurações estáveis. A forma viva torna-se assim uma lição de coerência, não um repertório de metáforas.

Nesta perspetiva, a prioridade da forma sobre a função adquire também um valor cognitivo. Reconhecemos a vida porque reconhecemos as suas formas, antes mesmo de sabermos o que elas fazem. Um embrião, uma célula, um organismo desconhecido: identificamo-los como vivos pela forma como ocupam o espaço, pela sua organização interna percetível. A estética, aqui, não é um luxo cultural, mas uma modalidade primária de acesso ao real.

A seleção natural, então, surge verdadeiramente como «o cego e a orquestra»: pode aperfeiçoar, eliminar, adaptar, mas não explica por que razão certas formas ressoam, persistem e se impõem ao olhar humano ao longo de diferentes épocas e culturas. A forma não é um ornamento da vida; é a sua forma de se manifestar ao mundo.

Vitrines da forma: quando os museus ensinaram a biologia a observar.

Entrar numa grande coleção naturalista do século XIX não era apenas uma experiência científica. Era, antes de mais, um exercício do olhar. As salas do *«Muséum national d'Histoire* naturelle» de Paris, reorganizadas após a Revolução, ou as do *«Kaiserlich-Königliches Naturhistorisches* Hofmuseum» de Viena, inaugurado em 1889, não se limitavam a conservar espécimes: encenavam a forma. Fileiras de esqueletos, séries de conchas, aves taxidermizadas em poses quase teatrais compunham uma espécie de grande partitura visual. E é precisamente aqui que o darwinismo, embora triunfante como teoria da adaptação, começava a revelar uma zona de sombra: a forma, estável, reconhecível, quase obstinada, parecia preceder a função.

Os naturalistas da época sabiam-no bem, embora muitas vezes não o dissessem abertamente. Georges Cuvier, que construiu em Paris uma das coleções comparativas mais influentes da Europa, estava convencido de que cada organismo era um todo coerente, regulado por uma «correlação das partes». É famosa a anedota — relatada por vários alunos — segundo a qual Cuvier, ao observar um único osso, afirmava ser capaz de reconstruir o animal na sua totalidade. Para além da hipérbole, a ideia era clara: a forma não era um efeito colateral da adaptação, mas sim um princípio organizacional. Darwin, que também admirava Cuvier, nunca conseguiu integrar totalmente esta intuição no mecanismo da seleção natural.

As coleções do século XIX funcionavam como enormes dispositivos cognitivos. Ordenar, colocar lado a lado, comparar significava educar o olho a captar padrões, recorrências, e s variações sobre um mesmo tema. Em Viena, nas salas dedicadas aos vertebrados, as sequências de crânios revelavam uma continuidade formal que atravessava espécies diferentes. Não era difícil, para um visitante atento, perceber que a variação não coincide com a organização. É possível mudar muito sem perder uma forma; e é possível perder uma forma sem mudar muito. É uma distinção subtil, mas decisiva.

Charles Darwin visitou várias vezes museus e coleções durante as suas viagens pela Europa e, nas suas cartas — por exemplo, a Joseph Dalton Hooker na década de 1860 —, transparece um certo desconforto perante a «tirania das formas». A seleção natural explicava por que razão uma estrutura era vantajosa, mas não por que razão emergia precisamente essa estrutura e não outra. As vitrinas, silenciosas mas insistentes, pareciam sugerir que a vida seguia partituras mais profundas, como uma orquestra que toca mesmo sem ver o maestro.

Nesse sentido, as coleções eram escolas de estética, para além de ciência. Ernst Haeckel, zoólogo alemão e incansável frequentador de museus, transformou essa experiência visual em arte com as suas «*Kunstformen der* Natur» (1899–1904). As gravuras dedicadas aos radiolários ou às medusas não eram meras ilustrações: eram declarações filosóficas. Para Haeckel, a forma possuía uma dignidade ontológica. Não era um epifenómeno, mas sim a expressão visível de uma ordem interna. O facto de Haeckel ter frequentemente distorcido os dados para os adaptar às suas teorias é outra questão; o que resta é que o seu olhar se tinha formado nas salas dos museus.

Em Paris, Étienne Geoffroy Saint-Hilaire — rival histórico de Cuvier — defendia a ideia de um «plano de organização» comum aos animais. No famoso debate de 1830 *na Académie des Sciences*, a questão não era apenas evolutiva, mas formal: existe uma estrutura que precede as funções? As coleções, com as suas séries ordenadas, pareciam dar razão a Geoffroy pelo menos tanto quanto a Cuvier. Ao percorrer as vitrinas, o visitante não via adaptações isoladas, mas famílias de formas, variações sobre um tema morfológico que resistia ao tempo e ao ambiente.

Não é por acaso que muitos biólogos do século XIX eram também excelentes desenhadores. Antes da fotografia científica, a mão e o olho trabalhavam em conjunto. Em Viena, Carl Gegenbaur ensinava anatomia comparada, obrigando os alunos a desenhar obsessivamente as mesmas estruturas em espécies diferentes. O exercício não servia apenas para memorizar, mas para «sentir» a forma. Um dos seus alunos, num diário hoje conservado num arquivo, relata a frustração inicial e, depois, a surpresa: «*A certa altura* — escreve ele — *já não via ossos, mas sim relações*».

Esta educação do olhar teve consequências teóricas. Se a forma é prioritária, então a função torna-se uma modulação local, não o princípio gerador. A seleção natural atua, sim, mas como um filtro, não como um arquiteto. As coleções do século XIX, sem proclamações, insinuavam esta ideia. Mostravam que a vida não avança por acréscimos aleatórios, mas pela estabilização de configurações. Em termos contemporâneos, poderíamos dizer: estruturas informativas que se mantêm coerentes no fluxo da mudança.

Hoje, habituados a pensar em termos de genes, as coleções do século XIX continuam a falar-nos. Não como relíquias de um saber ultrapassado, mas como arquivos de uma questão ainda em aberto: de onde vem a forma? O darwinismo responde ao «porquê» da adaptação; as vitrinas dos museus, silenciosamente, lembram-nos que a forma é um problema autónomo, um evento de ordem antes de utilidade.

A fotografia científica e a redescoberta da forma viva.

Houve um momento, no século XX, em que a biologia deixou de desenhar e começou a fotografar. Não foi uma simples mudança de técnica, mas uma verdadeira transformação do olhar. A fotografia científica — desde a microscopia ótica, passando pel e a eletrónica, até à imagiologia celular avançada — transformou radicalmente a forma como percebemos a forma viva. Sem recorrer a símbolos, metáforas ou esquemas interpretativos impostos pelo exterior, as imagens começaram a mostrar a vida tal como ela acontece, revelando estruturas que não se deixam reduzir nem à função nem ao gene.

No início do século, nos laboratórios de Berlim e Jena, as primeiras microfotografias celulares produziram um efeito quase perturbador. As células não pareciam sacos informais de reações químicas, mas sim espaços organizados, atravessados por tensões, limites e simetrias. Walther Flemming, que já no final do século XIX tinha descrito a mitose, percebeu — ao observar preparações cada vez mais nítidas — que a divisão celular não era um acontecimento aleatório guiado por moléculas isoladas, mas uma sequência altamente orquestrada de transformações da forma. A fotografia tornava evidente o que a teoria ainda tinha dificuldade em expressar: a variação não é organização.

Com o advento da microscopia eletrónica nas décadas de 1930 e 1940, sobretudo nos laboratórios de Toronto e Cambridge, a célula perdeu definitivamente o aspeto de «caixa negra». As imagens de mitocôndrias, retículos endoplasmáticos e membranas estratificadas mostraram que a função nasce de uma disposição espacial precisa e estável. Albert Claude, galardoado com o Prémio Nobel em 1974, contou numa entrevista ter sentido uma espécie de vertigem na primeira vez que viu o interior de uma célula ao microscópio eletrónico:

«Não procurava máquinas — disse ele — *mas arquiteturas*». Uma frase simples, mas reveladora.

É aqui que o darwinismo, entendido num sentido estritamente adaptativo, encontra um limite conceptual. A seleção natural pode explicar por que razão uma estrutura é conservada, mas a fotografia científica mostra até que ponto essa estrutura já é coerente antes de qualquer vantagem funcional mensurável. As imagens não «demonstram» uma teoria, mas educam a perceção: a forma surge como um dado primário, não como um subproduto. O cego — para retomar a metáfora do capítulo « » — ainda pode falar de seleção; mas a orquestra, finalmente visível, revela uma partitura.

Nos anos 50 e 60, a fotografia time-lapse introduzida por Jean Comandon em França e posteriormente aperfeiçoada nos laboratórios americanos permitiu observar células vivas ao longo do tempo. Já não eram instantâneos imóveis, mas sim processos contínuos: migrações celulares, auto-organização de tecidos, ciclos de desenvolvimento embrionário. Ao verem estes vídeos, muitos biólogos perceberam que a mudança não destrói a forma, mas preserva-a através de transformações controladas. A estrutura não é rígida, mas persistente. Um conceito difícil de captar com a linguagem genética, mas imediatamente evidente a olho nu.

Nos anos 80 e 90, com a fluorescência e *a «imagem* confocal», a forma deixou de ser apenas visível e tornou-se legível como informação espacial. As proteínas marcadas não pareciam distribuídas aleatoriamente, mas seguiam padrões recorrentes, campos de concentração e gradientes estáveis.

Estas imagens tiveram também um impacto cultural mais amplo. Artistas como Hiroshi Sugimoto ou, no âmbito científico, Lennart Nilsson — famoso pelas suas fotografias de embriões publicadas na revista *Life* em 1965 — mostraram ao grande público que a vida não é uma sequência de fragmentos, mas um continuum de formas que se estabilizam ao longo do tempo. Nilsson, apesar de trabalhar em contextos divulgativos, insistia no facto de que as suas imagens não eram «interpretações», mas sim revelações técnicas. A forma falava por si.

A fotografia científica do século XX, portanto, não se limitou a acrescentar detalhes ao quadro biológico: colocou em crise o gene-centrismo, mostrando que o ADN, embora fundamental, não basta para explicar a ordem visível da vida. As imagens sugerem que a informação biológica não está apenas escrita, mas distribuída no espaço e no tempo. A forma, longe de ser um ornamento, surge como o verdadeiro local onde a informação se estabiliza.

Neste sentido, a fotografia devolveu à biologia algo que esta corria o risco de perder: o contacto direto com o fenómeno e . Sem símbolos, sem alegorias, sem reduções prematuras. Apenas luz, matéria e organização. E talvez seja precisamente a partir daqui que possa recomeçar uma reflexão mais ampla sobre a vida como campo: não como soma de elementos, mas como um evento coerente que se deixa ver antes mesmo de ser explicado.

A estética natural como alfabetização da vida.

Há um momento, no estudo da vida, em que a explicação surge demasiado cedo. Antes mesmo de nos perguntarmos para que serve uma forma, deveríamos aprender a vê-la. É uma etapa frequentemente negligenciada na formação científica moderna, mas decisiva para compreender aquilo que a seleção natural, por si só, não consegue explicar: o surgimento, a coerência e a estabilidade das formas biológicas. A estética natural, neste sentido, não é um ornamento cultural, mas uma verdadeira educação percetiva.

Na sua *obra «Viagem à* Itália», Goethe relata como o estudo direto das plantas mediterrânicas, em Palermo, em 1787, lhe ensinou mais sobre a forma viva do que aquilo que tinha aprendido nos livros. Não procurava funções ou vantagens adaptativas, mas sim relações: variações de uma mesma estrutura, metamorfoses reconhecíveis, uma ordem que se manifesta através das diferenças. A sua «Morfologia» nasce precisamente desta disciplina do olhar, de uma atenção paciente à forma como fenómeno primário.

Este tipo de educação visual não é imediato. Alexander von Humboldt, nas suas notas sobre a América do Sul entre 1799 e 1804, observava que o naturalista inexperiente vê apenas «uma confusão de verde», enquanto quem treinou o olhar distingue ritmos, simetrias, recorrências. Ainda não é ciência experimental, mas também não é uma impressão subjetiva: é uma aprendizagem da forma como realidade objetiva, partilhável e reconhecível.

É aqui que se insere o problema darwiniano da forma. A seleção natural explica por que razão uma estrutura é mantida ou descartada, mas não ensina a reconhecê-la. Sem uma perceção treinada das configurações vivas, a biologia corre o risco de se reduzir a uma lista de funções e vantagens, perdendo de vista o que é selecionado: uma forma já organizada. É como querer explicar o sucesso de um edifício falando apenas dos materiais, sem nunca considerar a arquitetura.

No século XIX, antes de a biologia se tornar predominantemente experimental, a observação estética fazia parte integrante do método. John Ruskin, de quem hoje nos lembramos sobretudo como crítico de arte, ministrava cursos de desenho botânico em Oxford na década de 1870. Não para formar artistas, mas para ensinar a ver. Defendia que desenhar uma folha obrigava a captar a sua estrutura, e não a sua utilidade. Uma ideia partilhada, naquela mesma época, por alguns anatomistas comparativos que viam no desenho um meio de conhecimento, e não de embelezamento.

Este olhar educado para a forma é o que falta quando se reduz a vida a informação genética ou a função adaptativa. A forma não é um subproduto, mas um princípio organizativo que exige ser reconhecido antes de ser explicado. A biologia dos campos insiste neste ponto: o organismo é uma estrutura informativa estabilizada, e a estabilidade manifesta-se, antes de mais, como uma configuração percetível.

Uma anedota contada por um antigo professor de zoologia da Universidade de Pádua ilustra bem esta ideia. Durante um exame, mostrava aos alunos uma série de organismos marinhos sem perguntar nomes ou funções. A pergunta era sempre a mesma: «O que é que vêem que se repete?». Quem respondia falando de simetrias, de proporções, de continuidades formais passava no exame. Quem falava apenas de adaptações, não. *«Primeiro a forma, depois a* explicação», dizia ele.

Nesta perspetiva, a estética natural não é um luxo humanístico, mas sim uma competência cognitiva. É a capacidade de captar a ordem antes do significado, a estrutura antes da função. Tal como acontece na aprendizagem de uma língua: primeiro reconhecem-se os sons e as cadências, só depois se compreende o sentido das palavras. A vida, como linguagem da natureza, exige o mesmo tipo de atenção.

A estabilidade do ser vivo: porque a forma exige uma teoria mais profunda.

Há um ponto, no raciocínio biológico, em que a forma deixa de ser um problema descritivo e se torna uma questão teórica. Enquanto nos limitarmos a dizer que uma estrutura «funciona», permanecemos no território tranquilizador da adaptação. Mas quando nos perguntamos por que razão essa estrutura se mantém, por que razão persiste no tempo apesar da renovação molecular contínua, então o darwinismo revela o seu limite mais subtil. Não porque seja falso, mas porque não é suficiente.

A prioridade da forma, no centro deste capítulo, abre naturalmente o caminho para os capítulos seguintes. Se a forma não é redutível nem ao gene nem à função, então deve existir um princípio que a mantenha, a torne reconhecível, a proteja da dissolução no fluxo das variações. Esse princípio, que nos capítulos seguintes receberá o nome de coerência, surge aqui ainda como uma intuição necessária.

Um exemplo clássico, frequentemente citado nos cursos de embriologia do início do século XX, é o das experiências de Hans Spemann em Friburgo, que culminaram em 1924 com a descoberta do «organizador». Ao transplantar uma pequena região embrionária para outro embrião de tritão, Spemann observou a formação de um eixo corporal completo. Não uma simples soma de células, mas um organismo coerente. A forma emergia como um todo ordenado, capaz de se reorganizar. A seleção natural pode explicar por que razão um organismo assim organizado tem sucesso; não explica, porém, por que razão a organização surge e se mantém com tal robustez.

É aqui que o problema da forma se torna uma ponte conceptual. A estabilidade das estruturas biológicas não é estática, mas dinâmica. As células mudam, as moléculas renovam-se e, no entanto, o organismo permanece o mesmo. A forma, então, não é um desenho congelado, mas uma configuração que persiste porque as suas partes se mantêm unidas de acordo com regras internas. É a mesma intuição que levou o fisiologista Walter Cannon, em Harvard, na década de 1930, a introduzir o conceito de homeostase: não como imobilidade, mas como capacidade de manter uma configuração global. Mais uma vez, a função explica como se responde a uma perturbação; a forma sugere que existe um nível superior de integração.

O cego e a orquestra voltam a ser úteis também aqui. A seleção natural tem em conta o resultado final — a sobrevivência —, mas não «vê» a partitura que mantém os músicos unidos. Reconhecer a prioridade da forma significa admitir que, antes da adaptação, existe uma coerência que torna possível qualquer adaptação. Não se trata de uma entidade misteriosa, mas de uma propriedade emergente da organização viva.

Assim, o capítulo sobre a forma não se esgota em si mesmo. Pelo contrário, prepara o terreno. Se a vida demonstra uma fidelidade surpreendente a si própria na mudança, então temos de deslocar o olhar: das causas locais para as propriedades globais, dos mecanismos isolados para as relações que os coordenam. É esta transição que conduz naturalmente à ideia de coerência como propriedade fundamental do ser vivo, tema central da parte seguinte do livro. A forma, em última análise, é o primeiro indício visível de uma coerência invisível, mas ativa. Compreendê-la ainda não significa explicá-la até ao fim, mas reconhecer que a vida não é apenas aquilo que reage, mas sim aquilo que permanece unido.

SEGUNDA PARTE. O fio invisível do ser vivo.

A partir do pensamento de Erwin Schrödinger.
A vida não se define pelo que a compõe, mas pela capacidade de manter uma ordem improvável ao longo do tempo.

A partir do pensamento de Ludwig von Bertalanffy.
Um organismo não é a soma das suas partes, mas um sistema cujas propriedades emergem do conjunto das relações.

Inspirado no pensamento de Ilya Prigogine.
A ordem viva não é estática: existe apenas como um processo que se renova continuamente longe do equilíbrio.

Segundo o pensamento de Francisco Varela.
Compreender a vida significa compreender como um sistema produz e mantém a sua própria unidade.

Depois de ter posto em causa o paradigma biológico clássico, esta segunda parte do livro dá um passo decisivo: desloca a questão fundamental da composição para a manutenção. Se na primeira parte ficou claro que a vida não pode ser explicada como uma simples cadeia de reações nem como o resultado cego da seleção, aqui o problema torna-se mais radical e, ao mesmo tempo, mais concreto: o que permite que um organismo se mantenha a si próprio em meio à mudança contínua?

A resposta proposta não é um novo mecanismo, nem uma força adicional a juntar às já conhecidas. É uma mudança de perspetiva. A coerência é introduzida como a propriedade fundamental do ser vivo: não um pormenor técnico emprestado da física, mas o princípio que torna possível a unidade dinâmica dos organismos. Viver, nesta perspetiva, significa manter uma forma global reconhecível enquanto tudo, ao nível das partes, flui e se transforma.

O terceiro capítulo esclarece o sentido rigoroso desta afirmação. A coerência não é uma metáfora sugestiva, nem um conceito vago: indica uma condição física precisa, já conhecida noutros domínios científicos, que na biologia assume um significado decisivo. A vida surge, assim, como um processo ativo de resistência à fragmentação, uma negociação contínua com a tendência natural para a dispersão. Não há nada de misterioso nesta emergência: existe, antes, um nível de organização que requer instrumentos conceptuais adequados para ser descrito.

O quarto capítulo alarga esta intuição às consequências mais profundas. Se a coerência é uma propriedade global, então o organismo não pode ser concebido como uma máquina montada peça a peça. A causalidade biológica não é linear nem localizada: as partes não «decidem» por si próprias, mas comportam-se em função do estado global do sistema. O todo, por outras palavras, não é o resultado final do funcionamento das partes; é a sua condição.

Esta parte do livro ocupa, portanto, uma posição central no percurso lógico global. Preenche o vazio deixado pela « » crítica ao reducionismo e prepara o terreno para a introdução dos campos biológicos, que serão abordados na parte seguinte. Sem o conceito de coerência, a ideia de campo permaneceria abstrata; sem o primado do organismo, a informação permaneceria desencarnada.

Aqui, a biologia começa a falar uma linguagem diferente: já não é a do acúmulo de causas locais, mas a das relações que mantêm unido o ser vivo. Trata-se de uma transição teórica, mas também cultural. Pois reconhecer a coerência como o verdadeiro nome da vida significa aceitar que a unidade não é uma ilusão a ser desmontada, mas sim um fenómeno real a ser compreendido.

III. Coerência: o verdadeiro nome da vida.

Há um ponto, muitas vezes negligenciado, em que a biologia deixa de ser um catálogo de moléculas e se torna uma reflexão sobre a forma, o sentido e a persistência do ser vivo ao longo do tempo. É aqui que entra em jogo a coerência. Não como palavra evocativa ou metáfora poética, mas como princípio operacional, mensurável, capaz de atravessar a física e chegar à biologia sem perder rigor.

Este capítulo surge de uma constatação simples e, ao mesmo tempo, desestabilizadora: a vida não se explica como uma mera soma de processos locais, porque o que a define é a capacidade de manter uma unidade dinâmica em condições que, para qualquer sistema inerte, levariam rapidamente à desagregação. Viver significa estar juntos, permanecer em sintonia, continuar a «formar um todo» enquanto tudo tende para a dispersão.

Na física, a coerência indica uma condição bem precisa: a correlação estável entre as partes de um sistema, de tal forma que o comportamento do todo não se reduz ao comportamen e dos componentes isolados. Não se trata de uma ideia vaga. É o cerne de fenómenos experimentais extremamente sólidos, desde a superposição quântica até à coerência de fase, e representa uma das conquistas conceptuais mais profundas da ciência do século XX. Quando este conceito é transposto para a biologia, não o faz como um elemento estranho, mas sim como uma chave interpretativa surpreendentemente adequada.

A tese que percorre o capítulo é clara: a vida é um processo de manutenção ativa da coerência. Um organismo vive enquanto consegue preservar uma correlação funcional entre as suas partes, entre os seus níveis, entre o que acontece localmente e a ordem global que daí emerge. Neste sentido, viver é resistir à decoerência, ou seja, à perda de ligação, à fragmentação da informação, à ruptura da unidade dinâmica.

Esta ideia não introduz qualquer mistério adicional na ciência. Pelo contrário, devolve inteligibilidade a fenómenos que o reducionismo tem dificuldade em explicar: a estabilidade das formas biológicas, a rapidez das respostas integradas, a surpreendente robustez dos organismos face a perturbações contínuas. A coerência não é uma entidade oculta, mas uma propriedade emergente real, observável nos seus efeitos e descrevível com instrumentos teóricos consolidados.

Não é por acaso que alguns dos maiores pensadores da ciência tenham apontado, com palavras diferentes, esta mesma direção. Erwin Schrödinger, no seu famoso ensaio *«What Is Life?»*, escreveu que *«o organismo vivo alimenta-se de* ordem», antecipando a ideia de que a vida não se limita a dissipar energia, mas a utiliza para manter uma estrutura coerente ao longo do tempo. Anos mais tarde, Ilya Prigogine esclareceria que *«a vida só é possível longe* do equilíbrio», indicando precisamente nessa distância mantida — e governada — a condição da coerência dinâmica. E David Bohm, refletindo sobre a relação entre a física e a totalidade, observava que *«num universo baseado na fragmentação não pode emergir qualquer significado* duradouro», uma frase que, lida numa perspetiva biológica, soa como uma declaração programática.

No contexto geral do livro, este capítulo desempenha uma função crucial. É a ponte conceptual entre a crise do paradigma biológico clássico, analisada na primeira parte, e a introdução dos campos biológicos como estruturas informativas estabilizadas, que será desenvolvida nos capítulos seguintes. Sem uma compreensão clara da coerência, o conceito de campo permaneceria uma sugestão; com ela, torna-se uma necessidade teórica.

Aqui fica claro que falar de coerência não significa negar a bioquímica ou a genética, mas sim situá-las num quadro mais amplo, no qual as moléculas importam porque estão coordenadas, e não simplesmente presentes. A coerência é o que permite que o todo preceda as partes, não num sentido cronológico, mas sim lógico e funcional. Primeiro existe a unidade dinâmica do organismo, depois o pormenor dos seus mecanismos.

Neste sentido, o capítulo prepara o leitor para uma mudança de perspetiva: da vida como máquina para a vida como processo integrado de sentido físico. Não se trata de abandonar a ciência, mas de a seguir até às suas consequências mais radicais.

O tempo que vive: como a coerência cria o relógio interno dos organismos.

Um dos aspetos mais fascinantes da coerência biológica surge quando a observamos do ponto de vista do tempo. A vida, de facto, não habita simplesmente o tempo físico medido pelos relógios, mas produz a sua própria temporalidade interna, qualitativamente diferente da sucessão uniforme de instantes que rege os sistemas inanimados. Um organismo coerente não «sofre» o tempo: estrutura-o, modula-o, torna-o funcional à sua própria organização.

Na física clássica, o tempo é uma variável externa, idêntica para todos os processos. Na biologia, pelo contrário, o tempo torna-se uma propriedade emergente do sistema vivo. Cada organismo mantém uma pluralidade de ritmos coordenados — metabólicos, celulares, fisiológicos — que não coincidem necessariamente com o tempo ambiental, mas que devem permanecer mutuamente coerentes para garantir a estabilidade do conjunto. Quando esta coerência temporal se rompe, o organismo não «envelhece» simplesmente: perde integração.

Não é por acaso que já Jakob von Uexküll, nas primeiras décadas do século XX, falava do tempo próprio dos organismos, observando como cada forma de vida constrói uma relação específica com a duração, a espera e a simultaneidade. Mais tarde, o biólogo teórico Francisco Varela esclareceria que *«o tempo biológico não é um quadro, mas um resultado da organização* viva», uma formulação que se insere perfeitamente no discurso sobre a coerência. Um sistema vivo existe enquanto consegue manter sincronizados os seus processos internos, criando uma continuidade operacional que não coincide com a mera persistência material.

Um exemplo eloquente vem da cronobiologia: os ritmos circadianos não são meras respostas passivas à luz solar, mas oscilações endógenas, mantidas mesmo na ausência de estímulos externos. Isto significa que o organismo possui um tempo interno que deve permanecer em sintonia, mas não idêntico, ao tempo do ambiente. A coerência, neste contexto, manifesta-se como a capacidade de manter unidos o passado biológico (memória das condições anteriores), o presente operacional e a antecipação do futuro imediato. Viver, deste ponto de vista, é um ato contínuo de sincronização.

Henri Bergson, embora se movesse num âmbito filosófico, tinha captado com grande lucidez esta diferença quando distinguia o tempo espacializado da ciência da *«durée»* vivida. Hoje, essa intuição encontra ressonância científica: a duração biológica não é mensurável apenas em unidades quantitativas, porque é qualitativamente estruturada pela coerência do sistema. Um organismo saudável não é aquele que «dura mais», mas aquele que mantém uma continuidade interna de sentido entre os seus processos.

Nesta perspetiva, a coerência não garante apenas a ordem espacial do organismo, mas também a sua estabilidade temporal. A vida ocorre enquanto o sistema consegue renovar-se mantendo-se a si próprio, ou seja, enquanto o fluxo da mudança não rompe o fio que liga as suas transformações. O tempo biológico não é uma linha reta: é um tecido de ritmos entrelaçados, continuamente reconstruídos.

A ordem imperfeita: porque a vida precisa do ruído.

Existe um equívoco persistente quando se fala de coerência biológica: a ideia de que esta coincide com uma ordem rígida, silenciosa e isenta de perturbações. Nada mais distante da realidade do ser vivo. Os organismos não eliminam o ruído, habitam-no. A vida não é um cristal perfeito, mas um sistema que se mantém coerente apesar de ser atravessado por flutuações contínuas, incertezas microscópicas e variações espontâneas. É precisamente esta capacidade de integrar a desordem dentro de limites funcionais que torna a coerência vital diferente de qualquer ordem mecânica.

Na física e na engenharia, o ruído é tradicionalmente considerado um problema: algo a filtrar, atenuar, suprimir. Na biologia, pelo contrário, o ruído é inevitável e, em muitos casos, necessário. A nível molecular, a expressão génica é intrinsecamente ruidosa: as mesmas células, com o mesmo património genético e no mesmo ambiente, produzem quantidades diferentes de proteínas. Durante décadas, este fenómeno foi visto como um defeito do sistema. Hoje sabemos que essa variabilidade é um recurso: permite flexibilidade, adaptação e exploração de estados possíveis sem perder a identidade global do organismo.

Um episódio frequentemente relatado nos laboratórios de biologia de sistemas diz respeito às experiências realizadas em Stanford no início dos anos 2000, quando se começou a medir em tempo real a variabilidade da expressão génica em células individuais. Os investigadores ficaram surpreendidos não tanto pela existência do ruído, mas pelo facto de este nunca degenerar em caos. As flutuações eram reais, mas permaneciam confinadas dentro de limites precisos, como se o sistema soubesse até onde podia permitir-se oscilar. A coerência, neste caso, não é a ausência de ruído, mas sim o controlo do ruído.

Este princípio encontra um paralelo elegante na teoria da ressonância estocástica, desenvolvida na década de 1980 por Roberto Benzi e colegas ao estudarem sistemas físicos e climáticos. Em certos contextos, uma quantidade moderada de ruído não perturba o sinal: amplifica-o. Na biologia, acontece algo semelhante. As flutuações permitem que o sistema vivo responda a estímulos fracos, evite ficar preso em estados demasiado rígidos e se mantenha sensível sem perder estabilidade. A coerência vital é, neste sentido, uma coerência elástica.

Hermann Haken, físico alemão e fundador da sinergética, gostava de dizer que *«a ordem nasce da desordem, mas nem toda a desordem gera ordem»*. Os organismos parecem ter resolvido precisamente este problema: selecionam, absorvem e redistribuem as flutuações de forma a sustentar a forma global. Não combatem a instabilidade; utilizam-na como combustível informativo. Um organismo completamente isento de ruído seria incapaz de se adaptar, de aprender e até mesmo de se desenvolver.

Um exemplo sugestivo vem do desenvolvimento embrionário. Durante as primeiras fases, as células apresentam comportamentos altamente variáveis; no entanto, o resultado final é surpreendentemente robusto: órgãos corretamente formados, proporções fiáveis, arquiteturas coerentes. Como observou o biólogo Lewis Wolpert nos seus estudos sobre morfogénese, a precisão final resulta de processos locais imprecisos, coordenados por restrições globais. Mais uma vez, a coerência não elimina o erro: canaliza-o.

Esta capacidade de integrar o ruído distingue profundamente os sistemas vivos das máquinas. Uma máquina funciona bem apenas enquanto as perturbações forem mínimas. Um organismo , por outro lado, funciona porque é continuamente perturbado. A coerência biológica não é frágil; é resiliente. Não coincide com o controlo total, mas com uma regulação distribuída que tolera a incerteza sem perder a direção.

Nesta perspetiva, a vida surge como uma forma singular de ordem dinâmica: uma ordem que respira, oscila, comete pequenos erros, mas não se desintegra. O ruído não é o inimigo da coerência; é o seu banco de ensaio permanente. E enquanto o organismo conseguir transformar flutuações em variações significativas sem perder a unidade, a vida continua.

Quem governa quem? A diferença decisiva entre automação e organização viva.

Quando se fala de coerência biológica, o risco de cair num equívoco mecanicista está sempre à espreita. A ideia de que um organismo «se regula» é frequentemente traduzida, quase automaticamente, na linguagem do controlo: sensores, comandos, respostas. Mas a regulação viva não é um controlo imposto de cima, nem um programa que dá ordens a componentes passivos. É um processo distribuído, sem centro de comando, em que a coerência emerge da interação contínua das partes.

A comparação com as máquinas é instrutiva precisamente pelo que não faz sentido. Um termóstato mantém a temperatura de uma divisão corrigindo um desvio em relação a um valor pré-definido. Funciona bem, mas apenas em condições limitadas e previsíveis. Um organismo, por outro lado, não tem um ponto de referência fixo: redefine continuamente o que constitui equilíbrio, com base na sua história, no seu estado interno e no contexto. Como observou Walter Bradford Cannon, que na década de 1930 introduziu o conceito de homeostase em Harvard, a estabilidade biológica não é imobilidade, mas «uma estabilidade através da mudança».

A diferença crucial reside aqui: o controlo mecânico reduz a variabilidade, enquanto a coerência viva a organiza. Num sistema automático, o erro é algo a eliminar; num organismo, o desvio é informação. É isso que permite aprender, compensar e reorientar a ação. Um coração não «obedece» a um comando central que lhe ordena que acelere: responde a uma rede de sinais químicos, mecânicos e nervosos que não têm um maestro, mas que se mantêm coerentes entre si.

Na década de 1950, o médico e matemático britânico W. Ross Ashby formulou a *«lei da variedade necessária»*: apenas um sistema com variedade interna suficiente pode regular eficazmente um ambiente complexo. Aplicada à biologia, esta ideia esclarece por que razão a vida não pode ser reduzida a um algoritmo de controlo. Um organismo é regulador porque é rico em possibilidades, não porque está rigidamente programado. A sua coerência não deriva da imposição de regras, mas da capacidade de conciliar múltiplos graus de liberdade.

Uma anedota contada por um fisiologista italiano que trabalhava em Pavia na década de 1970 ilustra bem essa diferença. Durante uma demonstração didática, mostrou aos alunos um dispositivo automático que mantinha constante a concentração de uma solução. Em seguida, comparou a experiência com uma cultura celular submetida a variações ambientais imprevistas. O dispositivo falhou assim que as condições mudaram demasiado; as células, não. Comentou: *«A máquina corrige, a célula reorganiza-se»*. É uma distinção subtil, mas decisiva.

Também Norbert Wiener, pai da cibernética, estava ciente deste limite. Apesar de ter fornecido instrumentos fundamentais para compreender a regulação, alertou que os sistemas vivos não podiam ser assimilados sem reservas às máquinas automáticas.

A coerência biológica não é um controlo que bloqueia, mas uma dinâmica que mantém o sistema aberto, capaz de responder ao imprevisto sem perder a identidade.

Esclarecer esta fronteira é essencial para compreender a biologia dos campos. Se se confundir a coerência com o controlo, o campo biológico torna-se um software oculto que dirige a matéria. Se, pelo contrário, se reconhecer que a coerência é uma propriedade emergente da relação entre as partes, então o campo surge, por , como o que é: uma estrutura informativa estabilizada, não um mecanismo de comando. A vida não é telecomandada. Mantém-se unida.

O que significa realmente «coerência»,

Na linguagem comum, a palavra «coerência» evoca algo de moral ou narrativo: ser coerente significa não se contradizer, manter uma linha de conduta. Mas na física, o termo tem um significado muito mais preciso, técnico e surpreendentemente concreto. Não é uma figura retórica, nem um artifício linguístico importado para conferir uma aura de profundidade à biologia. A coerência é uma propriedade mensurável dos sistemas físicos, com efeitos observáveis e aplicações quotidianas, desde os lasers nos hospitais até aos chips quânticos nos laboratórios.

Para compreender do que estamos a falar, é preciso recuar no tempo, até ao momento em que a física do século XX começou a abalar a ideia clássica de um mundo composto por objetos separados que interagem apenas localmente. Em 1927, no quinto Congresso Solvay, em Bruxelas, enquanto Einstein, Bohr e Schrödinger discutiam animadamente sobre o sentido da mecânica quântica, surgiu um conceito destinado a tornar-se central: as partículas não são apenas «coisas», mas também ondas, e as ondas podem ser coerentes ou incoerentes.

Em termos rigorosos, a coerência descreve o grau de correlação de fase entre diferentes partes de um sistema ondulatório. Duas ondas são coerentes quando oscilam de forma coordenada, mantendo uma relação estável ao longo do tempo. Se essa relação se perder, fala-se de decoerência. Não se trata de um pormenor marginal: sem coerência, o laser não existiria. O feixe de laser, tão diferente da luz de uma lâmpada, é luz na qual milhares de milhões de fotões oscilam «em uníssono». É um exemplo quase didático de um a ordem coletiva: já não se trata de emissões aleatórias, mas sim de um comportamento sincronizado.

Charles Townes, um dos pais do laser, contava que a ideia lhe surgiu em 1951, sentado num banco em Washington às seis da manhã, enquanto procurava uma forma de «obrigar» os átomos a emitir luz de forma coordenada. Não estava à procura de uma metáfora: estava a perseguir uma condição física precisa. Quando a coerência surge, o sistema faz algo qualitativamente novo.

Este é o ponto crucial: a coerência não diz respeito aos elementos individuais considerados um a um, mas à forma como se relacionam entre si. É uma propriedade do sistema no seu conjunto. Na física da matéria, o mesmo princípio explica a supercondutividade: abaixo de uma determinada temperatura, os eletrões num metal deixam de se comportar como indivíduos independentes e formam um estado coerente coletivo. O resultado? Corrente elétrica que flui sem resistência. Um fenómeno tão contraintuitivo que, quando Heike Kamerlingh Onnes o observou pela primeira vez em 1911, em Leiden, ele próprio teve dificuldade em acreditar.

Durante muito tempo, a coerência permaneceu confinada a estes domínios «exóticos»: óptica, física quântica, estados da matéria a baixas temperaturas. Mas, no início do século XXI, algo mudou. Em 2007, um grupo de investigadores liderado por Graham Fleming, na Universidade de Berkeley, publicou na *revista* *Nature* um resultado inesperado: em alguns complexos fotossintéticos, a temperaturas biológicas, a energia parece transferir-se aproveitando estados coerentes. Não era uma prova definitiva da *«biologia* quântica», mas foi o suficiente para obrigar muitos a rever um preconceito: a coerência não é tão frágil como se pensava, nem está confinada aos laboratórios criogénicos.

Aqui é importante ser claro. Falar de coerência na biologia não significa dizer que as células «pensam quânticamente» ou que a vida viola as leis da física clássica. Significa reconhecer que a física oferece conceitos para descrever formas de ordem dinâmica que não se reduzem à soma das partes. A coerência é um desses conceitos, e é cientificamente legítima porque é definível, observável e sujeita a verificação experimental.

Um bom exemplo, muitas vezes negligenciado, vem da física dos sistemas complexos. Quando um conjunto de osciladores — como pêndulos, neurónios artificiais ou moléculas — entra em sincronização, estamos a observar uma transição de fase, semelhante às que ocorrem quando a água congela ou um metal se torna magnético.

No início, cada oscilador segue o seu próprio ritmo, de forma desordenada. Mas quando a interação entre eles ultrapassa um certo limiar — por exemplo, aumentando a intensidade da ligação ou reduzindo o ruído —, o sistema altera o seu comportamento coletivo. De repente, surge uma ordem global: os osciladores começam a mover-se de forma coordenada, partilhando uma fase comum.

Esta transição não depende dos detalhes de cada elemento, mas sim das propriedades coletivas do sistema. É por isso que o mesmo fenómeno de sincronização surge em contextos muito diferentes: a linguagem da transição de fase permite-nos descrevê-los a todos com uma única ideia fundamental, a da ordem que surge da interação.

Em essência, quando um conjunto de osciladores entra em sincronização, não estamos perante um milagre, mas sim perante uma transição de fase. O matemático japonês Yoshiki Kuramoto demonstrou-o na década de 1970 com um modelo simples e elegante: para além de um certo limiar de acoplamento, a desordem transforma-se espontaneamente em ordem coletiva. A coerência, neste caso, não é imposta pelo exterior: ela surge.

Dizer que a coerência está «para além da metáfora» significa, portanto, subtraí-la a dois equívocos opostos. O primeiro é o reducionismo ingénuo, que a descarta como linguagem vaga. O segundo é o entusiasmo místico, que a transforma numa palavra «passe-partout». Na realidade, a coerência é uma condição física precisa que descreve como um sistema mantém relações estáveis entre as suas partes ao longo do tempo, resistindo ao ruído, às flutuações e à tendência natural para a desordem.

Não é por acaso que um dos problemas centrais da física contemporânea é compreender como os sistemas mantêm a coerência e por quanto tempo. Nos laboratórios de Zurique ou de Santa Bárbara, onde se constroem computadores quânticos, o desafio diário consiste em proteger os estados coerentes da decoerência ambiental. Cada vibração, cada interferência térmica é um inimigo. Esta linguagem — proteção, manutenção, resistência — tornar-se-á familiar quando começarmos a falar de sistemas vivos. Mas, neste contexto, basta compreender o ponto essencial: a coerência não é um ornamento conceptual, é uma luta física contra a dispersão.

Neste sentido, a coerência oferece à biologia algo que a bioquímica, por si só, tem dificuldade em fornecer: um vocabulário para falar da unidade dinâmica sem cair no vitalismo. Não introduz forças misteriosas, mas descreve regimes de organização. Como escreveu o físico Philip Anderson no famoso artigo *«More is* Different»: *«a cada nível de complexidade emergem novas leis»*. A coerência é uma dessas leis emergentes, e ignorá-la significa renunciar a compreender como o múltiplo se torna um.

Quando a ordem se torna física: história cultural de uma palavra-chave.

Cada disciplina científica importante tem algumas palavras-chave, termos que parecem simples mas que, a um olhar mais atento, trazem consigo uma história complexa, feita de deslizamentos de sentido, equívocos e descobertas. Coerência é uma delas. Antes mesmo de se tornar uma palavra da física, foi uma ideia intuitiva: aquilo que «mantém tudo unido». Mas a forma como este «manter unido» foi gradualmente precisado diz muito sobre a mudança profunda com que a ciência aprendeu a conceber a ordem no mundo natural.

No século XIX, a coerência entra no léxico científico através da ótica. É a época em que a luz deixa definitivamente de ser apenas um fluxo misterioso e se torna um fenómeno ondulatório mensurável. Em Cambridge, na década de 1830, George Biddell Airy estuda as franjas de interferência; pouco depois, Augustin-Jean Fresnel, em Paris, demonstra que as figuras luminosas observadas nas experiências não são ilusões, mas o resultado de ondas que se sobrepõem de forma ordenada. Aqui, a coerência indica uma propriedade concreta: a capacidade de duas ondas produzirem interferência estável. Se as ondas «perderem o ritmo», o efeito desaparece.

Neste primeiro significado, a coerência não tem nada de filosófico. É quase artesanal: diz respeito a fontes luminosas, fendas, espelhos. Thomas Young, já em 1801, tinha-o intuito com a famosa experiência da dupla fenda, apresentada na *Royal Society* de Londres. Mas só na segunda metade do século é que a palavra «coherence» começa a circular sistematicamente nos tratados de óptica, como termo técnico. Coerente é uma luz capaz de produzir figuras ordenadas; incoerente é a de uma vela ou do sol, que «mistura» demasiadas emissões independentes.

O salto conceptual ocorre no século XX, quando a coerência deixa de ser uma propriedade marginal das ondas luminosas e se torna uma chave interpretativa geral. Com o nascimento da mecânica quântica, entre os anos 20 e 30, a noção de «fase» — central para definir a coerência — entra no cerne da descrição da matéria. Erwin Schrödinger, nos seus trabalhos de 1926, fala de funções de onda que podem somar-se ou anular-se, tal como as ondas luminosas de Fresnel. Não se trata de uma metáfora: é uma continuidade conceptual.

É neste período que a palavra «coerência» muda de estatuto. Já não indica apenas um requisito experimental, mas uma condição ontológica do sistema. Um sistema quântico coerente é um sistema que conserva relações de fase entre as suas partes. Quando estas relações se perdem, fala-se de decoerência, um termo que só entraria de forma definitiva no vocabulário científico décadas mais tarde, nos anos 70 e 80, graças aos trabalhos de H. Dieter Zeh e Wojciech Zurek.

Uma anedota frequentemente contada nos corredores da Universidade do Texas, onde Zurek trabalhou durante muito tempo, diz respeito a uma aula em que explicava a decoerência usando a imagem de uma orquestra que perde o maestro. Alguém objetou que se tratava de uma metáfora demasiado «humanística». Zurek respondeu secamente: *«Não é uma metáfora, é uma dinâmica»*. Mais uma vez, a coerência resiste à tentativa de ser reduzida a linguagem figurada.

O ponto decisivo, do ponto de vista semântico, é este: a coerência deixa de descrever semelhanças entre elementos e começa a descrever relações estáveis. Não é importante que as partes sejam idênticas, mas sim que estejam correlacionadas de forma persistente. Isto explica muitos mal-entendidos atuais, sobretudo quando o termo é importado para a biologia ou para as ciências da vida. Falar de coerência não significa evocar harmonia num sentido estético, nem ordem imposta de cima. Significa indicar uma condição física em que as partes de um sistema partilham informação de forma não aleatória.

Uma transição cultural interessante ocorre na década de 1950, com a invenção do maser e, posteriormente, do laser. Em Nova Iorque, em 1954, Charles Townes apresenta os primeiros resultados experimentais sobre emissões coerentes de micro-ondas. Nos documentos da época, a palavra *«coherent»* surge com uma frequência sem precedentes. É como se a física descobrisse de repente que essa propriedade, estudada durante décadas de forma quase marginal, é, na realidade, capaz de produzir tecnologias radicalmente novas. A partir desse momento, a coerência deixa de ser apenas uma descrição: torna-se um recurso.

Este percurso histórico ajuda a compreender por que razão hoje em dia a palavra é frequentemente mal interpretada. Por um lado, há quem a utilize de forma vaga, como sinónimo de «ordem» ou «equilíbrio». Por outro lado, há quem a rejeite como se fosse uma intrusão poética numa linguagem que deveria permanecer sóbria. Ambas as posições ignoram a história concreta do termo. A coerência surge como um conceito operacional, aperfeiçoa-se como conceito teórico e mantém sempre uma âncora experimental.

Reler esta história semântica não é um exercício erudito. Serve para recordar que, quando hoje falamos de coerência — mesmo fora da física —, estamos a lidar com uma palavra que aprendeu, ao longo de dois séculos, a descrever como a unidade emerge do múltiplo sem necessidade de atalhos metafísicos. É uma palavra que atravessou laboratórios, congressos, disputas teóricas e que, precisamente por isso, merece ser utilizada com precisão.

Medir significa intervir: quando a observação rompe a coerência.

Há um momento preciso, na história da física do século XX, em que se torna claro que medir não significa simplesmente «olhar melhor». Significa alterar o estado das coisas. Esta transição conceptual, que nasce nos laboratórios de física, tem consequências profundas também na forma como concebemos a vida como um fenómeno coerente. Sem recorrer à consciência ou ao observador humano, basta mantermo-nos fiéis a um dado essencial: cada medição é uma interação física, e cada interação deixa um rasto.

Nos anos 20, em Copenhaga, Niels Bohr insistiu num ponto que, na altura, parecia quase uma provocação: não existem propriedades físicas independentes do contexto experimental. Um eletrão não «tem» uma posição ou uma velocidade no sentido clássico; estas grandezas surgem no momento da medição. Werner Heisenberg formalizou esta intuição em 1927 com o princípio da indeterminação, mas a questão da coerência permanece em segundo plano, como uma tensão por resolver.

Durante décadas, fala-se do «colapso da função de onda» como de um acontecimento enigmático, quase teatral. Depois, entre os anos 70 e 80, o cenário muda. Nos centros de investigação de Heidelberg e de Los Alamos, físicos como H. Dieter Zeh e, mais tarde, Wojciech Zurek demonstram que não é necessário qualquer salto misterioso: basta e r o ambiente. Um sistema perde coerência quando entra em interação descontrolada com o que o rodeia. A medição é um caso particular (muito refinado) dessa interação.

Uma anedota contada por Zeh diz respeito a uma discussão informal que teve lugar em 1970, durante uma pausa para café na Universidade de Heidelberg. Um colega perguntou-lhe por que insistia tanto no ambiente, algo que ninguém «vê» diretamente. Zeh respondeu, apontando para a sala: *«Não vemos o ar, mas tenta retirá-lo»*. A decoerência funciona da mesma forma: é invisível, mas onipresente.

Aqui, a palavra «observação» muda de significado. Já não indica um ato cognitivo, mas sim um processo físico de amplificação: uma correlação microscópica é impressa num sistema macroscópico, deixando um rasto estável. Nos laboratórios de neutrónica de Grenoble ou nas experiências com iões aprisionados em Innsbruck, a perda de coerência não é uma especulação filosófica, mas um problema técnico concreto. Isolar um sistema significa protegê-lo do ambiente; medi-lo significa, inevitavelmente, expô-lo.

Isto esclarece um equívoco generalizado: a coerência não é «destruída» porque alguém observa, mas porque algo interage. Até mesmo um detetor automático, uma placa fotográfica ou um sensor criogénico desempenham o mesmo papel. Em 1996, Serge Haroche e o seu grupo *na «École Normale* Supérieure» de Paris demonstraram experimentalmente como os estados quânticos coerentes podem ser acompanhados passo a passo no seu processo de decoerência. Não há nada de repentino: a coerência desintegra-se gradualmente, como um coro que perde a sincronia.

As implicações conceptuais são relevantes. A medição não é um acréscimo externo à teoria, mas um momento interno à dinâmica dos sistemas. Neste sentido, a coerência surge como uma condição frágil, que requer isolamento, proteção e manutenção. A perda de coerência não é um falhan e da teoria, mas a sua conclusão: explica por que razão o mundo macroscópico parece estável, localizado, «clássico».

Este ponto tem uma ressonância cultural interessante. Nos mesmos anos em que a física esclarece o papel da medição, filósofos da ciência como Bas van Fraassen e Ian Hacking refletem sobre o caráter intervencionista da experiência. Hacking, em particular, gosta de repetir que *«se o podes pulverizar, então é* real», referindo-se aos eletrões nos microscópios eletrónicos. A realidade, em suma, manifesta-se através de interações controladas, não através de olhares desencarnados.

Falar de coerência e medição, portanto, não significa entrar em territórios nebulosos. Significa reconhecer que a ordem física não é dada de uma vez por todas, mas depende das condições de interação. A coerência não desaparece porque o mundo é instável, mas porque o mundo é relacional. E é precisamente esta relacionalidade, revelada pela física da medição, que torna o conceito de coerência uma ferramenta poderosa mesmo para além dos limites da própria física.

A prova do tempo: quando a estabilidade se torna o verdadeiro sinal da vida.

Quando pensamos em coerência, a imaginação dirige-se imediatamente para o espaço: elementos alinhados, partes que «se dão bem», estruturas ordenadas. É uma reação natural, mas enganadora. A coerência, na física, não se joga principalmente no espaço. Joga-se no tempo. É uma qualidade da duração, não da forma. E é precisamente por isso que se revela menos intuitiva e, ao mesmo tempo, mais decisiva.

Um sistema é coerente não porque pareça ordenado num instante, mas porque mantém relações precisas entre as suas partes à medida que o tempo passa. A coerência é uma memória ativa: a capacidade de permanecer fiel a si mesmo através da mudança. Neste sentido, uma fotografia não basta para a descrever. É preciso um filme.

Um exemplo clássico — mas frequentemente mal interpretado — vem da física dos relógios atómicos. Em 1967, no *«Bureau International des Poids et* Mesures» de Sèvres, perto de Paris, o segundo foi redefinido com base na frequência de transição do átomo de césio-133. Não se escolhe essa frequência porque é «bonita» ou simples, mas porque é extremamente estável ao longo do tempo. Aqui, a coerência não diz respeito à energia em si, mas sim à sua repetibilidade temporal. Se essa oscilação perdesse fase após poucos ciclos, o relógio deixaria de ser uma referência universal.

A mesma lógica aplica-se, em escalas diferentes, a todos os fenómenos coerentes. Um laser, por exemplo, não é tal porque emite luz intensa, mas porque mantém uma relação de fase constante ao longo do tempo. Se essa relação flutuar demasiado rapidamente, a luz permanece, mas a coerência desaparece. É uma distinção subtil, mas crucial: a energia pode existir sem coerência; a vida, como veremos, não.

Nos anos 90, nos laboratórios de Santa Bárbara, o físico Anthony Leggett insistiu num ponto que, na altura, parecia quase polémico: o verdadeiro desafio dos sistemas complexos não é criar estados ordenados, mas fazê-los perdurar. A natureza está repleta de configurações efémeras; o que é raro é a estabilidade dinâmica. A coerência, neste sentido, não é um estado, mas um processo que atravessa o tempo sem se dissolver.

Esta perspetiva altera radicalmente a forma como concebemos os sistemas físicos. Um sistema coerente não está imóvel: é fiável. Não elimina as flutuações, mas absorve-as sem perder a identidade. É um tema que se repete também fora da física. O compositor György Ligeti contava, numa entrevista de 1983, que uma música «se mantém» não quando repete um esquema, mas quando consegue permanecer reconhecível enquanto tudo muda. É uma definição surpreendentemente próxima da definição física de coerência temporal.

Do ponto de vista teórico, a questão do tempo põe em causa uma visão ingénua da ordem natural. A ordem estática é frágil; basta um choque para a destruir. A coerência temporal, por outro lado, , implica uma capacidade de renovação contínua. Os físicos falam de estabilidade dinâmica, uma expressão que parece um oxímoro, mas não o é. Significa que o sistema permanece o mesmo precisamente porque nunca pára de se mover.

Uma anedota contada por Ilya Prigogine, durante uma conferência em Bruxelas no início dos anos 2000, ilustra bem esta ideia. Ao mostrar um vórtice num fluido, observou: *«Esta é uma ordem que só existe enquanto flui»*. Se o fluxo parar, o vórtice desaparece. A coerência não é contrária ao tempo; é uma forma particular de o habitar.

É por isso que a estabilidade temporal é tão decisiva. Não basta que as partes estejam interligadas; têm de o estar da forma correta e durante o tempo necessário. A coerência é uma fidelidade operacional: o sistema «lembra-se» das suas relações e renova-as a cada instante. Sem esta memória dinâmica, qualquer estrutura dissolve-se em ruído.

Nesta perspetiva, a coerência deixa de ser um luxo teórico e torna-se uma necessidade física. É o que permite que um fenómeno exista como uma entidade reconhecível no tempo, em vez de como uma simples coincidência momentânea. E é precisamente esta capacidade de atravessar o tempo sem se perder que torna a coerência uma chave conceptual fundamental para compreender os fenómenos vitais, sem ainda ter de falar de células, genes ou metabolismo.

Coerência, sincronia, correlação, organização: quatro palavras, quatro mundos diferentes.

Na linguagem científica — e ainda mais na divulgativa —, a palavra «coerência» é frequentemente utilizada como sinónimo elegante de ordem, sincronia ou boa organização. É uma tentação compreensível: todos estes conceitos evocam a ideia de um mundo que «funciona», no qual as partes não se impedem mutuamente. No entanto, do ponto de vista físico e biológico, confundir estes termos e s significa perder precisamente aquilo que torna a coerência uma noção radical e fecunda.

Para compreender isto, convém partir de uma cena concreta. Em 2009, durante um exercício público em Londres, milhares de passageiros deslocam-se simultaneamente pelas escadas rolantes do metro de Canary Wharf. Os fluxos sincronizam-se, as direções são claras, a organização é impecável. No entanto, ninguém diria que aquele sistema é coerente no sentido físico. É ordenado, sim. Sincronizado, em parte. Mas basta uma falha elétrica para que tudo pare. A coerência, por outro lado, é o que permite que um sistema mantenha a sua identidade funcional mesmo quando as condições mudam.

A sincronia é talvez a mais intuitiva destas noções. Os eventos sincronizados ocorrem no mesmo momento ou com uma periodicidade comum. Os neurónios podem descarregar em sincronia, como demonstrado pelas experiências de Wolf Singer no «Max Planck Institute» na década de 1990; os pirilampos podem piscar em uníssono ao longo do rio Chao Phraya, na Tailândia, um espetáculo natural já documentado na década de 1950. Mas a sincronia, por si só, é frágil. Pode surgir devido a interações externas, por constrangimento ou por simples coincidências dinâmicas. Não diz nada sobre a estabilidade interna do sistema, nem sobre a sua capacidade de resistir a perturbações.

A correlação é ainda mais fraca. Duas variáveis podem estar fortemente correlacionadas sem terem qualquer ligação estrutural profunda. Nos anos 70, um exemplo célebre utilizado em cursos de estatística mostrava uma correlação surpreendente entre o consumo de margarina nos Estados Unidos e a taxa de divórcios no Maine. A correlação mede uma relação observável, não uma unidade real. Na física — e ainda mais na biologia — confundir correlação com coerência equivale a confundir a sombra com o objeto.

A organização, por fim, é talvez o termo mais ambíguo. Um sistema organizado apresenta uma disposição ordenada das suas partes: hierarquias, módulos, funções distintas. Uma fábrica fordista dos anos 30 era altamente organizada; o mesmo se aplica a um , a uma colmeia ou a um exército. Mas a organização pode ser rígida, imposta a partir do exterior, incapaz de se adaptar. A história está repleta de sistemas perfeitamente organizados que entram em colapso à primeira mudança imprevista. A coerência, pelo contrário, não se impõe: surge de uma rede de relações internas que se sustentam mutuamente.

O que distingue a coerência de todos estes conceitos é o facto de ela implicar uma unidade causal distribuída. Num sistema coerente, as partes não estão simplesmente alinhadas no tempo, correlacionadas nos dados ou dispostas de forma ordenada: estão ligadas por relações que fazem com que o comportamento do todo não seja redutível à soma dos comportamentos locais. É uma diferença subtil, mas decisiva.

Uma anedota contada pelo biólogo teórico Stuart Kauffman durante um seminário em Santa Fé, no início dos anos 2000, esclarece bem esta questão. Ao mostrar duas simulações por computador — uma de um sistema altamente organizado, a outra de um sistema menos ordenado mas mais interligado —, observou que apenas o segundo continuava a funcionar quando eram introduzidas perturbações aleatórias. Ele disse: *«A organização sobrevive enquanto o mundo se mantém como previsto. A coerência sobrevive porque o mundo muda»*.

Nesta perspetiva, a coerência não é uma propriedade visível à primeira vista. Não coincide com a harmonia estética, nem com a regularidade. É uma qualidade relacional profunda, que se manifesta na capacidade de um sistema de permanecer uno enquanto as suas partes mudam. E é precisamente por isso que, quando se fala de vida, a coerência não pode ser substituída por nenhum dos seus «parentes conceptuais» sem se perder o cerne da questão.

Confundir estes termos não é apenas um erro linguístico; é um erro teórico. Significa reduzir a vida a um fenómeno de ordem aparente, quando, na verdade, ela é um evento de integração dinâmica. A coerência não é o grau zero do caos, mas uma forma ativa de unidade que nenhuma sincronia, correlação ou organização, por si só, é capaz de explicar.

Porque viver significa manter unido aquilo que tende a desintegrar-se.

Há um ponto, muitas vezes negligenciado, que separa nitidamente a vida de tudo o que não é vida: a vida não possui coerência, ela produz-a. E, acima de tudo, defende-a. Num universo que, nas palavras de Arthur Eddington, «*tende espontaneamente para* a desordem», cada organismo vivo surge como uma pequena anomalia temporária, um parêntese de estabilidade aberto contra a corrente. Mas essa estabilidade nunca é dada de uma vez por todas: é o resultado de um trabalho contínuo, silencioso, incessante. Viver, num sentido profundo, significa resistir à decoerência.

A decoerência não é apenas um conceito da física quântica confinado aos laboratórios criogénicos. É uma tendência universal: as relações enfraquecem, as fases desacoplam-se, os sistemas perdem a unidade. Uma pedra não precisa de fazer nada para ser o que é. Um organismo, sim. Cada célula, cada tecido, cada corpo gasta energia não tanto para funcionar, mas para não se desintegrar como unidade significativa.

Em 1944, em Dublin, Erwin Schrödinger proferiu uma série de palestras. Foi aí que introduziu uma imagem que se tornou famosa: a do organismo que se alimenta de «*entropia negativa*». Para além das simplificações posteriores, a intuição era poderosa: a vida não escapa às leis físicas, mas habita-as de forma ativa, subtraindo-se localmente à deriva rumo à perda de coerência. Não viola a segunda lei da termodinâmica; contorna-a pagando um preço.

Esse preço é o metabolismo, claro, mas não só. É também regulação, reparação, sincronização precisa, seleção e continu m do que deve permanecer em relação e do que pode ser deixado de lado. Um exemplo aparentemente banal foi relatado pelo fisiologista britânico Denis Noble durante uma conferência em Oxford, no início dos anos 2000: o coração humano, observado a nível molecular, é um sistema intrinsecamente instável. No entanto, bate com regularidade durante décadas. Não porque seja «bem construído», mas porque é continuamente corrigido, modulado e mantido dentro de um regime de coerência funcional.

A vida, portanto, não é um equilíbrio, mas uma luta pelo equilíbrio. Cada organismo é um sistema aberto que tem de compensar constantemente as flutuações internas e externas. Basta observar um corpo com febre: o aumento da temperatura não é o sinal imediato de caos, mas a tentativa — por vezes bem-sucedida, por vezes não — de restabelecer uma coerência comprometida. Também aqui, a coerência não coincide com a quietude, mas com a capacidade de atravessar a perturbação sem perder a identidade.

Resistir à decoerência significa também selecionar informação. Cada organismo filtra, interpreta, descarta. Nem tudo o que acontece se torna significativo. Neste sentido, viver é um ato cognitivo elementar: manter uma forma de sentido contra o ruído do mundo. Francisco Varela, já mencionado, falava de *enação*: o ser vivo não representa um mundo já dado, mas faz emergir um mundo habitável. Esta emergência, porém, é frágil. Exige um trabalho constante de integração.

Mesmo nos ambientes mais extremos, esta lógica aplica-se. No início dos anos 80, perto das fontes hidrotermais das Galápagos, os biólogos descobriram comunidades de organismos que prosperavam sem luz solar. Não eram exemplos de vida «mais simples», mas de vida que tinha encontrado outras formas de manter a sua coerência em condições no limite da desagregação química. Mais uma vez, a lição era clara: a vida não é aquilo que melhor resiste, mas aquilo que mais se esforça para resistir.

Vista desta forma, a coerência biológica perde toda a sua aura mística e adquire uma concretude quase dramática. É um processo, não um estado. Um verbo no presente contínuo escrito contra a tendência natural e e e das coisas para se separarem. A vida dura enquanto este esforço for bem-sucedido. Quando já não o é, a decoerência toma conta. E o que resta é matéria, já não um organismo.

Pagar o preço da unidade: o custo energético da coerência biológica.

Há um facto que surpreende sempre quem o descobre pela primeira vez: a maior parte da energia consumida por um organismo vivo não serve para se mover, crescer ou produzir trabalho visível. Serve para não se desintegrar. Para manter a integração interna, para manter alinhados processos que, se deixados por conta própria, divergiriam rapidamente. É o custo energético da coerência, uma despesa contínua que raramente faz parte da narrativa popular da biologia, mas que constitui a sua espinha dorsal.

Os fisiologistas chamam-lhe metabolismo basal. O termo é técnico, quase discreto, mas a realidade que descreve é impressionante: num adulto humano em repouso, numa sala com temperatura amena, cerca de 60–70% da energia diária é consumida sem que aconteça nada de aparentemente «ativo». O coração bate, claro. Os pulmões respiram. Mas, acima de tudo, milhares de milhões de células trabalham para manter gradientes iônicos, reparar estruturas moleculares, corrigir erros e sincronizar sinais. É uma energia gasta para evitar a decoerência interna.

Um exemplo emblemático vem do funcionamento das células nervosas. Na década de 1950, no *«Marine Biological*

Laboratory» de Woods Hole, em Massachusetts, Alan Hodgkin e Andrew Huxley estudaram o potencial de ação nos neurónios da lula gigante. O que se revelou, e que ainda hoje impressiona, é que uma parte enorme da energia do cérebro não serve para «pensar», mas para restabelecer as condições iniciais após cada impulso elétrico. A famosa bomba de sódio-potássio, que expele três iões de sódio e faz entrar dois de potássio, consome incessant s de ATP. Sem este trabalho oculto, a excitabilidade neuronal entraria em colapso em poucos minutos. O pensamento, literalmente, desligar-se-ia por falta de coerência elétrica.

Isto aplica-se a todas as escalas. Em 1961, num laboratório em Bruxelas, o bioquímico Christian de Duve observou como as células investem energia na compartimentação interna: membranas, vesículas, lisossomas. Não se trata de um luxo arquitetónico, mas sim de uma necessidade funcional. Separar, manter limites, evitar que tudo reaja com tudo. Cada limite biológico representa um gasto energético, mas também uma conquista de coerência.

Mesmo quando dormimos, este trabalho não se interrompe. Pelo contrário, em certos aspetos, intensifica-se. Estudos de calorimetria indireta realizados em Stanford na década de 1990 demonstraram que, durante o sono profundo, algumas atividades de manutenção celular aumentam. Dormir não é «desligar-se», mas sim reduzir as interferências externas para investir energia na reorganização interna. Uma pausa aparente para uma tarefa essencial: reajustar o sistema.

Uma anedota contada por um investigador italiano que trabalhava, nos primeiros anos dos anos 2000, num laboratório de biologia celular em Heidelberg, ilustra bem esta ideia. Ao estudar culturas celulares mantidas vivas, mas privadas de estímulos, reparou que o consumo energético se mantinha surpreendentemente elevado. «*Pareciam* paradas», contava ele, «*mas estavam a gastar tudo para não se transformarem noutra coisa*». É uma frase informal, mas capta a essência: a vida consome para se manter idêntica a si mesma, não para se transformar.

Este investimento contínuo explica também por que razão a coerência é frágil. Basta uma redução significativa do aporte energético para que a integração comece a vacilar. Durante a escassez ou em condições extremas, o corpo não «escolhe» o que desligar de forma arbitrária: sacrifica funções complexas para preservar um mínimo de unidade. É uma estratégia de emergência contra a fragmentação.

Do ponto de vista cultural, esta ideia subverte uma metáfora enraizada. Estamos habituados a pensar na vida como acumulação, como crescimento, como expansão. Mas, biologicamente, a vida é sobretudo manutenção. Tal como uma ponte suspensa que requer intervenções contínuas para se manter de pé, o organismo vivo investe energia para manter relações. Não o fazer significaria deixar que o tempo, a química e o ruído térmico levassem a melhor.

Neste sentido, o custo energético da coerência não é um pormenor quantitativo, mas sim um indício ontológico. Diz-nos que a vida não é uma estrutura passiva, mas sim um processo que paga, instante após instante, o preço da sua própria unidade. Enquanto o puder suportar, permanece viva. Quando já não o consegue, a coerência dissolve-se e, com ela, o organismo.

Nenhuma vida é uma ilha: a coerência nasce do diálogo com o ambiente.

Existe um equívoco persistente, quase instintivo, na forma como concebemos a estabilidade biológica: a ideia de que um organismo é tanto mais estável quanto mais consegue isolar-se do ambiente. Como se a vida fosse uma fortaleza e a saúde dependesse da solidez das suas muralhas. No entanto, ao observar de perto os sistemas vivos, acontece o contrário: a coerência não nasce do isolamento, mas de uma relação contínua, delicada e muitas vezes arriscada com o que o rodeia.

Um organismo vivo é, por definição, um sistema aberto. Troca matéria, energia, sinais. Mas, acima de tudo, troca informação. A sua estabilidade não consiste em defender-se do mundo, mas sim em saber interpretá-lo. É uma negociação permanente, feita de ajustes, antecipações e compromissos. Quando este diálogo se interrompe — por excesso ou por falta —, a coerência vacila.

Um exemplo clássico vem da ecologia e tem o sabor de uma lição aprendida tarde. Nos anos 50, nos Estados Unidos, o uso massivo de pesticidas como o DDT parecia uma vitória da engenharia sobre o ambiente. Depois, percebeu-se que espécies consideradas «protegidas» estavam a entrar em colapso. Não eram fracas, estavam desfasadas. A sua coerência biológica dependia de sinais ambientais subtis — ciclos, presenças, ausências — que foram subitamente eliminados. Rachel Carson, em 1962, relatou isso com lucidez em *«Silent Spring»*: o silêncio não era paz, mas sim a perda de uma relação.

A mesma lógica aplica-se a escalas mais íntimas. Pensemos no sistema imunitário. Durante muito tempo, foi descrito como um exército encarregado de distinguir rigidamente o «eu» do «não-eu». Hoje sabemos que esta metáfora é insuficiente. Estudos realizados entre Paris e San Diego na década de 1990 demonstraram que o sistema imunitário amadurece graças à exposição controlada ao ambiente. As crianças que crescem em ambientes excessivamente esterilizados apresentam mais facilmente disfunções imunitárias. A coerência, mais uma vez, não nasce do isolamento, mas de uma aprendizagem relacional.

Uma anedota contada por um biólogo marinho que trabalhava numa estação de investigação nas ilhas Lofoten, na Noruega, ilustra bem esta ideia. Ao estudar populações de plâncton, reparou que as mais estáveis não viviam em águas «constantes», mas em zonas sujeitas a correntes variáveis. «São sistemas habituados à mudança», dizia ele. A sua coerência não era rigidez, mas sim a capacidade de se manterem reconhecíveis apesar das flutuações.

Esta intuição tem uma longa história cultural. Já em 1928, o fisiologista Walter Bradford Cannon, em Harvard, falava da homeostase não como imobilidade, mas como equilíbrio dinâmico. Um conceito que hoje podemos interpretar numa perspetiva informativa: o organismo mantém-se coerente porque integra continuamente sinais ambientais no seu funcionamento interno. Se deixar de o fazer, perde o contacto com o contexto que o torna possível.

Também o comportamento humano oferece exemplos eloquentes. Durante missões de isolamento prolongado — desde as bases antárticas d , na década de 1970, até às experiências de confinamento como a Mars-500, concluída em 2011 perto de Moscovo — verificou-se que a perda de estímulos ambientais ricos compromete a coerência psicofisiológica. O problema principal não é o frio nem a fadiga, mas sim a pobreza relacional do contexto. Sem um ambiente «responsivo», o organismo humano tem dificuldade em manter um sentido unitário de si mesmo.

Nesta perspetiva, a coerência biológica surge como uma propriedade ecológica antes mesmo de ser interna. Um organismo é estável porque está situado, porque pertence a uma rede de relações que o informam continuamente. A sua identidade não é um núcleo imutável, mas uma forma que se mantém ao longo do tempo precisamente porque dialoga com o que o rodeia.

Talvez seja por isso que a vida nos parece tão resistente e, ao mesmo tempo, tão vulnerável. Resistente, porque sabe adaptar-se a contextos diferentes. Vulnerável, porque nenhuma coerência pode sobreviver por muito tempo num mundo que já não fala a sua língua. A biologia dos campos sugere, então, uma conclusão contraintuitiva, mas profunda: viver não significa defender-se do ambiente, mas permanecer em relação com ele sem se perder.

Quando a unidade se rompe: a morte como decoerência do ser vivo.

Falar da morte num capítulo dedicado à coerência da vida pode parecer um desvio melancólico. Na realidade, é uma passagem quase obrigatória. Se a vida é a manutenção ativa da coerência, então a morte — a física, a biológica — pode ser descrita com sobriedade como o momento em que essa coerência se perde de forma irreversível. Não se trata de um acontecimento repentino e pontual, mas sim de um processo de decoerência global que envolve todo o organismo enquanto unidade informativa.

Do ponto de vista físico, um organismo vivo não morre porque «a energia se esgota». A energia continua presente mesmo num corpo sem vida. O que se perde é a capacidade de coordenar fluxos, tempos e relações. As partes permanecem, mas deixam de falar a mesma língua. Trata-se de uma dissolução da unidade, não de um desaparecimento da matéria.

Uma imagem eficaz vem da medicina clínica. Em 1968, na *Harvard Medical School*, um comité liderado por Henry Beecher propôs, pela primeira vez, critérios claros para a definição de morte cerebral. Não se tratava de uma escolha filosófica, mas de uma necessidade prática: distinguir um organismo ainda unitário de um que tivesse perdido irreversivelmente a sua integração funcional. O coração podia bater, os pulmões podiam ser ventilados, mas a unidade informativa central — a capacidade de coordenar o todo — estava definitivamente comprometida. A morte, nesta perspetiva, não coincide com a paragem de uma função isolada, mas com a perda de coerência do conjunto.

Quem assistiu ao momento final de um doente num hospício conta frequentemente um pormenor curioso: não é o silêncio, mas uma espécie de desacordo progressivo. Parâmetros que, até pouco antes, se sustentavam mutuamente começam a divergir. O ritmo respiratório já não «ouve» o cardíaco, a regulação térmica torna-se errática, os sinais bioquímicos perdem a sincronização. É como se a orquestra continuasse a tocar, mas sem maestro e sem partitura comum. Os instrumentos ainda estão lá, mas a música já não.

Esta descrição não tem nada de metafísico e, precisamente por isso, é poderosa. A decoerência global não é um conceito evocativo: é observável, mensurável, clinicamente reconhecível. Estudos realizados entre os anos 80 e 90 sobre a atividade elétrica cerebral mostram que, no momento da morte, não se assiste simplesmente a uma «queda» do sinal, mas a uma fragmentação dos padrões coerentes. O EEG não se torna imediatamente plano: perde primeiro a estrutura, depois a integração. A forma dissolve-se antes da intensidade.

É importante, nesta altura, distinguir claramente o plano científico do plano metafísico. Descrever a morte biológica como decoerência informativa não diz nada — nem num m sentido, nem no outro — sobre o que eventualmente acontece ao nível da consciência, do significado ou da transcendência. Falar de «transição de fase» num sentido metafísico pode ter valor simbólico ou filosófico, mas pertence a outro registo. A biologia dos campos, se quiser manter-se cientificamente sóbria, pára um passo antes: constata que o organismo, enquanto unidade informativa encarnada, deixa de existir quando já não é capaz de manter a sua coerência global.

Curiosamente, esta visão reinsere a morte no continuum da vida, sem a mitificar nem a banalizar. Morrer não é o oposto de viver, mas o ponto em que o processo de manutenção da coerência falha definitivamente. Ilya Prigogine, ao falar de sistemas distantes do equilíbrio, observava que a ordem viva é sempre temporária, sustentada à custa de um gasto contínuo. Quando o custo excede as possibilidades do sistema, a ordem entra em colapso. Não há nisso nenhuma tragédia cósmica, mas também não se trata de uma simples avaria mecânica.

Uma anedota contada por um enfermeiro que trabalhava numa unidade de cuidados intensivos em Lyon nos anos 2000 é esclarecedora. Ele dizia: *«O momento da morte não é quando o monitor se apaga, mas quando percebes que já não consegues voltar a unir o que se separou*». É uma frase simples, quase artesanal, mas que vai direto ao cerne da questão: a morte como perda irreversível da possibilidade de restabelecer a unidade.

Nesta perspetiva, a morte física surge como um acontecimento totalmente natural e, ao mesmo tempo, radical. É o fim de uma forma informativa única, irrepetível, que existia apenas enquanto conseguia manter unidas as suas relações internas e externas. Todo o resto — as questões sobre o sentido, a continuidade, o eventual «além» — permanece em aberto, mas pertence a outro capítulo da nossa experiência e do nosso pensamento.

Mais do que a soma, menos do que o mito: a coerência como facto científico.

Sempre que, em biologia, se pronuncia a palavra «emergência», há quem torça o nariz. Com demasiada frequência, no passado, foi utilizada como um atalho elegante para mascarar aquilo que não se sabia explicar. Mas a emergência de que falamos aqui — a coerência como propriedade fundamental do ser vivo — não tem nada de nebuloso ou de esotérico. É uma emergência real, no sentido mais concreto e cientificamente respeitável do termo.

Para compreender isto, basta dar um passo atrás, não em direção à metafísica, mas à história recente da ciência. Em 1977, quando Ilya Prigogine recebeu o Prémio Nobel pelos seus estudos sobre estruturas dissipativas, não propôs qualquer magia conceptual. Demonstrou, com dados concretos, que em sistemas abertos, longe do equilíbrio, podem emergir espontaneamente formas de ordem global que não são dedutíveis a partir das interações locais individuais. As células de Bénard — aquelas elegantes estruturas convectivas observáveis numa simples camada de fluido aquecido — não estão «contidas» nas moléculas de água. No entanto, são reais, mensuráveis, reproduzíveis. Hoje em dia, ninguém as definiria como uma ilusão.

A coerência biológica pertence a esta mesma família de fenómenos. Não é uma força adicional, nem uma entidade oculta que atua nos bastidores. É uma propriedade coletiva que surge quando um número enorme de processos físicos e químicos se organiza de forma coordenada ao longo do tempo.

O ponto decisivo é que esta organização não é arbitrária: tem restrições, regularidades, e m limiares críticos. Por outras palavras, é objeto legítimo de investigação científica.

Um exemplo menos conhecido, mas esclarecedor, provém do trabalho de Walter Freeman, neurofisiologista da Universidade de Berkeley, nas décadas de 1970 e 1980. Ao estudar a atividade elétrica do bulbo olfativo de coelhos, Freeman observou que os padrões globais de atividade neuronal não podiam ser previstos através da análise do comportamento de neurónios individuais. A informação não residia nas «partes», mas na configuração coerente do todo. Freeman falava de padrões emergentes, não para evocar um mistério, mas para descrever um facto experimental incontestável: o cérebro funcionava como uma unidade dinâmica, não como uma coleção de componentes independentes.

É aqui que reside o cerne da legitimidade científica da coerência: ela produz efeitos causais observáveis. Um organismo coerente reage ao ambiente de forma unificada, mantém a sua forma, toma decisões biológicas — desde o metabolismo até à reprodução — que não podem ser atribuídas a uma única molécula ou a uma via bioquímica isolada. A coerência faz com que as coisas aconteçam. E aquilo que tem efeitos causais insere-se, por definição, no domínio da ciência.

Não é por acaso que conceitos análogos surgiram em campos distantes da biologia. Em 1985, no Instituto de Santa Fé, físicos, economistas e biólogos começaram a falar seriamente sobre sistemas complexos adaptativos. A ideia subjacente era simples, mas radical: alguns sistemas não podem ser compreendidos desmontando-os, porque as suas propriedades mais importantes nascem das interações. A vida, neste sentido, não é uma exceção embaraçosa, mas um dos casos mais refinados de um princípio geral.

Vale a pena sublinhar: reconhecer a emergência da coerência não significa renunciar à explicação. Significa aceitar que a explicação mude de nível. Como escreveu o biólogo teórico Robert Rosen na década de 1990, *«um sistema vivo é explicável, mas não decomponível sem perda*». Não há nada de anticientífico nisto. Trata-se, se tanto, de uma exigência de maior precisão conceptual.

Uma pequena anedota, contada por uma investigadora italiana que trabalhava em Heidelberg no início dos anos 2000, ilustra bem o clima cultural do laboratório. Durante uma reunião, um jovem doutorando perguntou: *«Mas esta propriedade emergente... onde é que está exatamente?»*. O responsável pelo grupo respondeu, após uma pausa: *«Está onde está a melodia num quarteto de cordas. Não num violino, mas também não fora dos instrumentos»*. A piada fez todos sorrir, mas encerrou a discussão. Todos tinham compreendido.

A coerência, portanto, não é um nome elegante para a ignorância. É o reconhecimento de que a vida funciona a um nível de organização em que a unidade vem antes da lista das partes. Aceitá-lo não significa abandonar o rigor, mas sim alargá-lo. Significa levar a sério o que a experiência biológica sempre demonstrou: que o ser vivo é um todo que age como um todo, e que essa totalidade não é um mistério, mas sim um fenómeno.

A coerência vista pelos modelos matemáticos.

Se a coerência biológica fosse apenas uma sugestão linguística, dificilmente teria atraído a atenção de matemáticos, físicos teóricos e estudiosos de sistemas complexos. Pelo contrário, há pelo menos meio século que é precisamente a matemática — a mais rigorosa e menos inclinada para as metáforas — que fornece um dos apoios mais sólidos à ideia de que a ordem do ser vivo emerge como uma propriedade global, estável e formalmente descrevível.

Um ponto de viragem frequentemente esquecido remonta aos anos 60, no MIT de Cambridge, quando Norbert Wiener e os seus alunos lançaram as bases da cibernética moderna. A ideia de que os sistemas complexos pudessem manter um comportamento coerente graças a circuitos de retroalimentação (*feedback)* não era uma intuição filosófica, mas sim um resultado matemático. As equações diferenciais que descreviam estes sistemas mostravam como o conjunto se podia estabilizar em configurações dinâmicas — atratores — independentemente das flutuações locais. Por outras palavras: a coerência não era imposta pelo exterior, mas gerada pela organização interna.

Na década de 1970, esta linguagem matemática encontrou um lar ideal no trabalho de René Thom, matemático francês e fundador da teoria das catástrofes. Thom não se dedicava diretamente à biologia molecular, mas sim às formas. Mostrou como os sistemas contínuos podiam sofrer mudanças qualitativas repentinas, mesmo seguindo leis determinísticas. A sua famosa conferência de 1972 *no «Institut des Hautes Études* Scientifiques», em Bures-sur-Yvette, suscitou debates durante meses: a ideia de que a forma de um organismo fosse um efeito estável de um campo de restrições matemáticas — e não um simples produto de instruções locais — revelava-se surpreendentemente compatível com o que os embriologistas observavam ao microscópio.

Mais perto de nós, as redes dinâmicas ofereceram um quadro ainda mais convincente. Quando Stuart Kauffman, no final dos anos 80, começou a estudar as *«redes booleanas* aleatórias», procurava uma resposta simples para uma questão enorme: como é que uma célula mantém a sua identidade genética apesar do ruído molecular? Os seus modelos mostraram que, para além de um certo limiar de conexões, as redes tendem espontaneamente para regimes ordenados, mas flexíveis, a que Kauffman chamou «a borda do caos». Não se tratava de uma metáfora poética: era um resultado matemático. A coerência emergia como um estado global do sistema, não como uma propriedade de um único gene.

Uma anedota contada pelo próprio Kauffman durante um seminário em Santa Fé, em 1994, ilustra bem a atmosfera dessas investigações. Depois de ter mostrado uma simulação em que uma rede complexa se estabilizava em poucos atratores robustos, um biólogo presente na sala comentou: *«Parece quase que a rede sabe o que fazer»*. Kauffman sorriu e respondeu: *«Não, parece que o conjunto é que sabe»*. Era uma piada, mas ia direto ao cerne da questão: a matemática estava a fornecer uma linguagem para falar do conhecimento implícito dos sistemas vivos sem recorrer a agentes misteriosos.

Também a teoria dos sistemas dinâmicos não lineares contribuiu de forma decisiva. Os atratores estranhos, estudados por Edward Lorenz já em 1963 no âmbito dos modelos climáticos, demonstraram que a ordem e a imprevisibilidade podem coexistir. Na biologia, isto significa que um organismo pode ser altamente coerente, mantendo-se, ao mesmo tempo, sensível ao contexto. As equações não descrevem uma máquina rígida, mas sim uma dança condicionada: uma coerência dinâmica, não estática.

O que torna estes modelos particularmente relevantes é o facto de a coerência se tornar mensurável, simulável e falsificável. Deixou de ser um conceito evocativo para se tornar uma propriedade matemática: estabilidade estrutural, convergência para atratores, sincronização de redes. Quando, nos primeiros anos da década de 2000, grupos de investigação em Barcelona e em Boston começaram a modelar redes metabólicas reais, descobriram que a perda de coerência global precedia frequentemente o colapso funcional do sistema. A matemática chegava, mais uma vez, antes da interpretação biológica.

Neste sentido, os modelos matemáticos oferecem uma gramática para descrever como a unidade emerge da multiplicidade sem se reduzir a ela. A coerência biológica, longe de ser um conceito vago, surge assim como uma estrutura formal bem definida: um evento coletivo que as equações, surpreendentemente, sabem narrar.

Quando a matemática e a biologia aprendem a compreender-se.

Durante muito tempo, matemáticos e biólogos observaram-se com certa desconfiança, como profissionais de áreas vizinhas mas incompatíveis. Os primeiros falavam de espaços abstratos, variáveis, estabilidade estrutural; os segundos de células, tecidos, desenvolvimento, doenças. Quando se encontravam, muitas vezes não se compreendiam. Não por falta de inteligência ou abertura, mas por uma questão mais profunda: a linguagem.

Um episódio relatado por um biólogo teórico holandês durante um workshop em Leiden, no início dos anos 90, é emblemático. No final de uma apresentação sobre modelos dinâmicos do desenvolvimento embrionário, uma bióloga experimental aproximou-se e disse: *«As suas equações são elegantes, mas onde está o organismo?»*. A pergunta não era polêmica, era sincera. Para ela, o organismo era algo que se podia dissecar, corar e observar ao microscópio. Para o matemático, pelo contrário, o organismo era precisamente aquela estrutura de relações que a equação tentava captar.

Esta diferença semântica impediu durante muito tempo a compreensão da coerência biológica. Na biologia, a palavra «coerência» evocava, no máximo, uma boa integração funcional; na matemática e na física dos sistemas, indicava uma propriedade global rigorosa, definível em termos de estabilidade, correlação e comportamento coletivo. Falar de coerência sem esclarecer o plano do discurso significava, muitas vezes, falar sem se entender.

No entanto, a partir dos anos 2000, algo mudou. Locais como o *Instituto de Santa Fé*, no Novo México, *o EMBL,* em Heidelberg, ou o *Instituto Max Planck de Física de Sistemas Complexos,* em Dresden, tornaram-se espaços de influência mútua entre disciplinas. Aqui, biólogos, matemáticos e físicos começaram a trabalhar não tanto para traduzir os seus próprios conceitos, mas sim para construir um léxico comum. Já não se tratava de «aplicar a matemática à biologia», mas sim de co-construir modelos que surgissem de questões biológicas reais.

Um exemplo frequentemente citado é o trabalho sobre as redes de regulação genética no desenvolvimento. Quando, nos primeiros anos dos anos 2000, grupos interdisciplinares começaram a descrever estes processos como sistemas dinâmicos de alta dimensionalidade, muitos biólogos mostraram-se céticos. Depois surgiram os resultados: os modelos matemáticos conseguiam prever a robustez de certos padrões de desenvolvimento melhor do que as descrições moleculares isoladas. A coerência do organismo não emergia dos genes individuais, mas da estrutura global das interações.

Um matemático italiano recordou, numa entrevista de 2011, como o verdadeiro salto conceptual não se tinha dado diante de um quadro, mas durante um jantar informal em Trastevere, após um congresso em Roma. Contou que, a certa altura, um embriologista disse: *«Talvez quando falam de "atrator" se refiram ao que nós chamamos de "destino celular"»*. Foi uma revelação mútua. As palavras eram diferentes, o objeto era o mesmo.

Este diálogo enriqueceu ambas as áreas. A biologia ganhou instrumentos formais para conceber a unidade do ser vivo sem a reduzir a uma lista de componentes. A matemática, por seu lado, foi obrigada a confrontar-se com sistemas históricos, contingentes e abertos ao ambiente — muito diferentes dos objetos ideais dos manuais. A coerência biológica, neste encontro, deixou de ser um conceito «a meio caminho» entre a poesia e a ciência e tornou-se uma propriedade partilhada, descrevível a partir de vários pontos de vista.

Hoje, quando se fala de organismo como uma estrutura informativa estabilizada, esse diálogo já não é opcional, mas sim uma necessidade epistemológica. A coerência não pertence a uma disciplina: é o fenómeno que obriga as disciplinas a dialogarem entre si. E talvez seja precisamente esta a sua lição mais profunda.

A sombra do vitalismo: como a emergência saiu do âmbito da suspeita científica.

No início do século XX, pronunciar a palavra «emergência» num contexto científico era arriscado. Soava como uma admissão de ignorância ou, pior ainda, como um regresso disfarçado ao vitalismo. Numa época que acabara de assistir ao triunfo da química orgânica e da fisiologia experimental, a ideia de que novas propriedades pudessem «aparecer» ao nível do organismo parecia um atalho conceptual, uma forma elegante de dizer: não sabemos explicar.

A suspeita não era infundada. Muitos dos primeiros defensores do emergentismo — basta pensar no filósofo britânico C. D. Broad, que em 1925 falava de propriedades não dedutíveis nem mesmo em princípio — deixavam em aberto uma zona de sombra. Se uma propriedade não é dedutível, estará então fora da causalidade física? É algo que se acrescenta a partir do exterior? Naqueles mesmos anos, laboratórios como o de Jacques Loeb na *Universidade Rockefeller* de Nova Iorque levavam a cabo um programa oposto: demonstrar que a vida era inteiramente atribuível a forças físico-químicas. Qualquer referência à «totalidade» ou ao «organismo» era vista com desagrado.

Uma anedota relatada nas memórias de um jovem investigador alemão ilustra bem o clima da época. Durante uma discussão em Berlim, em 1931, um colega ousou falar de «propriedades emergentes» do metabolismo celular. O silêncio na sala foi seguido por uma observação mordaz: *«Aqui fazemos ciência, não metafísica»*. A acusação era clara: emergência era sinónimo de mistério.

As principais críticas eram três. Primeiro: o emergentismo parecia violar o princípio da fechamento causal da física. Segundo: carecia de modelos formais, baseando-se em descrições qualitativas. Terceiro: corria o risco de reintroduzir uma finalidade implícita na natureza, algo que a ciência moderna tinha expulso com grande esforço. Nesse contexto, o reducionismo parecia não só mais rigoroso, mas também mais honesto.

O que mudou não é tanto a ideia de emergência, mas sim o terreno científico em que assenta. As objeções do início do século XX pressupunham um mundo regido pela linearidade, por causalidades simples e por sistemas isoláveis. Mas a ciência do pós-guerra — desde a termodinâmica dos sistemas abertos até à teoria dos sistemas complexos — demonstrou que esses pressupostos eram incompletos. Hoje sabemos que novos regimes de comportamento podem surgir sem violar nenhuma lei fundamental, simplesmente quando o número e o entrelaçamento das interações ultrapassam um certo limiar.

A viragem decisiva foi de natureza formal. Quando a emergência se torna modelável — através de dinâmicas não lineares, redes interativas, estabilidade coletiva — perde a sua aura de mistério. A coerência biológica, neste contexto, não é um acontecimento mágico, mas sim uma configuração estável de relações. Não é «algo a mais», mas sim «algo que acontece» quando o sistema está suficientemente organizado.

Até mesmo a velha acusação de finalismo revelou-se menos sólida do que parecia. Hoje, falar de comportamentos orientados ou de manutenção da coerência não implica qualquer fim externo, mas descreve uma restrição interna ao sistema. Um organismo coerente não quer permanecer como tal: simplesmente, se não o fizer, deixa de existir. É uma necessidade estrutural, não um projeto.

Neste sentido, o emergentismo contemporâneo não pede indulgência filosófica, mas atenção científica. As críticas históricas eram fruto de uma época em que faltavam instrumentos conceptuais e matemáticos adequados. Hoje, esses instrumentos existem. E com eles, a ideia de que a vida é uma propriedade emergente coerente já não parece uma rendição da explicação, mas sim o seu alargamento natural.

É isso que a formação reducionista nos impede de reconhecer.

Há um gesto que acompanha quase toda a formação científica: desmontar. Desmonta-se um organismo em órgãos, um órgão em tecidos, um tecido em células, uma célula em moléculas. É um gesto poderoso, que produziu algumas das conquistas mais impressionantes da modernidade. Mas, como todos os gestos repetidos sem reflexão, corre o risco de se transformar num hábito cognitivo. E o hábito, como se sabe, não ajuda a ver o que não se enquadra no esquema.

Muitos cientistas relatam, com um toque de ironia, esse mesmo momento de desorientação. Acontece frequentemente durante os primeiros anos de uma investigaçã : observa-se um fenómeno biológico que «funciona» de forma impecável — um desenvolvimento embrionário robusto, uma cicatrização coordenada, uma resposta imunitária refinada — mas não se consegue explicá-lo somando as etapas moleculares individuais. «*Consigo descrever cada* parte», confidenciou um jovem biólogo celular num seminário em Cambridge, em 2014, *«mas o comportamento global escapa-me*». Não se tratava de uma limitação de competência, mas sim de uma limitação de perspetiva.

A educação científica do século XX, sobretudo nas ciências da vida, foi moldada por uma ideia precisa de explicação: compreender significa reduzir. Esta abordagem tem raízes profundas, que remontam, pelo menos, ao sucesso da mecânica clássica e da química analítica. Não é de admirar que tenha sido adotada como modelo universal. O problema surge quando aquilo que foi um método eficaz se torna o único método concebível.

Um episódio pouco conhecido, mas esclarecedor, diz respeito a uma visita de Ludwig von Bertalanffy a uma universidade americana na década de 1950. Convidado para dar uma palestra sobre a teoria dos sistemas, um estudante perguntou-lhe: *«Em que capítulo do manual de bioquímica é que o sistema se insere?»*. Bertalanffy respondeu com calma: *«Em nenhum. E é precisamente esse o problema»*. Não se tratava de uma provocação filosófica, mas de uma constatação pedagógica: certos conceitos não cabem porque não há espaço para eles na formação padrão.

O reducionismo educativo tende a gerar um paradoxo. Por um lado, fornece instrumentos de análise cada vez mais refinados; por outro, torna suspeita qualquer propriedade que não seja localizável. Se não for possível indicar onde está a coerência — em que molécula, em que gene —, então fica-se tentado a considerá-la uma ilusão descritiva. Mas a emergência não se deixa apontar com o dedo: reconhece-se observando o comportamento do sistema ao longo do tempo.

Esta dificuldade não decorre da ignorância, mas de uma formação que privilegia a análise estática em detrimento da dinâmica, o elemento em detrimento da relação. Reconhecer um fenómeno emergente como a coerência requer uma mudança de postura intelectual: não renunciar à desmontagem, mas acompanhá-la com uma capacidade de recomposição conceptual. Capacidade essa que raramente é ensinada de forma explícita.

Não é por acaso que muitos cientistas «descobriram» a emergência tardiamente, muitas vezes fora da sala de aula. Há quem a encontre ao observar um ecossistema no terreno, como relatava a bióloga marinha Rachel Carson nos seus diários; quem a intui ao trabalhar com modelos computacionais que revelam comportamentos inesperados; quem, mais simplesmente, percebe que o organismo continua a fazer o que faz mesmo quando algumas partes são perturbadas. A coerência manifesta-se, mas é preciso estar disposto a vê-la.

Neste sentido, o problema não é o reducionismo em si, mas a sua exclusividade educativa. Enquanto formarmos cientistas excelentes a desmontar, mas receosos de falar do todo, a emergência continuará a parecer algo vago. Quando, pelo contrário, aprendemos a considerá-la um fenómeno observável, estável e reproduzível — mesmo que não localizável —, então a coerência deixa de ser um conceito suspeito e torna-se o que é: uma propriedade real da vida.

IV. O organismo como sistema não-local.

Há um momento, ao longo do percurso deste livro, em que a crítica ao reducionismo já não se pode limitar a mostrar o que não funciona. Tem de propor uma mudança de perspetiva. O Capítulo IV surge exatamente desta necessidade: apresentar ao leitor uma ideia tão simples quanto desestabilizadora para a biologia clássica, nomeadamente que, nos organismos vivos, o comportamento das partes não pode ser compreendido sem partir do estado do todo.

Depois de ter demonstrado, nos capítulos anteriores, os limites da explicação puramente bioquímica e as dificuldades do darwinismo em dar conta da forma e da organização, aqui dá-se um passo adicional. Já não se trata apenas de afirmar que as moléculas não bastam, mas de reconhecer que a causalidade biológica não é nem linear nem local. Nos organismos, o que acontece num ponto depende de condições que não se limitam a esse ponto. A vida, por outras palavras, funciona como um sistema global antes mesmo de ser um conjunto de componentes.

Esta intuição não surge na biologia, mas encontra surpreendentes semelhanças com a física do século XX. Quando Albert Einstein falava, com certa ironia, de *«spukhafte* Fernwirkung», a famosa *«ação fantasmagórica à* distância», expressava o seu desconforto perante uma não-localidade que parecia violar o senso comum clássico. Hoje, sem forçar analogias inadequadas, muitos biólogos reconhecem que também os sistemas vivos apresentam uma forma de não-localidade funcional: não porque transmitam sinais instantâneos, mas porque a organização global condiciona o comportamento local.

Como escreveu o biólogo teórico Robert Rosen, *«um organismo não é uma máquina porque, numa máquina, as partes explicam o todo, enquanto num organismo é o todo que explica as partes»*. Uma frase que resume na perfeição o objetivo deste capítulo. Não existe, no mundo vivo, uma «molécula-realizadora», um gene soberano ou uma reação química capaz, por si só, de explicar a ordem biológica. A causalidade é distribuída, circular e, muitas vezes, retroativa. Cada nível do organismo existe em função dos outros.

Esta ideia do primado do organismo tem uma longa história subjacente. Kurt Goldstein, neurologista e pensador da primeira metade do século XX, ao observar doentes com lesões cerebrais, reparou que o comportamento residual não era a simples soma das funções que permaneceram intactas. Todo o organismo reorganizava-se, encontrando novos equilíbrios. Escrevia: *«A parte lesada só pode ser compreendida em relação ao organismo na sua totalidade»*. Não se tratava de uma metáfora clínica, mas sim de uma afirmação teórica.

No presente capítulo, esta perspetiva é levada às suas consequências extremas: o organismo não é o resultado final de processos locais, mas a própria condição que torna esses processos possíveis. As células, os tecidos e até mesmo a expressão génica respondem a um estado global de coerência ou incoerência. Como observa o Prémio Nobel Ilya Prigogine, *«a causa e o efeito já não são separáveis no tempo e no espaço»*.

Aplicada à biologia, esta afirmação sugere que a vida não segue uma cadeia causal linear, mas sim uma rede de ligações recíprocas.

Este capítulo tem, portanto, uma função estratégica na estrutura do livro. Serve para preparar o terreno conceptual para a introdução dos campos biológicos, que não podem ser compreendidos se não se aceitar primeiro a ideia de que o organismo é uma unidade primária, não derivada. Falar de campos sem esta etapa preliminar significaria reduzi-los a meras metáforas. Aqui, pelo contrário, esclarece-se por que razão eles são uma necessidade teórica.

Localidade e não-localidade. As diferenças.

Durante séculos, a ciência olhou para a natureza com uma convicção tranquilizadora: para compreender um fenómeno, basta identificar onde ocorre e o que o provoca. É a ideia de localidade, segundo a qual cada efeito tem uma causa identificável num ponto preciso do espaço e do tempo. Esta abordagem funcionou muito bem para a mecânica, para a química e para grande parte da fisiologia clássica. Mas quando se entra verdadeiramente na complexidade dos organismos vivos, começa a revelar fissuras profundas.

Este capítulo do livro situa-se precisamente nesse ponto de atrito. Depois de ter posto em causa a ideia de que a vida se reduz a uma cadeia de reações bioquímicas, aborda-se aqui uma distinção crucial: a que existe entre processos locais e dinâmicas não locais. Não se trata de uma subtileza teórica, mas de uma diferença que altera radicalmente a forma como interpretamos a organização biológica.

Num sistema local, o comportamento de uma parte depende essencialmente do que está ao seu lado. Uma enzima catalisa uma reação porque encontra um substrato; um recetor ativa-se porque uma molécula se liga a ele. Tudo acontece «aqui», e o que ocorre noutro lugar é, em princípio, irrelevante. É o modelo implícito da bioquímica clássica, poderoso e preciso, mas limitado.

A não-localidade biológica, por sua vez, introduz outra lógica. Nos organismos, o que acontece num ponto depende frequentemente do estado de todo o sistema. Não porque existam forças misteriosas à distância, mas porque o ser vivo está organizado como uma unidade coerente, na qual o contexto global condiciona o comportamento local. Um exemplo conhecido pelos especialistas, mas raramente discutido fora dos círculos especializados, diz respeito ao ritmo cardíaco. Denis Noble, fisiologista de Oxford, demonstrou que o batimento cardíaco não é «controlado» por uma única célula marcapasso, mas surge da interação coletiva de milhões de células cardíacas, cada uma sensível ao estado global do tecido. Isolar uma célula significa perder o seu comportamento real.

A diferença entre o local e o não local torna-se ainda mais evidente no desenvolvimento embrionário. Se a localidade fosse o princípio dominante, bastaria conhecer a posição e o destino de cada célula individual para explicar a forma final de um organismo. No entanto, experiências clássicas do século XX demonstraram que embriões separados precocemente podem reorganizar-se e dar origem a estruturas completas, mesmo que «faltem» partes que, segundo uma lógica local, teriam sido indispensáveis. O desenvolvimento responde a um campo de relações globais, não a um mapa ponto a ponto.

Walter Freeman, neurocientista americano, ao falar da atividade cerebral, utilizava uma expressão deliberadamente provocadora: *«O cérebro não processa informações como uma central telefónica, mas como uma tempestade»*. O que ele pretendia dizer era simples e radical: não existe um local preciso onde «nasça» um pensamento ou uma perceção. A atividade neuronal assume configurações globais que dão sentido aos sinais individuais. Mais uma vez, o todo precede as partes.

A localidade procura a causa; a não-localidade procura a condição. Na primeira, pergunta-se «que elemento produz este efeito?». Na segunda, «em que estado deve encontrar-se o sistema para que este efeito seja possível?». É uma diferença subtil, mas decisiva. Claude Bernard, já no século XIX, tinha intuído algo semelhante quando afirmava que «a estabilidade do *milieu intérieur* é a condição da vida livre». Não falava de moléculas específicas, mas de um estado global que torna possível todas as funções locais.

Esta distinção ajuda também a compreender por que razão a ideia de uma «molécula-realizadora» é tão sedutora e, ao mesmo tempo, tão enganadora. Atribuir a um gene, a uma hormona ou a um neurotransmissor o papel de causa última é um reflexo local aplicado a um sistema que não o é.

Do corpo à sociedade: a não-localidade que nos rege.

Há um ponto, na comparação entre biologia e economia, em que o paralelismo deixa de ser uma metáfora elegante e se torna um instrumento de compreensão. É o ponto da não-localidade. Assim como num organismo vivo o comportamento de uma célula depende do estado global do corpo, da mesma forma, nos sistemas económicos e sociais, as ações dos atores individuais são profundamente condicionadas por dinâmicas globais que ninguém controla diretamente. John Maynard Keynes intuiu isso com clareza na década de 1930, ao falar de *«animal spirits»*: decisões individuais aparentemente racionais que, tomadas em conjunto, produzem efeitos coletivos imprevisíveis. Nenhum investidor, considerado individualmente, «decide» uma crise financeira, e, no entanto, uma crise ocorre, como uma febre sistémica. O exemplo do colapso de Wall Street em 1929 — ainda hoje estudado não só por economistas, mas também por teóricos de sistemas complexos — mostra uma dinâmica surpreendentemente semelhante a certos fenómenos biológicos: pequenos sinais locais tornam-se relevantes apenas porque o sistema, no seu conjunto, perdeu a coerência. Karl Polanyi, ao observar a Europa entre as duas guerras, falava de uma «desintegração do tecido social» antes mesmo da desintegração económica. Também aqui, tal como nos seres vivos, não é a parte isolada que explica o colapso, mas sim o estado global do campo de relações. Mais perto de nós, o sociólogo Mark Granovetter demonstrou como os comportamentos individuais — por exemplo, aderir a um protesto ou a uma moda — dependem de limiares coletivos invisíveis: o que parece ser uma escolha pessoal é, na realidade, um acontecimento não-local, possibilitado pela configuração global da rede social. Tanto na biologia como nas ciências sociais, a não-localidade não elimina o indivíduo, mas insere-o num contexto que o precede e o torna compreensível. O todo, mais uma vez, vem antes das partes.

Quando o futuro determina o presente.

Se a não-localidade põe em causa a ideia de que cada causa se situa num ponto preciso do espaço, o tempo dá um passo além: mostra que, nos sistemas vivos, a causa nem sequer se situa num instante isolável. Um organismo nunca vive apenas no presente. Cada uma das suas respostas está impregnada de passado e orientada para um futuro possível. O sistema imunitário, por exemplo, reage com base numa memória: uma infeção ocorrida anos antes altera hoje a qualidade da resposta celular. Em 1973, durante um congresso em Cold Spring Harbor, Niels Jerne descreveu o sistema imunitário como uma rede que «se lembra» e se antecipa, mais semelhante a uma conversa do que a uma cadeia de reações. Aqui, o tempo não flui em linha reta: circula, retrocede, regressa. A mesma lógica aplica-se a todo o corpo. Um atleta lesionado contava que a dor no joelho reaparecia antes mesmo do esforço, apenas com a perspetiva da competição. A expectativa futura já tinha alterado o presente fisiológico. Fenómenos análogos são também bem conhecidos nas sociedades. As crises económicas começam frequentemente antes de os números o justificarem: basta que se espalhe a ideia de um futuro incerto para que o comportamento coletivo mude hoje. Em 1992, na véspera da crise da lira, alguns observadores notaram que os mercados reagiam mais aos rumores do que aos dados e a m oficiais. Tal como num organismo sob stress, a antecipação do perigo reorganiza o sistema no seu conjunto. O sociólogo Robert K. Merton falava de «profecia auto-realizável»: expectativas futuras que se tornam causas presentes. Em ambos os casos, biológico e social, o tempo atua de forma não local: o passado não é realmente passado, o futuro ainda não aconteceu, e, no entanto, ambos participam ativamente na configuração do aqui e agora. A não-localidade temporal é talvez a forma mais subtil do primado do todo: o sistema não responde ao que acontece, mas ao que isso significa no fluxo da sua história.

Quando até as máquinas se tornam não-locais.

Nas últimas décadas, ao observar o funcionamento das grandes redes informáticas, muitos engenheiros tiveram uma sensação familiar aos biólogos: nenhum centro de comando, mas um comportamento global surpreendentemente coerente. A Internet, desde a sua arquitetura original concebida na década de 1960 por Paul Baran e Donald Davies entre *a RAND Corporation* e *o National Physical Laboratory* de Teddington, foi concebida para funcionar mesmo que partes relevantes deixem de existir. Os pacotes de dados encontram caminhos alternativos, o tráfego reorganiza-se, a rede «resiste». Neste sentido, a não-localidade das redes informáticas assemelha-se à dos organismos: o que acontece num nó depende do estado global do sistema. No entanto, a semelhança fica por aqui. Um organismo vivo não se limita a manter a funcionalidade: interpreta o que acontece. Quando, em 2012, um apagão afetou um grande centro de dados no norte da Virgínia, os sistemas de redundância entraram em funcionamento de acordo com protocolos predefinidos. Tudo funcionou, mas nenhuma rede «compreendeu» o significado do evento. Num organismo, pelo contrário, uma perturbação nunca é apenas técnica: é significativa. O biólogo canadiano Brian Goodwin observava que as máquinas complexas podem simular a organização, mas não a formação de significado. As redes artificiais são não-locais no espaço, mas permanecem locais no sentido: operam com base em regras externas, não numa coerência vivida. Mesmo as arquiteturas mais avançadas de inteligência artificial, como as desenvolvidas nos laboratórios da *DeepMind* em Londres, demonstram adaptabilidade e aprendizagem, mas sempre dentro de um campo de objetivos atribuídos pelo exterior. O organismo, por outro lado, é simultaneamente rede, regra e finalidade: o seu «campo» não é programado, é continuamente regenerado. A comparação com os sistemas artificiais é, portanto, valiosa não para reduzir a vida a uma máquina sofisticada, mas para esclarecer o que ainda falta nas máquinas: a primazia do todo como condição interna, não como projeto imposto.

Quando o todo incomodava as partes.

Para compreender por que razão hoje em dia falar do organismo como um sistema não-local ainda parece, por vezes, ir contra a corrente, é necessário regressar ao clima intelectual da segunda metade do século XX. Entre os anos 50 e 70, a biologia viveu uma época de sucessos espetaculares: a descoberta da estrutura do ADN em 1953, a decifração do código genético, a ascensão da biologia molecular como linguagem unificadora. Nesse contexto, a ideia de que o todo pudesse vir antes das partes parecia não só supérflua, mas suspeita. Francis Crick, numa conferência em Cambridge em 1966, afirmou sem rodeios que o objetivo último da biologia era explicar a vida «em termos de física e química». Não era arrogância, mas confiança num paradigma vencedor. Quem propunha visões holísticas, como o biólogo austríaco Ludwig von Bertalanffy com a sua *«Teoria Geral dos* Sistemas», era frequentemente relegado para a margem: interessante do ponto de vista filosófico, dizia-se, mas pouco aplicável em laboratório. Na mesma época, em Chicago, o neuroembriologista Paul Weiss falava de campos morfogenéticos e de « » de coordenação global no desenvolvimento, mas as suas ideias tinham dificuldade em encontrar espaço nas revistas mais influentes. Uma anedota recorrente nos corredores universitários conta a história de um jovem investigador europeu que, na década de 1970, ouviu o conselho de «retirar qualquer referência ao organismo» de um artigo se quisesse vê-lo publicado. O clima era tal que o holismo era confundido com imprecisão teórica, quando não com derivações vitalistas.

Só mais tarde, com as crises internas ao próprio reducionismo — a incapacidade de prever o comportamento de redes genéticas complexas ou de explicar a robustez dos organismos — é que a perspetiva começou lentamente a mudar.

Figuras como Ilya Prigogine demonstraram que a ordem e a coerência podiam emergir sem um diretor central. Mas levou tempo até que estas ideias se infiltrassem na biologia dos seres vivos. A resistência académica não foi apenas científica: foi cultural, institucional, ligada a carreiras, financiamentos e linguagens partilhadas. Compreender esta história significa perceber por que razão a biologia dos campos não surge como uma moda recente, mas sim como o regresso, finalmente maduro, de questões há muito postas de lado.

Não-localidade biológica.

Uma das ideias mais desestabilizadoras da biologia contemporânea é também uma das mais simples de enunciar: nos organismos vivos, ninguém comanda realmente. Não existe uma sala de controlo, um diretor-geral, uma cabina de comando onde se decidam os movimentos das células, dos tecidos, dos órgãos. No entanto, o resultado está diante dos nossos olhos: uma coordenação precisa, adaptativa e, muitas vezes, elegante. Este paradoxo — ordem sem ordens — está no cerne da não-localidade biológica.

Um exemplo fascinante vem do mundo dos insetos sociais. Em 1991, o biólogo suíço Laurent Keller observava as colónias de formigas *Leptothorax* nas florestas do Jura. Quando o ninho era perturbado, nenhuma formiga «decidia» para onde se mudar. No entanto, no espaço de poucas horas, a colónia convergia para um novo local, muitas vezes o melhor disponível. A escolha resultava de uma miríade de microinterações locais, mas o comportamento final era global. Keller contou isto anos mais tarde com uma piada que se tornou famosa nos seminários: «*A colónia é mais inteligente do que qualquer formiga, mas não é um cérebro*».

Nos organismos multicelulares, ocorre algo semelhante, embora menos visível. Durante a cicatrização de uma ferida, por exemplo, as células não aguardam instruções vindas de cima. Estudos realizados em Cambridge no início dos anos 2000 demonstraram que a frente de cicatrização se organiza como uma migração coletiva: cada célula «sente» as outras, responde a gradientes mecânicos e químicos que não pertencem a um ponto preciso, mas ao estado global do tecido. A coordenação não é imposta, é partilhada.

Esta ideia põe em causa um hábito mental profundamente enraizado: pensar que a cada função deve corresponder um centro. No corpo humano, somos tentados a atribuir esse papel ao cérebro. Mas já na década de 1980, o fisiologista francês Alain Berthoz recordava que o sistema nervoso não governa como um general, mas sim como um diplomata: negocia, integra e harmoniza sinais que surgem em todo o lado. O coração, o intestino e o sistema imunitário produzem ritmos e decisões locais que influenciam o todo. O resultado é uma espécie de democracia biológica, instável mas eficaz.

A não-localidade biológica não deve ser confundida com a ausência de estrutura. Pelo contrário, trata-se de uma estrutura difusa, onde a informação circula sem um destino privilegiado. Como escreveu o filósofo da ciência Georges Canguilhem, *«a vida é aquilo que é capaz de* norma», não aquilo que obedece a uma norma externa. A coordenação sem centro é a forma concreta desta autonomia: o organismo não executa um plano, mas produz-o continuamente.

Para o leitor contemporâneo, habituado a organizações piramidais e a algoritmos de decisão, esta ideia tem algo de provocador. Mas talvez seja precisamente aqui que resida a lição mais atual da biologia dos campos: a coerência não nasce do controlo total, mas sim da qualidade das relações. E a vida, deste ponto de vista, continua a ser o sistema mais avançado que conhecemos.

Tensões vitais: a linguagem silenciosa dos tecidos.

Há um aspeto da vida que, durante muito tempo, permaneceu fora do radar da biologia molecular: o facto de os corpos sentirem as forças. Não num sentido metafórico, mas físico. As tensões, compressões, alongamentos e elasticidade dos tecidos constituem uma verdadeira linguagem não-local, capaz de coordenar o organismo sem necessidade de mensageiros químicos pontuais ou de centros de decisão e es. É uma comunicação que viaja na própria forma do corpo.

Nos anos 90, nos laboratórios da Harvard Medical School, o médico e bioengenheiro Donald Ingber começou a falar de *«tensegridade biológica»*: uma estrutura em que elementos rígidos e flexíveis se sustentam mutuamente através de uma rede contínua de tensões. A ideia, inspirada nas esculturas de Buckminster Fuller, encontrou inicialmente mais eco entre os arquitetos do que entre os biólogos. No entanto, as experiências eram eloquentes: ao alterar a tensão mecânica numa única célula, Ingber observava alterações coordenadas na expressão génica e no comportamento de todo o tecido. Não se tratava de um sinal local, mas sim de uma resposta global, distribuída pela estrutura.

Um exemplo fascinante vem da embriologia. Já na década de 1980, nos laboratórios da Universidade de Berkeley, Gerald Oster e os seus colegas demonstraram que, durante o desenvolvimento embrionário, muitas formas surgem não porque são «programadas» molecularmente, mas porque estão sujeitas a campos de tensão mecânica. As células alinham-se, migram ou diferenciam-se seguindo linhas de força que atravessam todo o embrião. Tal como numa cúpula gótica, onde cada pedra «sabe» onde se deve colocar, não porque receba uma ordem, mas porque responde às tensões do conjunto.

Um cirurgião ortopédico de Lyon contava que, durante algumas reconstruções ósseas, o melhor resultado não dependia tanto da precisão milimétrica do implante, mas sim do restabelecimento das linhas de carga corretas. *«Se as forças voltarem a fluir, o osso faz o resto.»* Trata-se de uma constatação empírica que a biologia dos campos interpreta hoje de forma mais ampla: a forma informa, e fá-lo em todo o lado simultaneamente.

Esta intuição não é totalmente nova. Em 1917, o zoólogo escocês D'Arcy Wentworth Thompson escreveu em *On

Growth and Form* que *«a forma de um organismo é um diagrama das forças que sobre ele atuaram»*. Na época, parecia uma reflexão elegante, mas marginal. Hoje, parece quase profética. As forças mecânicas não são meros efeitos colaterais da bioquímica: são vetores de informação que atravessam o corpo como um campo contínuo, tornando possível uma coordenação sem centro.

Neste sentido, os sinais mecânicos encarnam na perfeição a não-localidade biológica. Não partem de um ponto, não chegam a um alvo isolado. Alteram o estado global do sistema, e cada parte responde enquanto parte desse todo. É uma biologia que escuta o corpo na sua totalidade, antes mesmo de decifrar as suas moléculas.

O pensamento verde: como as plantas se coordenam sem cérebro.

Durante séculos, as plantas foram consideradas o pano de fundo imóvel da vida: seres passivos, desprovidos de comportamento e, certamente, desprovidos de mente. Uma visão que diz muito mais sobre os nossos preconceitos do que sobre a biologia vegetal. E que começou a rachar seriamente no início do século XXI, quando em Florença — não num laboratório de alta tecnologia do Vale do Silício, mas numa cidade rica em arte e história — algumas experiências demonstraram o quão sofisticada é a coordenação das plantas, mesmo na ausência total de um sistema nervoso.

Em 2005, na Universidade de Florença, Stefano Mancuso e o seu grupo começaram a estudar o ápice radicular como um centro sensorial e decisório difuso. Charles Darwin, num texto pouco citado de 1880 (*The Power of Movement in Plants*), já tinha intuído algo semelhante, comparando a ponta da raiz ao cérebro de um animal inferior. Durante mais de um século, porém, essa observação permaneceu à margem. Mancuso levou-a a sério, mas sem metáforas: medindo sinais elétricos, gradientes químicos e variações de crescimento em resposta a estímulos ambientais complexos.

O resultado é surpreendente: uma planta coordena o seu próprio comportamento como um sistema não-local, onde nenhum órgão decide por todos e onde a informação circula por todo o organismo. Se uma raiz encontra um obstáculo, toda a arquitetura radicular reorganiza-se. Se uma folha for atacada, outras partes da planta ativam respostas defensivas antes mesmo de serem tocadas. Não se trata de um reflexo mecânico: é uma resposta global e coerente, que envolve o organismo na sua totalidade.

Uma anedota contada por uma investigadora do LINV — o «*Laboratório Internacional de Neurobiologia* Vegetal», fundado em Florença em 2007 — ilustra bem esta ideia. Durante uma experiência de competição entre plantas por recursos limitados, uma planta alterou o seu padrão de crescimento radicular, antecipando os movimentos de uma planta vizinha. Não reagia, parecia prever. Não se tratava, obviamente, de uma previsão consciente, mas sim de uma capacidade de integrar informações distribuídas no campo biológico do organismo.

Aqui, a não-localidade biológica torna-se evidente: a planta não responde ponto a ponto, mas estado a estado. Cada variação ambiental é traduzida numa alteração do campo informativo global, que orienta o crescimento, a floração e a defesa. É uma coordenação lenta em comparação com os nossos tempos neurais, mas não menos refinada. Pelo contrário, talvez mais robusta, porque não depende de um centro vulnerável.

Não é por acaso que Mancuso gosta de recordar que as plantas representam mais de 99% da biomassa do planeta e sobreviveram, sem serem afetadas, a extinções em massa que varreram organismos «mais evoluídos». A sua força não reside na velocidade, mas na distribuição da inteligência. Uma lição biológica que ressoa também para além dos limites da ciência: em 2018, durante uma conferência em Paris, um urbanista citou precisamente os modelos vegetais para repensar cidades menos centralizadas e mais resilientes.

No âmbito da biologia dos campos, as plantas tornam-se assim um caso exemplar: organismos que demonstram como a vida pode ser profundamente coordenada sem cérebro, sem centro, sem comando. Não por falta, mas por escolha evolutiva. E talvez seja precisamente isso que as torna, hoje em dia, tão atuais.

Cegueira verde: porque é que o Ocidente demorou a compreender as plantas.

Durante grande parte da história ocidental, as plantas foram vítimas de uma espécie de preconceito ontológico. Viviam, claro, mas numa zona cinzenta da hierarquia do ser: abaixo dos animais, distantes do ser humano, demasiado silenciosas para serem interessantes. Aristóteles já as situava no degrau mais baixo da alma, a «vegetativa», desprovida de sensação e desejo. Uma classificação que, como muitas vezes acontece, se tornou destino cultural.

Enquanto a ciência moderna se desenvolvia em busca do movimento, da velocidade, do comportamento visível — tudo o que pudesse ser medido, dissecado, isolado —, o mundo vegetal permanecia em segundo plano. Galileu observava os céus, Vesálio dissecava corpos de animais, Harvey seguia o fluxo do sangue. As plantas, na melhor das hipóteses, eram catalogadas. Linneo, no século XVIII, construiu um sistema de classificação impecável, mas a sua botânica era sobretudo nomenclatura, não compreensão dos processos.

Este atraso não era apenas científico, mas profundamente cultural. O Ocidente concebeu durante muito tempo o conhecimento como algo que nasce de um centro — o cérebro, o sujeito, a mente — e se irradia para o exterior. Neste esquema, um organismo sem sistema nervoso não podia deixar de parecer simples, reativo, quase mecânico. Uma visão coerente com o reducionismo cartesiano, mas pouco adequada para captar formas de organização distribuída e não-local.

Noutros lugares, o olhar era diferente. No Japão, já no período Edo (séculos XVII–XIX), a relação com o mundo vegetal não passava pela ideia de domínio ou de classificação, mas pela de ressonância. A arte do ikebana, codificada séculos antes, não consiste em «dispor flores», mas em tornar visíveis as linhas de força entre o caule, o espaço e o vazio. Nos jardins zen de Quioto — pense-se no Ryōan-ji, concluído no final do século XV — a natureza não é decoração, mas um sistema de relações: cada elemento só faz sentido no campo que o engloba.

Um antropólogo britânico contava, após uma longa estadia entre os povos amazónicos, que tinha ficado impressionado com a forma como algumas comunidades falavam das plantas medicinais: não como recursos, mas como entidades com as quais se mantém uma relação. Não se tratava de romantismo nem de animismo ingénuo, mas de um conhecimento prático refinado, baseado em séculos de observação de comportamentos vegetais complexos: tempos de resposta, interações invisíveis, adaptações lentas mas coerentes.

O Ocidente, por outro lado, demorou muito mais tempo a aceitar que a complexidade não coincide com a rapidez nem com a presença de um centro de controlo. Só na segunda metade do século XX, com a crise dos modelos lineares e o surgimento das ciências dos sistemas complexos, se tornou possível reconsiderar seriamente organismos que funcionam «por campo», onde o todo precede e condiciona as partes.

Não é por acaso que esta reavaliação ocorreu em paralelo com uma reflexão cultural mais ampla: a ecologia, a antropologia crítica e até certas correntes da estética contemporânea começaram a pôr em causa a ideia de um sujeito isolado que observa um objeto inerte. As plantas, deste ponto de vista, tornaram-se um campo de testes conceptual. Aceitar a sua complexidade significa aceitar que a vida pode ser organizada sem um centro, que a inteligência pode ser distribuída, que a causalidade pode ser não-local.

Talvez o verdadeiro atraso ocidental não tenha sido científico, mas sim imaginativo. Tivemos dificuldade em reconhecer aquilo que não se assemelhava a nós. E as plantas, precisamente por serem tão radicalmente «outras», exigiam-nos uma mudança de paradigma que só agora estamos a começar a enfrentar.

Se as plantas «sabem»: uma nova ecologia das relações.

Reconhecer nas plantas uma forma de inteligência distribuída não é apenas um ato científico. É um gesto cultural que desloca o eixo da nossa relação com o ambiente. Enquanto concebemos o mundo vegetal como um conjunto de objetos inertes — recursos a extrair, superfícies a ocupar, biomassa a otimizar —, a ecologia permaneceu, na melhor das hipóteses, uma gestão mais prudente da exploração. Mas se aceitarmos que as plantas são organismos capazes de integrar informações, coordenar-se e responder de forma coerente como sistemas não locais, então a questão muda: já não é «quanto podemos retirar?», mas sim «com quem estamos a interagir?».

Esta mudança já se faz sentir no terreno. Em 1997, durante um projeto de reflorestação nas proximidades de Vancouver, alguns ecologistas observaram que as plantações realizadas respeitando a diversidade vegetal local demonstravam uma resiliência claramente superior em comparação com as monoculturas. Não se tratava apenas de uma questão de solo ou de clima. Era o comportamento do conjunto que mudava: uma resposta coletiva aos stresses ambientais. Na altura, falava-se de «efeitos emergentes». Hoje diríamos: dinâmicas de campo.

A ideia de que um ecossistema não é a soma das suas espécies, mas sim uma estrutura informativa estabilizada, tem consequências práticas. Na agricultura, por exemplo, está a alterar a forma como se concebe o cuidado das culturas. Em algumas explorações biodinâmicas do Vale do Loire, optou-se por reduzir drasticamente as intervenções químicas, não por ideologia, mas por observação: os campos menos «controlados» demonstravam uma capacidade de autorregulação surpreendente. Não porque as plantas sejam benevolentes, mas porque um sistema coerente reage melhor do que um fragmentado.

No plano ecológico, reconhecer a inteligência distribuída das plantas significa também rever o conceito de dano ambiental. Desmatar uma floresta não equivale simplesmente a remover árvores; significa interromper uma rede de relações sensíveis que se estabilizou ao longo do tempo. Em 2019, durante os incêndios que devastaram vastas áreas da Austrália, alguns « » e botânicos locais sublinharam que a perda não era apenas quantitativa, mas qualitativa: certos ecossistemas, uma vez fragmentados, não «recuperam», porque o seu campo de coerência é quebrado.

Esta consciência está também a infiltrar-se no direito. Em 2008, o Equador inseriu na sua Constituição o reconhecimento dos direitos da Natureza. Um ato frequentemente considerado meramente simbólico, mas que nasce de uma visão — partilhada por muitos povos indígenas andinos — em que o mundo vivo é um conjunto de sujeitos interdependentes, e não uma coleção de objetos. Não se trata de atribuir intenções humanas às plantas, mas de reconhecer que agir sobre um organismo ou um ecossistema significa intervir num campo de relações.

Até mesmo a linguagem ecológica muda. Palavras como «gestão», «controlo» e «exploração sustentável» começam a revelar as suas limitações. Se as plantas são sistemas informativos complexos, então o ambiente não é um cenário passivo, mas sim um interlocutor. Aldo Leopold já o tinha intuito, quando, em 1949, falava da «ética da terra»: um convite a considerar o solo, as águas e as plantas como membros de uma comunidade biótica. Hoje, essa intuição encontra uma base biológica mais sólida.

Nesta perspetiva, a ecologia já não é apenas uma ciência da conservação, mas uma ciência da coexistência. Reconhecer a inteligência distribuída das plantas obriga-nos a pensar em termos de sistemas, de prazos longos e de causalidades difusas.

O mito do comando: o que as organizações humanas não compreendem sobre a vida.

Sempre que, numa comunidade humana, se tenta funcionar sem uma cadeia de comando bem definida, surge uma desconfiança quase instintiva. «Quem decide?», «Quem é o responsável?», «Quem mantém tudo unido?». Perguntas legítimas, sem dúvida, mas também reveladoras. Porque a biologia mostra-nos há muito que sistemas altamente complexos podem coordenar-se sem um centro de comando, enquanto a nossa imaginação social continua a ter dificuldade em aceitá-lo.

A comparação com organismos não-locais não serve para construir analogias ingênuas — uma cooperativa não é um organismo, uma célula não é uma assembleia —, mas para destacar um limite cultural profundo: a nossa dificuldade em conceber a coordenação como uma propriedade do sistema e não como uma função de uma instância superior.

No mundo humano, as tentativas de organização não hierárquica têm sido frequentemente vistas como experiências frágeis, destinadas ao caos ou à ineficiência. No entanto, alguns casos resistem ao passar do tempo. O grupo cooperativo Mondragon, fundado no País Basco em 1956, envolve hoje dezenas de milhares de trabalhadores num sistema em que a propriedade e muitas decisões são distribuídas. Não é uma utopia sem conflitos, mas um exemplo concreto de como a coerência pode emergir de regras partilhadas e feedback contínuo, mais do que de ordens impostas de cima.

Um caso ainda diferente é o dos projetos de código aberto. Em 2001, durante um encontro em San Diego, um programador contava como o software em que trabalhava melhorava precisamente porque ninguém controlava tudo. O Linux, frequentemente citado de forma inadequada como um modelo anárquico, funciona, na realidade, graças a uma causalidade distribuída: contribuições locais, avaliações cruzadas, reputações que vão surgindo ao longo do tempo. Não existe uma «molécula diretora», mas sim uma estrutura que mantém a coerência apesar de estar em constante mudança.

O que impressiona, ao observar estes modelos, é o quanto são culturalmente exigentes. As assembleias do movimento *Occupy Wall Street*, em Nova Iorque, em 2011, foram um exemplo emblemático disso. A ausência de líderes visíveis não era uma incapacidade organizacional, mas uma escolha deliberada. No entanto, muitos observadores — jornalistas, políticos, académicos — interpretaram essa falta de um centro como um sinal de imaturidade d . Como se, sem um líder, não pudesse existir uma forma.

A biologia dos campos sugere uma interpretação diferente. Nos sistemas vivos não locais, a coordenação não ocorre porque alguém «sabe mais», mas porque o estado global do sistema vincula e orienta as partes. Transposto para o plano humano, isto implica que as normas, os contextos, os valores partilhados e os fluxos de informação contam mais do que as figuras de comando. Uma lição que a economista Elinor Ostrom já tinha compreendido ao estudar, entre os anos 70 e 90, comunidades capazes de gerir recursos comuns sem autoridades centrais, desde a irrigação no Nepal até às florestas do Japão.

O ponto crítico não é determinar se estes modelos são sempre preferíveis, mas reconhecer que a nossa ideia de coordenação é historicamente limitada. Interiorizámos a ideia de que a ordem deve ser imposta, e não emergir; que a coerência requer um centro, e não um campo de relações. Por isso, os modelos não hierárquicos parecem-nos instáveis, enquanto os modelos biológicos — que funcionam segundo lógicas semelhantes — nos parecem «naturais».

Talvez o verdadeiro confronto com a não-localidade biológica não diga respeito à eficiência, mas à imaginação. Aceitar que o todo possa vir antes das partes, mesmo nas organizações humanas, significa renunciar a uma certa ideia de controlo. E isto, mais do que uma dificuldade técnica, é um limiar cultural que ainda não ultrapassámos plenamente.

Quando tudo influencia tudo: o fim da molécula soberana.

Cada época científica tem o seu fetiche. Para a biologia do século XX, foi durante muito tempo a ideia da molécula decisiva: o gene-chave, a hormona-mestre, o recetor que «explica tudo». Uma figura tranquilizadora, quase narrativa. Se há um realizador, o filme torna-se compreensível. Mas a vida, bem vista, não gosta de guiões lineares.

A ideia de que nos organismos existe uma causa central, uma espécie de marionetista molecular, nasce mais de uma necessidade cultural do que de uma evidência empírica. É o reflexo de uma mentalidade que prefere explicações verticais: algo comanda, outra coisa obedece. No entanto, quanto mais a biologia aperfeiçoou as suas ferramentas, mais esta imagem se foi desmoronando.

Na década de 1980, ao estudarem a regulação genética nas leveduras, alguns investigadores do laboratório EMBL de Heidelberg repararam num facto incómodo: os mesmos genes podiam produzir efeitos opostos, dependendo do estado global da célula. Não havia um «gene líder» que decidisse o destino. Era o contexto global que dava sentido à ação local. A causalidade, em vez de descer de cima, distribuía-se lateralmente.

Um exemplo emblemático vem da embriologia contemporânea. Em 2006, no *Karolinska Institutet*, em Estocolmo, um grupo de investigação observou que células embrionárias idênticas, colocadas em ambientes ligeiramente diferentes, tomavam rumos de desenvolvimento divergentes, apesar de terem o mesmo património genético. Não era a sequência do ADN que tinha mudado, mas sim a rede de relações em que essas células estavam imersas. Como escreveu o biólogo e a suíço Denis Duboule numa conferência em Genebra: *«O genoma não é uma partitura que toca sozinha; é um sistema que responde ao estado da orquestra»*.

Esta imagem capta um ponto essencial: nos organismos vivos, as causas não são isoladas, mas interdependentes. Uma enzima funciona porque o pH, a temperatura, a estrutura celular e o estado metabólico global o tornam possível. Se o contexto muda, a função muda. Procurar a «molécula-diretor» equivale a confundir um nó da rede com a rede na sua totalidade.

O neurocientista Karl Friston, ao falar em Londres, em 2012, sobre o cérebro como sistema preditivo, observou que «as causas nos seres vivos não são eventos pontuais, mas sim restrições distribuídas». Uma frase cujo significado vai muito além das neurociências. A vida não funciona por ordens, mas por condições.

Curiosamente, esta ideia não é totalmente nova. Já em 1934, o fisiologista americano Walter Cannon, ao estudar a homeostase em Harvard, insistia no facto de que o equilíbrio do organismo não dependia de um único centro de controlo, mas de uma pluralidade de mecanismos que interagem entre si. O termo «feedback», hoje em dia usado em excesso, surgiu precisamente para descrever esta causalidade circular, em que o efeito modifica a causa.

Mais tarde, na década de 1970, o bioquímico italiano Enrico Bucci costumava dizer aos seus alunos que *«a célula não lê instruções, interpreta sinais»*. Um verbo revelador. Interpretar implica um contexto, não um comando. Também a medicina clínica oferece exemplos eloquentes. Alguns medicamentos apresentam efeitos diferentes, por vezes opostos, dependendo do estado geral do doente. Não se trata apenas de uma questão de dosagem, mas de organização sistémica. O princípio ativo não «decide» nada por si só. Atua dentro de um campo biológico que modula o seu significado.

Se a molécula-diretor não existe, por que continuamos a procurá-la? Porque simplifica. Reduz a incerteza, promete controlo. Mas o preço é elevado: perdemos de vista o que realmente mantém um organismo vivo, ou seja, a coerência dinâmica do todo. A filósofa da ciência Isabelle Stengers, num diálogo público em Bruxelas em 2015, observou que *«a ciência moderna tem frequentemente confundido explicar com dominar»*. A causalidade distribuída, pelo contrário, exige outra atitude: compreender sem reduzir, intervir sem pretender comandar.

Aceitar que não existe uma molécula soberana não significa renunciar à precisão, mas mudar de perspetiva. Significa passar da busca da causa única para a leitura das configurações. E é precisamente esta viragem que prepara o terreno para os capítulos seguintes do livro, onde o conceito de campo biológico se tornará inevitável.

Não nascemos em pedaços: porque, na biologia, o todo vem realmente em primeiro lugar.

Existe um equívoco persistente que atravessa a biologia moderna como uma corrente subterrânea: a ideia de que, para compreender um organismo, basta desmontá-lo. Célula após célula, molécula após molécula, gene após gene. Uma operação que produziu resultados extraordinários, sem dúvida, mas que deixa em aberto uma questão embaraçosa: quando é que, exatamente, essas partes se tornam um organismo?

A primazia do organismo não é um slogan filosófico, mas uma constatação empírica cada vez mais difícil de ignorar. Nos seres vivos, as partes não pré-existem em relação ao todo como tijolos prontos a usar. Pelo contrário, é o organismo — entendido como uma unidade dinâmica, histórica e coerente — que torna as suas partes possíveis e funcionais. Sem o todo, as partes não «significam» nada.

Nos anos 50, o neurologista e psiquiatra Kurt Goldstein, ao trabalhar com soldados com lesões cerebrais nos hospitais de Frankfurt e, posteriormente, de Nova Iorque, observou um facto surpreendente: uma lesão localizada nunca produzia um défice puramente local. Era todo o comportamento do doente que se reorganizava. Goldstein chegou a uma conclusão, na altura, incómoda: o organismo reage sempre como um todo. Não corrige uma parte danificada, mas redefine a sua própria norma vital.

Um exemplo fascinante vem da biologia celular contemporânea. As células estaminais, estudadas intensamente desde os anos 90 em laboratórios como o de Cambridge ou o do

Instituto Weizmann, não possuem um destino intrínseco. Tornam-se neurónios, hepatócitos ou células e s musculares não porque «portam no seu interior» uma vocação, mas porque o organismo — ou o tecido — as coloca num campo de relações que orienta a sua identidade. A mesma célula, retirada do seu contexto, perde rapidamente essa competência. Isto já tinha sido observado na década de 1970 por Mina Bissell, em Berkeley: as células mamárias cultivadas in vitro deixavam de se comportar como tal. O ADN não tinha mudado. O que tinha desaparecido era o organismo como condição de sentido. Aqui, a primazia do todo torna-se evidente: as partes não são entidades absolutas, mas funções situadas. A sua «natureza» depende do papel que desempenham no conjunto.

Também o sistema imunitário, frequentemente descrito como um exército de células especializadas, oferece uma lição valiosa. Niels Jerne, imunologista dinamarquês e Prémio Nobel em 1984, propôs a ideia de uma rede imunitária: anticorpos que reconhecem outros anticorpos, num jogo de equilíbrios recíprocos. Não existe um centro de controlo que decida o que é «eu» e o que é «não-eu». É o organismo, ao longo da sua história, que estabelece continuamente essa distinção. Uma anedota contada por um dos seus colaboradores em Basileia recorda como Jerne gostava de dizer: *«O sistema imunitário não defende o corpo; é o corpo que, ao viver, dá forma ao seu sistema imunitário»*. Mais uma vez, o todo precede e fundamenta as partes.

Esta inversão tem implicações profundas também no conceito de forma. O biólogo e matemático D'Arcy Wentworth Thompson, já em 1917, na sua *obra «On Growth and* Form», sugeria que a forma não é o resultado de instruções pontuais, mas de restrições globais. Hoje sabemos que essas intuições eram surpreendentemente visionárias.

Um organismo não é um projeto montado, mas um processo que se mantém. As partes emergem, persistem ou desaparecem em função da estabilidade do todo. É por isso que, como observava Georges Canguilhem nas suas aulas na Sorbonne nos anos 60, a normalidade biológica não é uma média estatística, mas uma capacidade de estabelecer normas. Capacidade essa que pertence apenas ao organismo no seu conjunto.

Aceitar o primado do organismo significa também mudar a forma como intervimos na vida. Na medicina, na ecologia, até mesmo nas biotecnologias. Não se trata de renunciar à análise, mas de reconhecer que a unidade de sentido do ser vivo não é a parte, mas sim a relação organizada entre as partes.

É uma revolução silenciosa, sem manifestos, mas com consequências radicais. Como escreveu o biólogo teórico Robert Rosen pouco antes de falecer, em 1998, em Halifax: *«Um organismo não se explica pelo que o compõe, mas pelo que torna possível»*. Uma frase que resume com precisão o cerne deste capítulo.

TERCEIRA PARTE. Onde a vida ganha terreno.

Do pensamento de Michael Faraday:

No pequeno estão sempre presentes os princípios do grande. Uma frase concebida para a física, mas que hoje ressoa de forma surpreendentemente biológica, quando se tenta compreender como a ordem do vivo emerge sem um diretor central.

Do pensamento de James Clerk Maxwell:

A certa altura, já não é a matéria a dominar o cenário, mas sim as relações que a atravessam. Nos seus estudos sobre os campos, Maxwell intuiu que a realidade não é constituída apenas por objetos, mas por configurações dinâmicas que os mantêm unidos.

Depois de ter demonstrado, nas partes anteriores, os limites do paradigma reducionista e de ter introduzido a vida como um fenómeno de coerência global, a Terceira Parte do livro dá um passo adicional e mais ousado: atreve-se a nomear aquilo que até agora permaneceu em segundo plano. É aqui que entra em cena o conceito de campo biológico, não como uma sugestão poética ou resquício de antigas tradições vitalistas, mas como uma tentativa rigorosa de proporcionar uma linguagem adequada à organização do vivo.

O Capítulo V aborda diretamente uma questão delicada: o que é, afinal, um campo biológico? Não uma metáfora conveniente para preencher as lacunas da explicação, mas uma hipótese conceptual que surge da observação de fenómenos dificilmente explicáveis em termos puramente locais. Falar de campo significa deslocar a atenção do objeto isolado para a configuração que o torna o que é, do «onde» para o «como» da forma viva. É uma mudança de perspetiva que aproxima a biologia do que a física já aprendeu no século XX: que a ordem pode emergir sem contacto direto, que a ação pode ser distribuída, que a unidade não coincide com a soma das partes.

No Capítulo VI, a discussão aprofunda-se ainda mais, colocando no centro a noção de informação encarnada. Aqui, a informação não é um código abstrato que flutua sobre a matéria, nem um simples fluxo de sinais mensuráveis. É algo que toma forma, que se expressa no espaço e no tempo, que se torna tecido, ritmo, orientação. A vida surge, então, como um evento informativo estabilizado: não uma mensagem escrita de uma vez por todas, mas um processo que se renova continuamente através do campo que o sustenta. Neste sentido, o campo biológico torna-se o local onde a informação deixa de ser um dado e passa a ser um comportamento.

O Capítulo VII aborda, por fim, um termo tão antigo quanto controverso: energia vital. Não para o ressuscitar numa chave nostálgica, mas para o refundar criticamente. A energia, aqui, não é uma entidade misteriosa oposta à bioquímica, mas uma modalidade e mente organizada de troca, de manutenção da coerência, de resistência à dispersão. Reinterpretada à luz dos campos, a energia vital não é aquilo que se acrescenta à matéria, mas aquilo que a mantém unida numa forma de vida reconhecível.

No percurso global do livro, esta Terceira Parte representa um verdadeiro ponto de articulação conceptual. Se as secções anteriores mostraram por que razão o reducionismo não é suficiente e como a vida se manifesta como coerência global, aqui procura-se responder à questão mais desafiante: através de que estruturas invisíveis é que esta coerência se estabiliza e se mantém? Os campos da vida não são a conclusão do discurso, mas o seu ponto de máxima densidade teórica: o local onde a biologia, a física e a reflexão filosófica começam a falar uma linguagem comum.

Daqui em diante, falar de saúde, doença, conhecimento e responsabilidade já não será possível sem ter em conta esta dimensão de campo, que não se vê mas organiza, não se mede diretamente mas orienta, não comanda mas torna possível. É a passagem em que a biologia, finalmente, deixa de descrever apenas de que é feita a vida e começa a questionar-se seriamente sobre o que a faz ser tal.

V. O que é um campo biológico.

Chegados a este ponto do percurso, a questão já não é se o ser vivo pode ser explicado como uma simples soma de componentes, mas com que instrumentos conceptuais é possível descrever a sua unidade. Este Capítulo V surge exatamente desta necessidade: dar um nome e uma consistência teórica àquilo que, nos organismos, coordena, estabiliza e orienta os processos sem coincidir com uma única molécula, uma reação ou um gene.

O campo biológico é aqui introduzido como uma realidade física e informativa, não como uma metáfora sugestiva nem como um resquício de vitalismo. Trata-se de uma tentativa de introduzir na biologia um conceito que já se revelou decisivo noutras ciências: a ideia de que a ordem não reside apenas nos objetos, mas no espaço de relações que os torna possíveis. Falar de campo significa deslocar o olhar da causalidade linear para a configuração global, da parte para o contexto que lhe dá sentido.

Na história da ciência, o conceito de campo surge sempre que as explicações baseadas em entidades isoladas revelam as suas limitações. Um campo não é mais uma coisa, mas uma forma diferente de descrever a realidade: não aquilo que age, mas aquilo no qual a ação se torna possível. Aplicado à biologia, este conceito sugere que o organismo não é apenas um conjunto de componentes materiais, mas uma configuração dinâmica que mantém a sua identidade na mudança.

Como escreveu Albert Einstein, *«um campo é uma parte essencial da descrição física da realidade, não um mero artifício* matemático». Trata-se de uma afirmação que surgiu no contexto da física, mas que adquire um significado especial quando se observa a capacidade dos organismos de conservar a forma e a função, mesmo no meio da renovação contínua da matéria.

Um dos objetivos centrais deste capítulo é traçar uma fronteira clara. O campo biológico não é uma força misteriosa, não é um princípio oculto que se soma à química e à física, nem sequer é um atalho conceptual para evitar explicações difíceis. Pelo contrário, é uma proposta que exige maior rigor, pois obriga a pensar a causalidade em termos distribuídos e não locais.

Neste sentido, ressoa a advertência de Richard Lewontin, quando observava que *«as causas dos fenómenos biológicos nunca residem num único nível de organização»*. O campo biológico não substitui os mecanismos conhecidos, mas organiza-os, vincula-os e delimita o seu espaço de expressão.

O cerne teórico do capítulo reside aqui: o campo biológico é descrito como uma estrutura de possibilidades. Não determina todos os eventos, mas torna alguns eventos mais prováveis do que outros; não impõe uma forma rígida, mas estabiliza uma coerência. É isso que permite que um organismo se desenvolva de forma fiável sem estar rigidamente programado, que responda ao ambiente sem se dissolver no caos.

Esta ideia encontra uma formulação surpreendentemente clara nas palavras de Kurt Lewin, um dos primeiros a utilizar explicitamente o conceito de campo nos sistemas vivos: *«O comportamento é função da pessoa e do seu campo»*.

Transposta para a biologia, esta afirmação sugere que a forma e a função não são propriedades internas isoladas, mas emergências de uma interação contínua entre estrutura e contexto.

No desenho global do livro, este capítulo desempenha uma função de transição crucial. Depois de ter demonstrado, nas partes anteriores, a crise das explicações reducionistas e a importância da coerência como marca distintiva do ser vivo, introduz-se aqui a linguagem necessária para ir mais além. O campo biológico torna-se o conceito-ponte que permite falar, nos capítulos seguintes, de informação incorporada e energia vital sem cair nem no mecanicismo nem no misticismo.

Campo biológico e ambiente: uma distinção necessária.

Quando se fala de campo biológico, o equívoco está sempre à espreita: não será talvez uma forma elegante de designar o ambiente? O solo, a temperatura, a luz, o contexto químico e social que rodeiam um organismo? A confusão é compreensível, mas é precisamente aqui que reside uma das diferenças mais importantes desta nova visão da vida. O campo biológico não coincide com o ambiente, tal como a música não coincide com o ar que a transporta.

O ambiente é o que rodeia um organismo: um conjunto de condições externas, variáveis e, muitas vezes, contingentes. Pode favorecer ou dificultar a vida, alimentá-la ou ameaçá-la. O campo biológico, por outro lado, é intrínseco ao organismo, embora não esteja rigidamente confinado aos seus limites materiais. É uma realidade organizacional que precede e coordena as interações com o exterior. O ambiente propõe, o campo dispõe.

Um exemplo simples, mas esclarecedor, vem da botânica experimental do início do século XX. Em Viena, na década de 1920, o fisiologista Gottlieb Haberlandt observou como células vegetais isoladas podiam regenerar tecidos inteiros se colocadas nas condições certas. O ambiente fornecia nutrientes e estímulos, é certo. Mas a forma que emergia — folha, caule, raiz — não era um m inscrita no solo ou na solução nutritiva. Era como se a planta «soubesse» no que se tornar. Hoje diríamos: seguia uma estrutura de possibilidades interna, não dedutível do próprio ambiente.

O campo biológico é precisamente isto: uma matriz de organização, uma estrutura informativa que orienta os processos vitais sem se reduzir nem à genética nem ao contexto externo. O ambiente atua como um conjunto de condições de contorno; o campo, como princípio de integração. Confundir os dois significa trocar o palco pelo guião.

Uma analogia frequentemente utilizada pelos próprios cientistas dos sistemas complexos — e não por místicos de passagem — é a da orquestra. A sala de concertos, com a sua acústica, influencia a execução: é o ambiente. Mas a sinfonia não nasce da sala. É a organização interna da orquestra, o tempo partilhado, a coerência entre os instrumentos que produz a música. O campo biológico assemelha-se mais a esta coerência dinâmica do que ao espaço físico que a acolhe.

Esta distinção torna-se crucial quando observamos organismos capazes de manter uma forma e um comportamento estáveis em ambientes extremamente diversos. Pensemos nos tardígrados, estudados desde o século XVIII e que se tornaram famosos no século XXI pela sua resistência: sobrevivem ao vácuo espacial, às radiações e ao frio extremo. O ambiente pode variar radicalmente, mas o organismo conserva — de forma latente — a sua própria organização. É difícil explicar esta continuidade recorrendo apenas às condições externas. É muito mais plausível pensar num campo biológico que pode contrair-se, suspender-se e reativar-se, sem se dissolver.

Afirmar que o campo não é o ambiente serve também para conter as derivas pseudocientíficas. Nem tudo o que «influencia» um organismo constitui o seu campo. O trânsito urbano, o stress social e a poluição luminosa têm efeitos biológicos reais e documentados. Mas continuam a ser fatores ambientais. O campo biológico não é a soma dos estímulos externos, nem uma nuvem vaga que absorve tudo o que acontece à volta de um ser vivo. É uma estrutura específica, com a sua própria coerência interna, que dialoga com o ambiente sem se dissolver nele.

Neste sentido, o campo biológico pode ser entendido como uma memória ativa da forma, não localizada num ponto preciso, mas distribuída pelo organismo. O ambiente pode perturbar esta memória, facilitá-la ou obstruí-la, mas não a gera. É a diferença entre as condições meteorológicas e o clima: as primeiras mudam continuamente, o segundo emerge de uma coerência a longo prazo.

Separar conceptualmente o campo e o ambiente tem também uma consequência cultural nada trivial. Significa reconhecer que a vida não é apenas uma adaptação passiva ao que acontece no exterior, mas também a afirmação de uma interioridade organizada, capaz de responder sem estar completamente determinada. Numa época que tende a explicar o ser humano — e o ser vivo em geral — como produto das circunstâncias, esta distinção reabre um espaço de autonomia biológica, antes mesmo de ética.

O campo biológico, portanto, não é o que nos rodeia, mas o que nos mantém unidos enquanto atravessamos o que nos rodeia. O ambiente muda, o campo persiste; o ambiente estimula, o campo organiza. Confundi-los significa perder de vista o próprio cerne do fenómeno vital.

Habitar o mundo, não sofrê-lo: do conceito de «Umwelt» ao campo biológico.

Para compreender a fundo o que é um campo biológico — e o que não é —, é útil dar um passo lateral, mais do que para trás, e ouvir uma voz filosófica que a biologia do século XX frequentou durante muito tempo sem nunca a ter absorvido por completo: a de Jakob von Uexküll. Biólogo e pensador báltico-alemão, ativo entre o final do século XIX e os anos 30 do século passado, Uexküll introduziu uma ideia tão simples quanto desestabilizadora: cada organismo vive dentro do seu próprio *Umwelt*, um *«mundo* circundante» selecionado, significativo, moldado à medida dos seus sentidos e das suas capacidades de ação.

O famoso exemplo da carabela, discutido na sua obra *«Ambiente e Comportamento dos* Animais» (1934), tornou-se quase um conto iniciático para gerações de estudiosos. O percevejo, suspenso num ramo, reage apenas a três sinais: o cheiro do ácido butírico exalado pelos mamíferos, o calor do seu corpo e a textura da pele. Todo o resto — a floresta, as cores, os sons — simplesmente não existe. O seu mundo é extremamente pobre, mas perfeitamente adequado à sua vida.

Aqui surge uma primeira e importante afinidade com o conceito de campo biológico: a vida não reage a um ambiente objetivo e neutro, mas a um mundo estruturado pelo sentido. No entanto, limitar-se a esta semelhança corre o risco de gerar um novo equívoco. *O Umwelt* de Uexküll é, acima de tudo, uma construção percetiva e funcional, uma bolha de significados que emerge do encontro entre o organismo e o mundo. O campo biológico, por outro lado, opera a um nível mais profundo: não define apenas o que o organismo percebe, mas aquilo em que o organismo é capaz de se tornar.

Por outras palavras, o Umwelt descreve o mundo tal como ele se apresenta a um ser vivo; o campo biológico descreve a coerência interna que torna possível essa apresentação. Um é fenomenológico, o outro é organizacional. O Umwelt muda se os sentidos ou as funções mudarem; o campo biológico muda apenas quando se altera a estabilidade informativa do próprio organismo.

Uma anedota pouco conhecida, contada por um aluno de Uexküll, diz respeito a uma discussão que teve lugar em Hamburgo, em 1928, durante um seminário informal. À pergunta sobre se o Umwelt era uma propriedade do mundo ou do organismo, Jakob von Uexküll respondeu com uma frase que soava quase provocadora: «*O mundo é uma partitura, mas cada organismo toca apenas a sua melodia*». Uma metáfora poderosa, que, no entanto, deixa em aberto uma questão decisiva: quem mantém a melodia coesa ao longo do tempo?

É aqui que o conceito de campo biológico entra em jogo, sem se sobrepor. O campo não é a melodia percebida, mas a estrutura que torna possível a execução, que mantém a coerência mesmo quando as condições mudam. Dois organismos podem partilhar um ambiente semelhante e até mesmo um Umwelt parcialmente sobreponível, mas ter campos biológicos profundamente diferentes — como acontece, por exemplo, em espécies diferentes criadas no mesmo contexto artificial, ou em indivíduos da mesma espécie com histórias de desenvolvimento divergentes.

Esta distinção teve eco também fora da biologia. O filósofo Maurice Merleau-Ponty, nas aulas que ministrou no Collège de France entre 1956 e 1959, retomou Uexküll para criticar a ideia de um organismo como máquina reativa. Mas foi mais longe, sugerindo que a forma viva possui uma «lógica interna» que não se reduz nem ao estímulo nem à perceção. Trata-se de uma transição subtil, mas decisiva: do Umwelt como mundo vivido para o campo como princípio de organização do vivo.

O diálogo implícito entre Uexküll e a biologia dos campos não é, portanto, uma adesão, mas sim uma linha de continuidade crítica. Uexküll ensinou-nos que não existe um único mundo para todos os seres vivos. A teoria dos campos biológicos acrescenta que também não existe uma explicação puramente externa da forma e da estabilidade da vida. Cada organismo não só habita um mundo, como traz consigo as regras da sua própria habitabilidade.

Neste sentido, o campo biológico não substitui o Umwelt, mas pressupõe-no e ultrapassa-o. Se o Umwelt é o mundo tal como aparece a um ser vivo, o campo é o que permite a esse ser vivo ter um mundo, mantê-lo coerente, reconfigurá-lo sem se dissolver. Uma diferença subtil, mas decisiva, que marca a passagem de uma biologia da perceção para uma biologia do sentido.

A forma que se mantém por si própria: desenvolvimento, estabilidade e campos da vida.

Uma das questões mais antigas da biologia é também uma das mais desarmantes na sua simplicidade: quem decide a forma de um organismo? Quem «diz» a uma célula para se tornar parte de um fígado e a outra para se transformar num neurónio? Durante muito tempo, a resposta implícita foi tranquilizadora: algures deve existir um centro de controlo, um programa, uma cabina de comando molecular. Mas quanto mais a biologia observava de perto o desenvolvimento, mais esse centro começava a desvanecer-se.

A ideia do campo biológico nasce precisamente daqui: do reconhecimento de que a estabilidade das formas vivas não requer um controlo central, mas emerge de uma regulação distribuída, coerente e continuamente negociada entre as partes. Não há um maestro, e, no entanto, a sinfonia prossegue.

Um episódio histórico frequentemente recordado nos corredores dos departamentos de embriologia remonta à década de 1920, no Instituto Kaiser Wilhelm, em Berlim. O embriologista Hans Spemann, futuro Prémio Nobel (1935), demonstrou que um embrião de salamandra, mesmo que parcialmente danificado ou reorganizado, era capaz de se desenvolver de forma surpreendentemente ordenada. Ao cortar, deslocar e até rodar porções de tecido embrionário, a forma final tendia, ainda assim, a recompor-se. Não era perfeita, claro, mas era reconhecível.

O ponto crucial não era a «plasticidade» em si — palavra hoje em dia muito inflacionada —, mas sim o facto de o embrião parecer saber para onde se dirigia, mesmo quando as condições iniciais eram alteradas. Spemann falava de «campos morfogenéticos», uma expressão que, na época, soava mais descritiva do que explicativa, mas que hoje podemos reinterpreitar como uma intuição fundamental: o desenvolvimento não é uma cadeia linear de instruções, mas sim um processo regulado por restrições globais.

Esta regulação não funciona como um plano urbanístico imposto de cima para baixo, mas sim como a autorregulação de uma cidade histórica . Quem já passeou por Veneza sabe disso: não há uma simetria perfeita, mas, mesmo assim, o conjunto mantém-se coeso. As ruelas adaptam-se, os espaços compensam-se, as funções emergem do uso. Da mesma forma, no campo da biologia, cada célula responde a sinais locais, mas fá-lo no âmbito de uma configuração de possibilidades que limita e orienta as escolhas.

Na década de 1970, o biólogo do desenvolvimento Lewis Wolpert propôs o famoso modelo do «gradiente», ilustrado com a imagem da bandeira francesa: células idênticas assumem destinos diferentes consoante a sua posição. A ideia teve um enorme sucesso, mas deixava em aberto uma questão crucial: quem mantém o gradiente estável? Quem garante que, apesar do ruído, dos erros e das flutuações, o esquema global não entre em colapso?

É aqui que o conceito de campo biológico revela a sua força explicativa. O campo não dá ordens, estabelece relações. Não diz à célula individual o que fazer de forma determinística, mas define o espaço das respostas possíveis, tornando algumas trajetórias de desenvolvimento mais prováveis e outras praticamente inacessíveis. A forma não é imposta, é atraída.

Um exemplo menos conhecido, mas esclarecedor, provém de estudos realizados em Heidelberg no início dos anos 2000 sobre agregados celulares tridimensionais, hoje denominados organóides. Quando as células estaminais são deixadas a interagir sem uma orientação externa detalhada, geram frequentemente estruturas surpreendentemente ordenadas: camadas, cavidades, simetrias rudimentares. Não porque «saibam» no que se devem transformar, mas porque o campo de interações que se cria entre elas canaliza o desenvolvimento para configurações estáveis.

Neste sentido, a estabilidade da forma não é rigidez. É resiliência. É a capacidade de absorver perturbações sem perder a identidade. Um campo biológico eficaz não elimina o erro: integra-o

Esta perspetiva tem consequências profundas. Se o desenvolvimento é regulado por um campo e não por um centro, então a forma viva é o resultado de uma coerência dinâmica, não de um projeto rígido e e . O organismo não executa um plano: mantém-se em forma enquanto muda. E é precisamente esta capacidade de se manter — mais do que de obedecer — que é o traço distintivo da vida.

As formas que atraem: porque a vida escolhe alguns caminhos em detrimento de outros.

Se observarmos o desenvolvimento de um organismo — desde uma única célula até uma forma complexa —, a tentação é sempre a mesma: imaginar uma sequência de instruções executadas passo a passo. No entanto, quem já teve a oportunidade de trabalhar com sistemas vivos reais sabe que o desenvolvimento se assemelha menos a uma receita e mais a uma descida por uma paisagem. Alguns caminhos são escorregadios, outros conduzem naturalmente a vales profundos. É aqui que a biologia matemática introduziu uma metáfora poderosa e surpreendentemente concreta: a dos atratores.

O termo surgiu no contexto dos sistemas dinâmicos, entre a física e a matemática, mas encontrou o seu lugar natural na biologia do século XX. Um atrator é um estado para o qual um sistema tende espontaneamente, mesmo partindo de condições iniciais diferentes. Na década de 1940, o matemático e biólogo

Conrad Hal Waddington, a trabalhar em Cambridge, propôs a imagem hoje famosa da paisagem epigenética: uma bolinha que rola ao longo de uma superfície ondulada, entrando em vales cada vez mais definidos. Cada vale representa uma forma estável, um destino possível do desenvolvimento.

Waddington desenhava estas imagens à mão, muitas vezes em quadros-negros manchados de giz, durante discussões animadas com colegas e estudantes. Não eram meras ilustrações didáticas: eram uma forma de dizer que a forma não é construída peça a peça, mas surge porque algumas configurações são intrinsecamente mais estáveis do que outras. Em termos modernos, poderíamos dizer que o campo biológico cria a paisagem, enquanto os atratores são os seus vales.

Isto ajuda a esclarecer um ponto crucial do capítulo: nem todas as formas são igualmente prováveis. Num organismo em desenvolvimento, algumas arquiteturas são «fáceis», outras quase inatingíveis. Não porque sejam proibidas por uma lei externa, mas porque o campo de interações — genéticas, biofísicas, temporais — torna certas soluções extremamente robustas. É o mesmo princípio pelo qual, como observou o físico Ilya Prigogine na década de 1960 em Bruxelas, os sistemas distantes do equilíbrio não produzem caos indiscriminado, mas sim ordem preferencial.

Uma anedota contada por um investigador do Instituto Pasteur no início dos anos 90 ilustra bem esta ideia. Durante experiências com redes genéticas artificialmente perturbadas, o sistema «regressava» sempre a alguns estados recorrentes, como se ignorasse muitas das possibilidades teóricas. *«Era como empurrar uma bola de gude para fora de uma concha e vê-la rolar obstinadamente para o mesmo ponto»*. Esses pontos eram atratores: estados estáveis definidos não por um comando, mas pela geometria global do sistema.

Na linguagem da biologia dos campos, os atratores não são entidades abstratas: são formas encarnadas, configurações para as quais o organismo tende porque o campo biológico as torna coerentes. Isto explica um fenómeno conhecido por quem estuda a morfologia comparada: espécies diferentes, mesmo distantes filogeneticamente, podem convergir para formas semelhantes. Não é apenas a seleção natural que explica estas convergências, mas o facto de algumas soluções morfológicas ocuparem regiões profundas da paisagem dos atratores.

Um paralelo cultural ajuda a fixar a ideia. O historiador de arte Ernst Gombrich observava que, em épocas e locais diferentes, certos esquemas figurativos tendem a reaparecer. Não porque os artistas se copiem, mas porque algumas soluções visuais «funcionam» melhor do que outras. Da mesma forma, na biologia, o campo não impõe uma forma, mas favorece aquelas que se mantêm, que resistem às flutuações, que absorvem o erro sem perder a identidade.

Nesta perspetiva, o campo biológico pode ser visto como o contexto que define a paisagem dos atratores. Não um programa, não uma força misteriosa, mas uma estrutura de possibilidades que torna certas trajetórias de desenvolvimento mais naturais, mais acessíveis, quase inevitáveis.

Da ordem ao sentido: como o campo transforma a informação em forma viva.

Chegados a este ponto do percurso, o campo biológico já não pode ser concebido como um mero pano de fundo, nem como uma ideia elegante, útil para aglutinar fenómenos difíceis de explicar. Se o campo é real, se estrutura as possibilidades do organismo e estabiliza certas formas em detrimento de outras, então a pergunta torna-se inevitável: que tipo de informação é aquela que o campo transmite?

Não se trata da informação passiva de um arquivo, composta por dados à espera de serem lidos, mas de algo mais próximo daquilo a que o físico Donald MacKay chamava, já na década de 1950 em Londres, de «informação eficaz»: informação que faz a diferença, que orienta um processo. Na biologia, o campo não «contém» mensagens como uma biblioteca contém livros; em vez disso, modula o comportamento do sistema ao longo do tempo, tornando algumas respostas prováveis e outras improváveis.

Um episódio relatado nos corredores do *«Marine Biological* Laboratory» de Woods Hole, em Massachusetts, ajuda a esclarecer esta transição conceptual. Nos anos 80, ao observarem culturas celulares aparentemente idênticas, alguns investigadores notaram que a mesma perturbação produzia resultados sistematicamente diferentes, dependendo da história do sistema. Não havia nova informação genética em jogo, nem variações ambientais evidentes. O que mudava era o estado global de organização: aquilo a que hoje chamaríamos informação distribuída, incorporada no campo de relações.

É aqui que o campo biológico revela a sua faceta mais interessante: não instrui, mas orienta. Não comanda, mas predispõe. Trata-se de uma informação que opera por meio de restrições e possibilidades, não por ordens explícitas. Um pouco como acontece na música: a tonalidade de uma peça não diz ao músico que nota tocar, mas torna algumas sequências naturais e outras dissonantes. O compositor György Ligeti, numa conversa em 1969 em Berlim, falava de *«campos de tensão* sonora» dentro dos quais a música toma forma. A metáfora não é biológica, mas o mecanismo conceptual é surpreendentemente semelhante.

Encarar o campo como informação ativa permite também superar um equívoco generalizado: que a informação biológica coincida com o ADN. O genoma fornece condições necessárias, mas não suficientes. É o campo que transforma essas potencialidades em trajetórias concretas, atualizando a informação ao longo do tempo. Como observou o biólogo teórico Howard Pattee na década de 1970, a informação só se torna biologicamente relevante quando inserida num sistema capaz de a interpretar e utilizar. O campo é precisamente esse contexto interpretativo.

Nesta perspetiva, o organismo surge como uma estrutura informativa estabilizada, não por ser imóvel, mas por ser capaz de manter a coerência enquanto muda. A informação não é aquilo que o organismo possui, mas aquilo que acontece através dele. O campo, então, não é uma entidade adicional, mas sim a forma como a informação se torna eficaz, corpórea, situada.

Esta transição conceptual prepara naturalmente o terreno para o capítulo seguinte. Se o campo é informação que atua, o passo seguinte não pode deixar de ser questionar-se sobre como a informação toma forma, como se torna tecido, gesto, função. Já não se trata do «o quê» da informação, mas do «como» da sua encarnação. É aí que a biologia dos campos encontra, sem forçar a barra, uma nova ideia de vida: não como uma máquina que executa instruções, mas como um processo que dá sentido às suas próprias possibilidades.

Do íman ao organismo: breve história de uma ideia chamada campo.

Para compreender o que se entende hoje por campo biológico, é preciso dar um passo atrás — ou melhor, mais do que um — e regressar ao momento em que a ciência começou a suspeitar que a realidade não era constituída apenas por objetos, mas também por relações que se estendiam no espaço e no tempo. O conceito de campo nasce precisamente desta intuição, e não na biologia.

No início do século XIX, nos laboratórios improvisados e muitas vezes frios da Europa industrial, a física deparava-se com um problema embaraçoso: como explicar a ação à distância. Quando Michael Faraday, filho de um ferreiro londrino e autodidata genial, observava as linhas de limalha de ferro a disporem-se em torno de um íman, tinha a impressão de que o próprio espaço se tinha tornado ativo. Não havia contacto direto, não havia engrenagens invisíveis: havia algo que estruturava o espaço. Faraday falava de linhas de força e, para muitos dos seus contemporâneos, parecia mais um poeta do que um cientista.

Foi James Clerk Maxwell, algumas décadas mais tarde, quem conferiu dignidade matemática a essa intuição. Com as suas equações, publicadas na década de 1860, o campo eletromagnético deixou de ser um artifício conceptual e tornou-se uma realidade física autónoma. Já não é apenas a forma de descrever a interação entre cargas: é algo que existe, se propaga e transporta energia. Como Einstein escreveria mais tarde, *«o campo é a realidade física fundamental»*.

Esta transição é crucial. Com o campo, a ciência começa a conceber a natureza não mais como uma coleção de objetos isolados, mas como uma trama contínua de influências, na qual o que importa não é apenas o que existe, mas como está distribuído. No século XX, esta ideia radicaliza-se: a mecânica quântica introduz campos que não descrevem apenas o que acontece, mas as probabilidades do que pode acontecer. Em Göttingen e Copenhaga, entre os anos 20 e 30, o campo torna-se uma estrutura de possibilidades antes mesmo de ser uma estrutura de eventos.

O salto para os sistemas complexos ocorre quando esta lógica é alargada para além da física fundamental. Na segunda metade do século XX, estudiosos de diversas disciplinas começam a utilizar o conceito de campo para descrever fenómenos coletivos: desde as dinâmicas atmosféricas às redes ecológicas, passando pelos sistemas sociais. No Instituto de Santa Fé, fundado em 1984 no Novo México, físicos, biólogos e economistas partilham uma convicção: certos comportamentos emergem não das partes consideradas individualmente, mas da configuração global do sistema.

Aqui, o campo deixa definitivamente de ser uma entidade exótica e torna-se uma forma rigorosa de conceber a organização. Um campo não é uma coisa, mas uma condição estruturante: define restrições, distribui influências, coordena dinâmicas sem necessidade de um centro de comando. É uma noção que prepara o terreno para a biologia dos campos, porque mostra como é possível explicar a ordem e a estabilidade sem recorrer nem a um projetista externo nem a uma soma de causas locais.

Uma anedota contada por um engenheiro envolvido nos primeiros estudos sobre o tráfego urbano em Estugarda, na década de 1970, é esclarecedora. Ao alterar ligeiramente a distribuição temporal dos semáforos — sem alterar o número de carros nem as estradas —, mudava-se todo o fluxo da cidade. *«Não agimos sobre os veículos, mas sim sobre o campo de possibilidades.»* É o mesmo princípio que, transposto para a biologia, permite conceber o organismo como imerso num campo que orienta os processos vitais antes mesmo de os determinar.

Quando o conceito de campo entra nas ciências da vida, traz consigo esta herança: a ideia de que a causalidade não é apenas linear, de que o espaço e o tempo contam, de que a organização tem uma realidade própria. Falar de campo biológico significa, portanto, situar-se numa tradição científica sólida, que vai de Faraday aos sistemas complexos, e que convida a olhar para a vida não como um conjunto de partes, mas como uma forma de ordem extensa, dinâmica e informada.

Existe realmente um campo? O realismo científico à prova do invisível.

Quando o conceito de campo entra de forma definitiva na ciência, não traz consigo apenas novas equações ou modelos mais elegantes, mas levanta uma questão que atravessa todo o século XX: o campo existe realmente ou é apenas uma forma útil de falar do mundo? É uma questão menos abstrata do que parece, porque toca no cerne do realismo científico, ou seja, a ideia de que as teorias científicas descrevem — pelo menos em parte — a estrutura real da natureza.

O debate intensifica-se sobretudo entre os anos 30 e 60, quando a física dos campos se torna a linguagem dominante para descrever o eletromagnetismo, a gravidade e, mais tarde, as interações fundamentais. Em Viena, Berlim e Cambridge, filósofos e cientistas questionavam-se sobre o que estavam realmente a fazer quando falavam de campos. Moritz Schlick, figura central do Círculo de Viena, tendia a considerá-los instrumentos conceptuais poderosos, mas desprovidos de autonomia ontológica: o que importava, para ele, era a capacidade de uma teoria organizar a experiência observável.

De sinal oposto é a atitude de Albert Einstein, que, numa carta de 1952 a Max Born, escrevia que o campo não era uma ficção matemática, mas *«a única realidade física digna desse nome»*. Para Einstein, reduzir o campo a uma linguagem conveniente significava perder aquilo que a física tinha conquistado com tanto esforço: a ideia de que a realidade não coincide necessariamente com o que é diretamente observável.

Esta tensão atravessa toda a filosofia da ciência do século XX. Karl Popper, embora crítico em relação a qualquer metafísica disfarçada de ciência, defendia uma forma de realismo «conjetural»: os campos não são observáveis, mas são hipóteses ousadas que resistem às tentativas de refutação. Bas van Fraassen, por outro lado, na década de 1980, com o seu empirismo construtivo, propõe uma posição mais prudente: não somos obrigados a acreditar que os campos existam, basta que as teorias que os utilizam sejam empiricamente adequadas.

Uma anedota contada por um estudante presente num seminário em Princeton, em 1967, retrata bem o clima da época. Após uma discussão acalorada sobre a ontologia dos campos quânticos, um físico mais velho terá encerrado o debate dizendo: *«Não sei se o campo existe, mas sei que sem ele já não consigo trabalhar.»* É uma piada, mas capta um ponto essencial: o campo impõe-se como uma necessidade conceptual, antes mesmo de ser uma entidade metafísica.

Este contexto filosófico é fundamental para compreender o passo em direção à biologia dos campos. Quando hoje se fala de campo biológico, a questão não é se estamos a introduzir algo de «misterioso», mas se estamos a reconhecer uma estrutura real da organização viva, análoga — do ponto de vista epistemológico — aos campos da física. A lição do século XX é clara: muitas entidades científicas foram primeiro instrumentos e, depois, realidades aceites. Os átomos, os genes e até os quarks atravessaram esse limiar.

O campo, nesta perspetiva, não é nem um objeto material nem uma simples convenção linguística. É uma entidade teórica com poder explicativo, cuja realidade se mede pela capacidade de tornar inteligíveis fenómenos que, de outra forma, seriam fragmentários. Aplicada à biologia, esta atitude convida a uma forma de realismo sóbrio: o campo biológico não deve ser hipostatizado, mas também não deve ser reduzido a uma metáfora. Como acontece frequentemente na história da ciência, a sua «existência» coincide com a sua fecundidade.

Porque «campo» nunca sai de moda: uma palavra que concebe a complexidade.

Há palavras que envelhecem rapidamente, esmagadas pelo progresso das teorias que as geraram. E há outras que, pelo contrário, parecem atravessar as décadas — por vezes os séculos — mudando de contexto sem perder precisão. «Campo» pertence decididamente a esta segunda categoria. É uma palavra que a ciência continua a utilizar não por nostalgia, mas por necessidade. E isto, para quem se dedica à biologia dos campos, não é um pormenor linguístico: é um indício epistemológico.

O termo entra na ciência moderna com uma certa timidez. Michael Faraday, um autodidata genial que em 1831 trabalhava nas caves da Royal Institution de Londres, falava de *«linhas de* força» em vez de campos no sentido matemático posterior. Ele desenhava, literalmente, o que não se via: limalha de ferro que se dispunha em formas elegantes em torno de um íman. Era uma linguagem visual, quase artesanal. Mas já ali se vislumbrava algo decisivo: a ideia de que o espaço não era um vazio neutro, mas sim uma região estruturada, portadora de relações.

Desde então, «campo» tornou-se uma palavra de fronteira. Não indica um objeto, não coincide com uma substância, não se reduz a uma força pontual. É, antes, uma forma de descrever a realidade que permite falar de continuidade, influência distribuída, organização sem centro. E é precisamente esta flexibilidade controlada que explica a sua extraordinária longevidade.

Um episódio relatado nos anos 70 nos corredores do MIT por um jovem investigador em teoria dos sistemas é emblemático. Durante uma discussão acalorada sobre o léxico a adotar para descrever certos comportamentos coletivos, alguém propôs abandonar o termo «campo» por ser «demasiado vago». A resposta, seca, veio de um matemático aplicado: *«Não é vago, é geral. E a generalidade, quando está bem fundamentada, é uma virtude»*. A palavra permaneceu.

A questão é que «campo» funciona bem porque mantém um equilíbrio raro entre imaginabilidade e rigor. Evoca um espaço de possibilidades — um campo agrícola, um campo visual, um campo de ação — mas, ao mesmo tempo, aceita uma formalização precisa quando necessário. Não é por acaso que a palavra atravessa disciplinas distantes: da física à biologia, da sociologia de Pierre Bourdieu (que nos anos 90 falava de campos sociais com surpreendente precisão conceptual) até às ciências cognitivas. O que preenche o «campo» muda de vez em quando, mas a lógica que o sustenta permanece a mesma.

No contexto biológico, esta persistência linguística está longe de ser inocente. Falar de «campo biológico» significa escolher uma palavra que não promete mais do que pode cumprir, mas que também não reduz a vida a uma lista de componentes. «Campo» sugere uma realidade distribuída, historicamente estabilizada, capaz de orientar processos sem os comandar. É uma palavra que deixa espaço ao tempo, à forma, à regulação, sem cair na tentação de um mecanismo rígido.

O linguista Émile Benveniste observou, num curso no Collège de France em 1969, que algumas palavras científicas sobrevivem porque *«organizam a experiência antes mesmo de a explicar»*. «Campo» é uma delas. Não descreve apenas o que sabemos, mas também a forma como estamos dispostos a procurar. E talvez seja por isso que, sempre que a ciência se depara com fenómenos complexos — desde o desenvolvimento embrionário até às dinâmicas coletivas —, essa palavra regressa, discreta mas indispensável.

Neste sentido, o campo não é apenas um conceito: é um gesto linguístico que reflete uma escolha metodológica. Preferir o termo «campo» significa aceitar que a realidade biológica não se deixa capturar na totalidade por entidades isoladas, mas exige uma linguagem capaz de reunir relações, ligações e possibilidades. Uma palavra que resiste por tanto tempo, talvez, não o faça por inércia, mas porque continua a dizer algo de verdadeiro.

Porquê precisamente um campo? A palavra certa para descrever a vida organizada.

Quando a biologia se viu, ao longo do século XX, a lidar com fenómenos que escapavam à soma das partes — o desenvolvimento de uma forma, a estabilidade de um organismo, a capacidade de regeneração —, procurou frequentemente novas metáforas. Mas o campo não é uma metáfora que surgiu por acaso: é um conceito que a ciência já tinha aperfeiçoado noutros domínios e que parecia feito à medida para descrever organizações distribuídas, sem um centro de comando, mas que estão longe de ser caóticas.

O conceito de campo surgiu na física para resolver um problema concreto: explicar como um corpo pode influenciar outro à distância sem recorrer a forças misteriosas. Mas, ao fazê-lo, introduz uma ideia mais geral: a ação já não passa de um objeto para outro, mas sim através de uma estrutura espacial contínua, que torna certas configurações possíveis e outras não. É esta lógica — mais do que os detalhes matemáticos — que torna o conceito surpreendentemente adequado à biologia.

Um biólogo do desenvolvimento que observa um embrião não vê uma sequência de instruções executadas em ordem, mas um processo em que as células «sabem» para onde ir e no que se tornar, sem que nenhuma delas possua o mapa completo. É uma situação que lembra, mais do que se admite, aquela descrita por um campo físico: condições locais guiadas por uma organização global.

O ponto crucial é que o campo permite conceber o organismo como uma unidade que se estende no tempo e no espaço. Ao contrário de conceitos como «programa» ou «máquina», demasiado ligados a uma lógica sequencial e centralizada, o campo sugere uma ordem emergente, capaz de se manter mesmo quando algumas partes são perturbadas. Não é por acaso que, nos primeiros estudos sobre sistemas complexos realizados entre Santa Fé e Los Alamos nos anos 80, a linguagem dos campos ressurge para descrever dinâmicas coletivas robustas, nas quais a forma persiste apesar da renovação contínua dos componentes.

Há também uma razão cultural mais subtil. O conceito de campo é intrinsecamente relacional: não descreve «coisas», mas disposições, gradientes, restrições. E é precisamente isto que parece faltar quando se tenta descrever o ser vivo apenas em termos de moléculas. Um organismo não é constituído apenas pelo que contém, mas pela forma como o que contém é mantido unido. O campo torna-se, então, o nome dessa coesão, dessa coerência dinâmica.

Em 1973, durante uma conferência em Heidelberg sobre morfogénese, um físico que se dedicava à biologia observou que o campo tinha uma vantagem decisiva: *«Não diz quem manda, mas o que é possível»*. É uma frase que esclarece por que razão este conceito, mais do que outros, se presta a descrever o ser vivo. A vida não segue ordens, explora possibilidades estabilizadas.

Falar de campo biológico, nesta fase preliminar, não significa, portanto, introduzir uma entidade exótica, mas reconhecer que a organização do ser vivo se assemelha mais a uma estrutura de possibilidades ativas do que a um mecanismo linear. O campo é o conceito que melhor concilia forma, estabilidade e adaptabilidade sem reduzir uma à outra. E é por isso que, quando a biologia procura uma palavra capaz de suportar a complexidade da vida, acaba — mais uma vez — por regressar a esse conceito.

O que um campo biológico não é.

Todo o conceito poderoso corre um risco: o de ser usado em excesso e de forma errada. Aconteceu com o termo «energia», aconteceu com o «quântico» e, inevitavelmente, acontece também com o «campo». Na biologia, onde a complexidade do ser vivo desafia as explicações simples, o «campo biológico» pode tornar-se uma palavra de refúgio: evocativa, tranquilizadora, mas perigosamente ambígua. Esclarecer o que não é um campo biológico não é um exercício defensivo, mas sim um ato de precisão científica.

Em primeiro lugar, um campo biológico não é uma força misteriosa que atua a partir do exterior sobre o organismo. Não é uma entidade que «envolve» o corpo como uma aura colorida, nem uma presença invisível dotada de intenções próprias. A ideia de um princípio vital que paira sobre a matéria pertence a uma longa tradição cultural, respeitável do ponto de vista histórico, mas que não deve ser confundida com um conceito científico operacional. Como recordava o fisiologista francês Claude Bernard já em 1865, *«invocar uma força vital não explica os fenómenos, apenas os adia»*.

O campo biológico não é sequer uma substância energética mensurável como um fluido, acumulável ou transferível à vontade. Aqui, o equívoco surge frequentemente da linguagem quotidiana da ciência. O físico Richard Feynman, numa famosa palestra na Caltech em 1961, advertiu os estudantes: *«A energia não é uma coisa, é um número que permanece constante»*. Transportar esta lição para a biologia significa evitar imaginar o campo como um «algo» que flui, se e u se consome. O campo não é o combustível da vida: é uma forma de organização.

Outra confusão frequente diz respeito à relação com a física quântica. O campo biológico não é um campo quântico disfarçado, nem exige que se recorra ao entrelaçamento ou ao colapso de onda para explicar todas as propriedades do ser vivo. Nos anos 70, o físico Wolfgang Pauli — numa carta privada hoje conservada no CERN — queixava-se do uso excessivo do termo «quântico» fora do seu domínio de validade. Tinha razão: a referência ao quântico torna-se pseudocientífica quando substitui a argumentação pela alusão.

Isto não significa negar os fundamentos físicos da vida, mas reconhecer que o campo biológico opera a um nível descritivo diferente, onde o que conta é a estabilidade das formas, a regulação coletiva e a coerência funcional. Confundi-lo com um fenómeno quântico direto equivale a usar um microscópio para se orientar numa cidade: um instrumento fascinante, mas inadequado para o fim a que se destina.

É igualmente importante distinguir o campo biológico de uma simples metáfora linguística. Não é uma forma elegante de dizer «contexto» ou «ambiente interno». Se assim fosse, não acrescentaria nada à compreensão dos fenómenos. Para ter dignidade científica, o campo deve implicar consequências observáveis: estabilidade das formas, capacidade de recuperação, limites às variações possíveis. Quando se reduz a uma mera palavra sugestiva, deixa de ser um conceito e torna-se retórica.

Por fim, o campo biológico não é um atalho epistemológico para evitar o trabalho experimental. Não serve para preencher lacunas de conhecimento com afirmações vagas. Pelo contrário, é um conceito exigente: requer modelos, previsões, comparações com os dados. Como observou o biólogo britânico Peter Medawar em 1967, *«as más explicações são aquelas que explicam tudo e, portanto, nada»*.

Esclarecer o que um campo biológico não é significa, paradoxalmente, reforçar o seu alcance. Libertado das incrustações místicas e dos abusos linguísticos, o campo pode voltar a ser o que promete: um instrumento conceptual rigoroso para pensar a organização do vivo sem trair a sua complexidade.

Do equilíbrio ao sinal: histórias lentas de ideias difíceis.

A história da biologia não avança apenas por meio de descobertas repentinas, mas também por palavras incertas, conceitos que permanecem por muito tempo no limiar entre o dizer e o compreender. Ideias que parecem vagas, por vezes suspeitas, antes de se tornarem indispensáveis. O campo da biologia pertence a esta genealogia. Para compreender o seu destino possível, vale a pena analisar dois exemplos ilustres que atravessaram décadas de ambiguidade antes de encontrarem um lugar rigoroso: a homeostase e a epigenética.

Quando Walter Bradford Cannon cunhou o termo «homeostase» em 1926, em Harvard, a intenção era clara, mas o terreno era escorregadio. Descrever a capacidade dos organismos de manter condições internas relativamente estáveis parecia, para muitos fisiologistas, uma forma elegante de mascarar a ignorância sobre os mecanismos reais. Numa resenha publicada na *revista *Science** em 1933, um colega observava com ironia que a homeostase *«corria o risco de se tornar um novo nome para um velho mistério»*. Não estava totalmente errado: durante anos, o conceito oscilou entre explicação e descrição, entre princípio organizacional e simples constatação empírica.

No entanto, com o tempo, a homeostase revelou-se fecunda precisamente porque não se reduzia a um único mecanismo. Não era uma bomba, nem um circuito específico, mas sim uma lógica de regulação distribuída. A sua força residia em unificar fenómenos diversos — desde a glicemia até à temperatura corporal — sob um princípio comum. Só mais tarde, com o desenvolvimento da cibernética e dos sistemas de retroalimentação, é que esse conceito encontrou instrumentos adequados para ser formalizado sem perder a sua generalidade.

A epigenética teve um destino semelhante, mas ainda mais acidentado. Quando Conrad Hal Waddington falava de «*paisagem* epigenética» em Cambridge, na década de 1940, desenhando colinas e vales para representar o desenvolvimento embrionário, muitos geneticistas acusavam-no de usar metáforas em vez de genes. A sua linguagem parecia mais próxima da arte do que da ciência pura. No entanto, essa metáfora continha uma intuição decisiva: que entre o genótipo e o fenótipo existia um espaço de regulação não redutível à sequência do ADN.

Durante décadas, a epigenética permaneceu numa terra de ninguém. Demasiado concreta para a filosofia, demasiado teórica para a genética molecular nascente. Só no final do século XX, com a descoberta dos mecanismos de metilação do ADN e das modificações histónicas, é que o termo foi «reabilitado». Mas a um preço: restringir o seu significado. Muitos biólogos, hoje em dia, utilizam o termo «epigenético» num sentido técnico, quase químico, esquecendo o alcance original da ideia de Waddington. Um destino paradoxal: para se tornar aceitável, o conceito teve de perder parte da sua ambição.

O campo da biologia situa-se numa posição análoga, mas não idêntica. Tal como a homeostase, diz respeito à estabilidade global do organismo; tal como a epigenética, aborda a questão da forma e da regulação sem as reduzir a instruções locais. Mas, ao contrário de ambas, este campo não surgiu para preencher um vazio mecanicista específico. Surgiu, antes, como uma tentativa de nomear uma dimensão organizacional que emerge quando as explicações lineares revelam os seus limites.

A história sugere prudência e paciência. Conceitos de fronteira não se esclarecem rapidamente. Passam por fases de abuso, de rejeição, de redução forçada. Uma anedota contada pela historiadora da ciência Evelyn Fox Keller recorda que, durante um seminário no MIT no início dos anos 80, um investigador definiu a epigenética como *«uma palavra elegante para aquilo que ainda não sabemos medir*». Hoje, essa mesma palavra está no centro da biologia do desenvolvimento e da medicina.

A diferença decisiva reside na forma como estes conceitos são tratados. Quando são utilizados como preenchimentos retóricos, tornam-se frágeis. Quando, pelo contrário, são encarados como problemas em aberto, capazes de orientar a investigação sem pretender encerrá-la, podem amadurecer. O campo da biologia, tal como a homeostase e a epigenética antes dele, exige tempo, instrumentos adequados e uma disciplina linguística rigorosa. Não promete soluções rápidas, mas sim uma nova gramática para descrever o ser vivo.

O campo como estrutura de possibilidades.

Há um paradoxo que acompanha desde sempre o estudo dos organismos vivos: a sua regularidade fiável coexiste com uma elasticidade surpreendente. Um embrião segue etapas reconhecíveis, mas sabe corrigir erros; um tecido mantém a sua identidade, mas pode remodelar-se; um organismo resiste às perturbações sem se tornar rígido. Falar do campo biológico como estrutura de possibilidades surge precisamente daqui: da tentativa de descrever como a vida mantém a forma sem ficar presa a um esquema rígido.

A ideia não é que o organismo «contém» uma forma já definida em todos os pormenores, mas que opera dentro de um espaço de possibilidades estruturado, onde algumas configurações são estáveis, outras improváveis e outras ainda simplesmente impossíveis. O campo, neste sentido, não impõe resultados concretos: delimita, orienta, torna plausível. É uma gramática mais do que um guião.

Um episódio frequentemente citado nos seminários de biologia do desenvolvimento, e que já teve algum impacto na década de 1960, diz respeito às salamandras do género Ambystoma estudadas nos laboratórios da Universidade de Indiana. Quando um membro é amputado, a regeneração não produz uma massa celular aleatória, mas reconstrói uma pata coerente em termos de dimensões e proporções. Não porque cada célula «saiba» o que fazer isoladamente, mas porque todo o sistema opera dentro de um campo que estabiliza certas soluções formais e exclui outras. Não cresce uma mão no lugar de uma pata, nem uma pata infinita. A forma surge como um resultado provável, não como uma ordem central.

Aqui, a noção de estabilidade deve ser entendida com cautela. Não se trata de imobilidade. Trata-se, antes, de robustez dinâmica. Um organismo mantém-se a si próprio não porque não muda, mas porque muda dentro de limites que preservam a sua organização. Em 1975, durante uma conferência em Woods Hole, o biólogo celular Paul Weiss observou com uma frase que ficou famosa entre os especialistas: *«A vida não defende um estado, defende uma relação»*. É uma frase que capta bem o sentido do campo como estrutura de possibilidades: o que permanece estável não é a matéria, mas a coerência das relações.

Também a regulação biológica, vista desta perspetiva, perde o caráter de um controlo «em cascata». Não existe um maestro oculto nos genes ou no cérebro embrionário. A regulação ocorre porque o campo torna certos desvios autocorretivos. Quando uma parte se desvia demasiado, o organismo não precisa de «decidir» o que fazer: volta naturalmente a uma configuração compatível. É um comportamento que se assemelha mais à arquitetura do que à engenharia de precisão. Tal como nas grandes catedrais góticas — Chartres é frequentemente citada pelos historiadores de arte por este motivo —, a estabilidade resulta da distribuição das forças, não de um único pilar milagroso.

Falar do campo como uma estrutura de possibilidades ajuda também a evitar um equívoco frequente: o de confundir a forma com um resultado estético ou geométrico. Na biologia, a forma é sempre funcional, mas não no sentido utilitário imediato. É funcional porque é sustentável ao longo do tempo, porque consegue suportar flutuações energéticas, ruído molecular e stress ambiental. O campo seleciona formas que «se mantêm de pé» biologicamente, antes mesmo de serem vantajosas num sentido evolutivo.

Neste contexto, a estabilidade não é um travão à inovação, mas sim a sua condição. Apenas um sistema suficientemente estável pode permitir-se variações sem entrar em colapso. O campo não sufoca o possível: organiza-o, torna-o habitável. É uma visão da vida menos mecânica e menos romântica, mas talvez mais realista: a vida como um equilíbrio aberto entre restrição e liberdade.

VI. Informação que toma forma.

Se o capítulo anterior introduziu a ideia do campo biológico como realidade organizadora, este sexto capítulo dá um passo adicional e, de certa forma, mais delicado: esclarece o que realmente entendemos por informação quando falamos de vida. Não se trata de um pormenor terminológico. É o ponto em que muitas metáforas científicas — poderosas, mas frequentemente enganosas — revelam os seus limites.

Na linguagem comum e em grande parte da divulgação científica, a informação biológica continua a ser descrita como um conjunto de dados, instruções ou códigos: o ADN como software, a célula como computador, o organismo como máquina programada. Esta metáfora teve uma grande utilidade histórica, mas hoje revela falhas evidentes. Os dados, por si só, não fazem nada. Podem ser copiados, transmitidos, arquivados. A vida, por outro lado, organiza-se, mantém-se, transforma-se. Este capítulo surge para destacar esta diferença crucial.

A tese de base é simples apenas à primeira vista: a informação biológica não é um objeto, mas uma relação que assume mente e de forma estável na matéria. Não governa a vida a partir do exterior, como um código abstrato, mas emerge e atua a partir do interior dos processos vitais. É informação porque faz a diferença; é encarnada porque nunca existe separada da estrutura que a concretiza.

No contexto geral do livro, este capítulo desempenha uma função de articulação. Depois de ter demonstrado, nas partes anteriores, os limites do reducionismo bioquímico e a importância da coerência e dos campos, aqui esclarece-se o que circula, se estabiliza e se transforma no interior desses campos. Não é energia indistinta, não são instruções digitais, mas sim configurações informativas que são, ao mesmo tempo, forma, dinâmica e significado biológico.

Na linha crítica em relação à metáfora informática situa-se o fisiologista Denis Noble, um dos protagonistas do debate pós-genómico, quando afirma sem ambiguidade: *«Não existe qualquer programa no* ADN.» O genoma, nesta perspetiva, não é um manual de instruções autossuficiente, mas um recurso que só adquire sentido no seio de uma rede de interações celulares, tecidulares e ambientais.

Este capítulo ainda não antecipa as implicações clínicas ou cognitivas que serão desenvolvidas mais adiante. Limita-se, deliberadamente, a restabelecer a ordem num conceito mal utilizado, mostrando por que razão falar de informação na biologia significa falar de formas ativas, de organizações que se mantêm ao longo do tempo e que, precisamente por isso, podem evoluir, aprender e, por vezes, desintegrar-se.

Crescer sem instruções: o embrião como um campo que se organiza.

Se quisermos compreender verdadeiramente o que significa dizer que a vida é informação encarnada, não há terreno mais revelador do que o desenvolvimento embrionário. É aqui, nas primeiras horas e nos primeiros dias após a fecundação, que a biologia mostra com maior evidência um facto incómodo para qualquer visão mecanicista: a forma não é executada, mas ganha corpo.

O embrião não segue um projeto detalhado, como uma casa construída a partir de um desenho técnico. Pelo contrário, assemelha-se a um processo que se orienta progressivamente, estabilizando algumas possibilidades e deixando outras decair. As células dividem-se, migram, mudam de função, mas fazem-no sem que exista um centro de comando que lhes diga «agora torna-te fígado» ou «agora torna-te retina». No entanto, com uma fiabilidade surpreendente, surge um organismo coerente.

Já na década de 1930, o embriologista alemão Hans Spemann, Prémio Nobel em 1935, demonstrou que certas regiões do embrião não contêm uma forma já pronta, mas ativam processos organizacionais no tecido circundante. Não transmitem instruções detalhadas: criam condições. É uma distinção subtil, mas decisiva. A informação não reside no resultado final, mas sim na capacidade de orientar um processo coletivo.

Nesta perspetiva, a informação incorporada não é algo que «está dentro» de uma célula como uma mensagem selada. É uma relação que se estende no espaço e no tempo do embrião, envolvendo gradientes químicos, tensões mecânicas, ritmos de divisão e restrições geométricas. A forma surge porque o sistema, no seu conjunto, reconhece e estabiliza configurações compatíveis com a sua própria coerência.

O biólogo teórico Stuart Kauffman, ao refletir sobre a morfogénese, expressou este ponto com palavras que ressoam fortemente com a ideia de campo: *«Os organismos não são construídos de acordo com um projeto; auto-organizam-se dentro de espaços de possibilidade.»* O desenvolvimento embrionário torna-se assim o laboratório natural onde se pode observar a informação enquanto se materializa, sem nunca se separar da matéria que a expressa.

Esta visão ajuda também a compreender por que razão o embrião possui uma notável capacidade reguladora. Se algumas células forem removidas ou danificadas, o processo não falha necessariamente: muitas vezes reorganiza-se. Não porque o «programa» seja redundante, mas porque a informação está distribuída, incorporada no campo das relações. A forma final não é um objetivo pré-estabelecido, mas um atrator dinâmico.

Neste sentido, o desenvolvimento embrionário esclarece um dos pontos centrais do capítulo: a informação biológica não precede a forma como uma ideia abstrata, nem a segue como uma simples descrição. Coincide com o próprio processo que gera a forma. O embrião não aplica informação: vive-a.

Porque a vida não pode ser «reiniciada» como um sistema digital.

Uma das ilusões mais persistentes da biologia contemporânea surge do confronto, muitas vezes implícito, com as tecnologias digitais. Um computador bloqueia, reinicia-se; um ficheiro corrompe-se, restaura-se a partir de uma cópia anterior. Mas a vida não funciona assim, e este capítulo — no cerne da reflexão sobre a informação encarnada — encontra no tempo irreversível a sua prova mais convincente.

Um organismo vivo não atravessa o tempo como um suporte neutro sobre o qual fluem dados. É o próprio tempo que entra na sua estrutura, que se sedimenta na forma, nos tecidos, nas trajetórias de desenvolvimento. Cada instante vivido altera o campo informativo do organismo, deixando vestígios que não podem ser apagados sem destruir o sistema que os contém. A informação biológica, precisamente por estar incorporada, é sempre também história.

É neste ponto que a metáfora informática cede definitivamente. Um sistema digital pode regressar a um estado anterior porque a informação é separável do suporte. Um organismo, pelo contrário, é a sua própria informação ao longo do tempo. Não existe um «antes» conservado noutro local a partir do qual se possa recomeçar. Mesm , quando uma ferida cicatriza, não se regressa ao estado inicial: segue-se em frente, com uma nova configuração.

Já em 1944, Erwin Schrödinger, na famosa obra *«What Is Life?»*, tinha captado um aspeto essencial desta assimetria temporal, referindo-se à vida como um sistema que se alimenta de «entropia negativa». Para além da linguagem hoje desatualizada, a intuição continua a ser poderosa: *«Um organismo vivo mantém a sua ordem aumentando a desordem do ambiente.»* Esta troca não é reversível. Cada ato de manutenção da forma tem um custo temporal que não pode ser anulado.

A informação biológica, portanto, não é apenas uma relação espacial, mas um processo temporal que deixa marcas. Pensemos no amadurecimento de um sistema nervoso, na impressão precoce ou mesmo apenas no envelhecimento celular. Em todos estes casos, a informação não é «executada» e depois arquivada: incorpora-se na matéria, alterando para sempre as suas possibilidades futuras. Reiniciar significaria apagar a história, mas apagar a história equivale a apagar o organismo.

É por isso que a vida não pode ser clonada no sentido estrito do termo, nem mesmo quando o ADN é idêntico. Como observava o biólogo francês Henri Atlan, ao refletir sobre os sistemas complexos: *«A informação que importa não é aquela que se repete, mas aquela que se transforma.»* E a transformação, por definição, acontece uma única vez.

Nesta perspetiva, a irreversibilidade temporal não é um limite da vida, mas a sua condição de possibilidade. Sem o tempo a decorrer numa única direção, não haveria desenvolvimento, aprendizagem, adaptação. A informação incorporada é sempre informação que já ocorreu, não simplesmente conservada. E precisamente por isso, cada organismo é único: não porque contenha dados especiais, mas porque atravessou um tempo que nenhum outro poderá jamais percorrer da mesma forma.

Da física à consciência: a viagem conceptual da informação.

Há conceitos que não pertencem a uma única disciplina, mas funcionam como pontes epistemológicas: permitem o diálogo, reorganizam os problemas, alteram a própria forma de colocar as questões. A informação, no contexto da biologia dos campos, é um desses conceitos. Não porque explique tudo — as explicações universais são sempre suspeitas —, mas porque obriga ciências diferentes a confrontarem-se sobre o que realmente entendem por «realidade».

Na física, a informação começou a ter um peso significativo quando se percebeu que não era apenas uma forma de descrever os sistemas, mas algo que condicionava o seu comportamento. No final dos anos 80, nos corredores do *«Los Alamos National* Laboratory», discutia-se animadamente se a informação era uma grandeza física em todos os sentidos ou uma abstração conveniente. O físico Rolf Landauer, com uma frase que ficou famosa, pôs um ponto final na questão: *«Information is physical.»* Não queria dizer que a informação fosse uma «coisa», mas que não existe sem um suporte, sem um processo, sem um custo. Uma lição que a biologia, muitas vezes, apenas assimilou parcialmente.

Quando nos voltamos para o mundo vivo, de facto, a informação deixa de ser neutra. Não descreve simplesmente o que acontece: participa no que acontece. É aqui que entra em jogo a epistemologia. Na biologia, falar de informação significa questionar-se sobre quem interpreta, como e com base em que restrições. Um sinal químico, uma distribuição espacial, uma variação rítmica não são informação em si mesmos: só o tornam-se no seio de um sistema capaz de lhes conferir um sentido operacional.

Este é o ponto de contacto com a filosofia da mente. Nos anos 90, o filósofo americano John Searle gostava de recordar que não basta manipular símbolos para obter significado. A informação, sem um sujeito — ou, pelo menos, um sistema —

que a encarne, permanece muda. A biologia dos campos leva a sério esta observação, mas radicaliza-a: cada organismo é já, de forma embrionária, um sujeito de sentido, porque é um centro de integração informativa.

Uma anedota frequentemente contada nos círculos da cibernética europeia diz respeito a um encontro informal, em Viena, entre biólogos e filósofos no início dos anos 70. Durante uma pausa para o café, alguém perguntou se o cérebro «armazenava» informação como uma biblioteca. O neurobiologista Walter Freeman, conhecido pelos seus estudos sobre padrões dinâmicos cerebrais, respondeu sorrindo: *«Não, o cérebro dança a informação»*. Uma metáfora imperfeita, mas esclarecedora: a informação não é um objeto mental, é um evento estruturado no tempo.

Nesta perspetiva, a informação torna-se o ponto de encontro entre três tradições: a física, que a vê como restrição e possibilidade; a biologia, que a vive como forma estabilizada em processos; e a filosofia da mente, que a questiona como condição do significado.

Não é por acaso que pensadores tão diferentes como Gilbert Simondon, em França, e Thomas Metzinger, na Alemanha, tenham insistido — a partir de perspetivas opostas — no facto de que não podemos compreender a mente sem uma teoria dos processos que a geram. A informação, entendida não como conteúdo mas como relação operacional, permite evitar dois escollos: o reducionismo material e o mistério imaterial.

Do ponto de vista epistemológico, isto significa também reconhecer uma mudança de estatuto da explicação científica. Já não explicamos a vida dizendo «de que é feita», mas sim como se organiza e mantém o seu sentido interno. A informação não encerra o discurso: abre-o. Funciona como uma língua franca imperfeita, mas indispensável, entre disciplinas que, de outra forma, permaneceriam incomunicáveis.

Em última análise, a biologia dos campos propõe uma aposta cultural antes mesmo de ser científica: que a informação possa ser o conceito através do qual repensar em conjunto a natureza, a vida e a mente, sem reduzir uma à outra. Não um novo dogma, mas um espaço partilhado de questionamento.

Quem observa quem? O observador entre o laboratório e a vida vivida.

Toda a biologia começa com um olhar. Um microscópio ligado, um caderno aberto, uma pergunta bem formulada. Mas quando o objeto desse olhar é um organismo vivo, acontece algo singular: deparamo-nos com sistemas que não só são observados, mas que, à sua maneira, se observam a si próprios. É aqui que o conceito de informação incorporada revela uma das suas tensões mais fecundas: a que existe entre a observação externa da ciência e a autorreferência interna da vida.

No laboratório, o observador científico opera por separação. Isola variáveis, controla condições, traduz processos em medidas. É uma postura poderosa, que produziu resultados extraordinários. Mas, como já observava Claude Bernard na Paris de meados do século XIX, *«a vida escapa assim que a se decompõe demasiado»*. Bernard não punha em causa a experiência, mas lembrava que o organismo reage ao próprio ato de ser observado, porque é um sistema regulado a partir do interior.

Aqui entra em jogo uma distinção crucial. A observação científica é heterorreferida: o critério de validade situa-se fora do sistema observado. A autorreferência biológica, pelo contrário, é constitutiva: um organismo vive porque mantém uma relação contínua consigo mesmo, atualizando as suas próprias informações internas em função da sobrevivência. Não «sabe» que está a ser observado, mas observa-se continuamente, no sentido operacional do termo.

Nos anos 60, num Chile marcado por fortes tensões sociais, os biólogos Humberto Maturana e Francisco Varela chegaram a esta intuição ao estudarem a perceção nos sistemas nervosos. A sua ideia de autopoiese — apresentada oficialmente em 1972 — surgiu também de um dado empírico surpreendente: o sistema nervoso não regista o mundo tal como ele é, mas produz continuamente uma coerência interna. Como disse o , Maturana, numa conferência em Santiago, com uma frase que ficou famosa: *«Tudo o que é dito, é dito por um observador.»* Mas, nos seres vivos, esse observador já faz parte do sistema.

Esta capacidade de autorreferência já tinha sido intuída, de forma surpreendentemente moderna, pelo biólogo báltico Jakob von Uexküll no início do século XX. Ao estudar animais simples, introduziu o conceito de Umwelt: cada organismo vive num mundo significativo que não coincide com o do observador humano. Não existe uma única realidade biológica, mas sim uma multiplicidade de mundos centrados no organismo.

Do ponto de vista da biologia dos campos, isto implica uma consequência epistemológica subtil, mas decisiva: o observador científico descreve campos informativos, enquanto o organismo os habita e os gera. As duas perspetivas não estão em conflito, mas não são sobreponíveis. Confundi-las leva a erros conceptuais: ou se reduz o organismo a uma máquina reativa, ou se atribui à ciência uma subjetividade que não lhe compete.

A vida, enquanto informação encarnada, é sempre autocentrada, mesmo nas suas formas mais simples. Uma bactéria que regula o seu próprio metabolismo não «conhece» no sentido humano do termo, mas faz distinções que são relevantes para ela. Este é o mínimo denominador comum entre a biologia e a mente: não a consciência reflexiva, mas a capacidade de relacionar a informação com uma identidade operacional. Neste sentido, o observador não é um intruso no discurso biológico, mas um termo de comparação. A ciência observa a vida; a vida mantém-se a si própria ao observar-se. É entre estes dois níveis que se joga grande parte da dificuldade — e do fascínio — de uma biologia que pretenda realmente ir além do reducionismo.

Quando a informação muda a forma de conhecer.

Houve um momento, na segunda metade do século XX, em que a ciência começou a usar uma palavra aparentemente inofensiva — informação — para dizer algo radicalmente novo sobre o mundo. Já não se tratava apenas de medir, pesar, quantificar. Tratava-se de compreender como a ordem se mantém, se transmite e toma forma, mesmo contra a tendência natural para a desordem. Desde então, a epistemologia — a própria forma como a ciência concebe o que conhece — nunca mais foi a mesma.

A história começa num local inesperado: a termodinâmica. Na década de 1940, enquanto a Europa saía com dificuldade da guerra, físicos como Leo Szilard e Léon Brillouin começaram a questionar-se sobre um paradoxo antigo: como pode um sistema produzir ordem sem violar a segunda lei da termodinâmica? O famoso «demónio de Maxwell», já evocado no século XIX, voltava agora sob uma nova perspetiva. Szilard sugeriu que o ato de conhecer — distinguir, medir, selecionar — tem um custo energético. A informação entrava assim na física não como metáfora, mas como grandeza epistémica.

Poucos anos depois, em 1948, Claude Shannon, a trabalhar nos Bell Labs, em Nova Jérsia, publicou *«A Mathematical Theory of Communication»*. O seu objetivo era técnico: melhorar a eficiência das telecomunicações. Mas as consequências foram filosóficas. Ao definir a informação em termos de redução da incerteza, Shannon separava claramente informação e significado. Uma escolha metodológica, não ontológica. No entanto, essa separação viria a influenciar, durante décadas, a forma como a ciência abordava o conhecimento, a mente e a vida.

Naqueles mesmos anos, em Cambridge, Alan Turing questionava-se sobre o que significa «pensar». O seu famoso teste não definia a inteligência com base na experiência subjetiva, mas sim na manipulação coerente de informação simbólica. Nascia assim uma visão computacional da mente que viria a dominar a filosofia e as ciências cognitivas durante grande parte da segunda metade do século. A epistemologia estava a mudar: conhecer já não era espelhar o mundo, mas transformar um a informação de acordo com regras. E, no entanto, algo não batia certo. Em 1944, num pequeno livro escrito em Dublin durante a guerra, Erwin Schrödinger colocou uma pergunta destinada a tornar-se célebre: O que é a vida? A sua resposta foi surpreendente: um organismo é um sistema que se alimenta de «entropia negativa». Hoje diríamos: mantém a sua forma graças a fluxos de informação ordenados. Schrödinger não falava de genes como códigos, mas de estabilidade estrutural ao longo do tempo, abrindo uma brecha entre a física, a biologia e a epistemologia.

Nos anos 50 e 60, essa brecha alargou-se com a cibernética. Em Nova Iorque, nas célebres *Macy Conferences*, figuras como Norbert Wiener, Gregory Bateson e Margaret Mead discutiam sobre feedback, regulação e aprendizagem. É aqui que a epistemologia muda de rumo. Já não basta perguntar-se se uma descrição é verdadeira ou falsa. É preciso perguntar-se: para quem é informativa? Em que contexto? Em relação a que organização interna? Estas questões tornar-se-ão centrais também na filosofia da mente dos anos 70 e 80, quando o funcionalismo de Hilary Putnam começará a mostrar os seus limites, abrindo caminho a conceções mais encarnadas e situadas da cognição. Uma anedota contada por um filósofo da ciência holandês, que nos anos 80 frequentava tanto laboratórios de neurobiologia como seminários de filosofia analítica, ilustra bem o clima da época. «Todos falávamos de informação», recordava ele, «*mas já não falávamos da mesma coisa.*» Para os físicos, era uma medida; para os biólogos, uma função organizacional; para os filósofos, um problema de sentido. Foi precisamente esta ambiguidade que tornou a informação uma noção epistemologicamente fecunda.

No contexto da biologia dos campos, esta história sugere uma conclusão clara: a informação não é um intermediário neutro entre o sujeito e o objeto, mas um princípio que redefine ambos. Já não conhecemos um mundo feito de coisas, mas de processos informativos que se estabilizam em formas. A vida, neste quadro, não «contém» informação: é informação que encontrou uma forma de perdurar na matéria.

Porque a vida não funciona como um computador.

Há uma imagem que marcou profundamente a biologia da segunda metade do século XX: a do organismo como uma máquina que processa informação, do ADN como um software, das células como hardware sofisticado. Uma metáfora poderosa, sedutora e extremamente produtiva a nível técnico. Mas, como acontece frequentemente, aquilo que no início ajuda a compreender, com o tempo corre o risco de se tornar um filtro que distorce.

A metáfora informática surge num contexto histórico específico. Estamos entre os anos 50 e 60, quando os primeiros computadores ocupavam salas inteiras — como o IBM 7090 instalado no MIT — e a cibernética prometia uma linguagem comum para máquinas, cérebros e sociedade. Falar de «informação» na biologia significava, na altura, entrar no futuro, emancipar-se do vitalismo e da imprecisão filosófica. Mas o preço a pagar foi elevado: a informação foi progressivamente reduzida a um dado, a uma sequência discreta, a uma instrução a executar.

O problema é que os dados não têm vida. São entidades abstratas, intercambiáveis, idênticas a si mesmas independentemente do contexto. Um ficheiro permanece o mesmo num computador em Tóquio ou em Turim. Um organismo, por outro lado, não. A mesma «informação» produz efeitos diferentes consoante o estado do sistema que a recebe, a sua história e o seu ambiente. Confundir informação com dado significa ignorar esta dimensão fundamental: a dependência do contexto e da forma.

Nos anos 90, o fisiologista britânico Denis Noble, que trabalhava em Oxford em modelos matemáticos do coração, contava frequentemente um episódio curioso. Durante uma conferência, um informático perguntou-lhe: «*Onde está o programa do batimento cardíaco?*». Noble respondeu com uma pausa embaraçada e depois disse: «*Não existe nenhum programa. O coração bate porque é feito de uma determinada maneira*». Não para executar um código, mas devido a uma dinâmica distribuída que envolve células, tecidos, campos elétricos e restrições mecânicas. A informação, neste caso, não está escrita em lado nenhum: surge da própria organização.

A metáfora informática, aplicada à vida, introduz também outro equívoco: a ideia de que a informação precede a matéria e a governa a partir do exterior. Como se o ADN fosse um texto para ser lido e o corpo uma impressora biológica. Mas esta visão não resiste à prova dos factos. Já na década de 1970, estudos de embriologia experimental — como os realizados em Nápoles por Giuseppe Levi e pela sua escola — demonstravam que a forma de um organismo depende de interações espaciais e temporais, e não de uma simples execução linear de instruções.

Um dado, por definição, é passivo. A informação biológica, pelo contrário, é ativa, performativa. Não descreve o que acontece: faz com que aconteça. Aqui, a metáfora informática falha, porque nos computadores o significado é irrelevante. Uma sequência de bits funciona independentemente do que «significa». Nos organismos, não. Como observou o biólogo chileno Humberto Maturana, numa palestra em Santiago na década de 1980, «*o que importa não é o sinal em si, mas a forma como o sistema responde*».

Uma anedota recolhida por uma bióloga francesa que trabalhava nos anos 2000 num laboratório de genómica em Lyon é esclarecedora. Conta como duas células com o mesmo património genético reagiram de forma oposta ao mesmo estímulo químico. «*No início, pensámos que se tratava de um* erro», disse ela, «mas *depois percebemos que estávamos a tratar a informação como um dado, e as células estavam a dizer-nos que não era isso*». Não havia qualquer falha no sistema: havia uma organização viva que interpretava.

Criticar a metáfora informática não significa rejeitar a tecnologia ou os modelos computacionais. Significa colocá-los no seu devido lugar. Um modelo pode simular, descrever, aproximar-se. Mas a vida não «processa» informação como faz uma máquina: ela encarna-a, transforma-a em estrutura, gesto, ritmo. Reduzir tudo a dados significa perder o que torna um organismo vivo: a sua capacidade de dar sentido, de manter a coerência, de responder de forma criativa.

Nesta perspetiva, a biologia dos campos propõe uma mudança de olhar. A informação não é uma sequência a descodificar, mas uma relação que ganha corpo. Não é uma mensagem que viaja, mas uma configuração que se estabiliza. Abandonar a metáfora informática não é um retrocesso, mas um ato de maturidade epistemológica: reconhecer que a vida não é um computador mal compreendido, mas um fenómeno que exige novos conceitos.

Porque um algoritmo não sabe que está vivo.

Cada época concebe a vida com os instrumentos de que dispõe. No século XVII era o relógio, no século XX a máquina termodinâmica, hoje é o computador. Não é, portanto, surpreendente que, na era da inteligência artificial, o organismo seja frequentemente descrito como um sistema de cálculo particularmente sofisticado. Mas a comparação, por mais sugestiva que seja, revela rapidamente as suas falhas. Porque a informação que uma máquina calcula não é a mesma informação que um organismo vive.

Em 1956, durante o famoso «*Dartmouth Summer Research Project on Artificial* Intelligence», John McCarthy e Marvin Minsky imaginavam máquinas capazes, em princípio, de fazer tudo o que uma mente humana faz. O otimismo era contagiante.

Nessa mesma década, nos laboratórios de biologia molecular, falava-se de «leitura», «transcrição» e «tradução» do código genético. O mundo vivo parecia finalmente decifrável como uma linguagem formal.

No entanto, setenta anos depois, a comparação entre inteligência artificial e inteligência biológica revela uma diferença radical que vai além da potência de cálculo. A IA manipula símbolos, mesmo quando o faz de forma surpreendentemente eficaz. O organismo, por outro lado, está envolvido naquilo que conhece. A informação, para um ser vivo, nunca é neutra: tem um valor vital, orienta a ação, modifica a forma.

Uma anedota contada por um investigador italiano que trabalhou durante muito tempo entre Milão e Boston na área do «*machine* learning» é emblemática. Durante um teste de visão artificial, um sistema reconhecia perfeitamente um rosto humano, mesmo quando a imagem estava distorcida ou incompleta. «*Melhor do que* nós», comentou alguém. O investigador respondeu: «*Sim, mas não sabe o que significa cruzar aquele olhar*». A máquina classificava; o ser humano estabelecia uma relação.

É aqui que reside a questão. A informação computacional é externa ao sistema que a processa: pode ser transferida, copiada ou apagada sem consequências ontológicas. Um algoritmo não sofre se perder um dado. A informação biológica, por outro lado, é intrínseca: coincide com o próprio estado do organismo. Quando um animal percebe um perigo, a informação não «chega» simplesmente: traduz-se em postura, tensão muscular, variações hormonais. É informação que ganha corpo.

Já na década de 1980, o neurocientista Gerald Edelman, Prémio Nobel da Medicina em 1972, insistia neste ponto durante as suas aulas em La Jolla: o cérebro não funciona como um computador porque nunca separa o processamento do valor. Cada ato cognitivo é seletivo, contextualizado e ligado à história individual do organismo. Uma inteligência artificial pode otimizar uma função; um ser vivo tem de continuar a existir.

Mesmo quando a IA imita comportamentos adaptativos — como nos sistemas de *«aprendizagem por* reforço» desenvolvidos a partir da década de 2010 —, subsiste uma diferença decisiva. A «recompensa» de uma máquina é um parâmetro numérico. Para um organismo, o que está em jogo é a continuidade da sua própria forma de vida. A informação, neste contexto, não é um input entre outros: é o que mantém a coerência do campo biológico.

Um episódio pouco conhecido, mas significativo, remonta a um workshop interdisciplinar realizado em Santa Fé nos primeiros anos dos anos 2000. Um biólogo evolucionista observou que, se um robô cai, levanta-se porque está programado para o fazer; se uma criança cai, levanta-se porque aprendeu o que significa cair. Não se trata apenas de uma diferença de complexidade, mas da natureza da informação envolvida. No primeiro caso, trata-se de cálculo; no segundo, de experiência sedimentada no corpo.

A biologia dos campos oferece aqui uma chave interpretativa decisiva. A inteligência biológica não reside num centro de controlo, nem num algoritmo oculto, mas na coerência global do sistema. A informação é a forma como o campo se organiza e se mantém ao longo do tempo. Por isso, é inseparável da matéria, da energia e da forma. Uma máquina pode simular um comportamento inteligente; um organismo é esse comportamento, no sentido pleno e arriscado do termo.

Reconhecer esta diferença não significa menosprezar a inteligência artificial, mas libertá-la de expectativas inadequadas. E, acima de tudo, significa devolver à vida a sua especificidade: não como hardware biológico que executa software evolutivo, mas como um processo de informação vivida, encarnada, irreversível. Uma diferença subtil, mas decisiva, que marca a fronteira entre o que calcula e o que vive.

Do bug à mudança: dois destinos opostos do erro.

Na linguagem da informática, o erro é um intruso. Um bug a ser identificado, isolado e corrigido. Na biologia, acontece exatamente o contrário: o erro não é um inimigo da vida, mas um dos seus motores mais profundos. Esta diferença, aparentemente subtil, ilustra de forma exemplar o que significa dizer que a vida é informação encarnada e não uma simples processamento de dados.

Quando, em 1947, a equipa de Grace Hopper encontrou uma traça presa num relé do computador Mark II em Harvard, o episódio — hoje conservado no Smithsonian — tornou-se a anedota fundadora do termo «*bug*». O erro era algo externo, acidental, a ser removido para restabelecer o funcionamento correto da máquina. O sistema, uma vez eliminada a causa, voltava a ser idêntico ao que era antes. Nenhum vestígio, nenhuma memória, nenhuma transformação.

Nos organismos vivos, acontece o contrário. Um erro genético, uma variação no desenvolvimento, uma resposta fisiológica «errada» não são simplesmente apagados: ficam inscritos na história do sistema. Podem ser reabsorvidos, compensados ou abrir caminhos inesperados. Em 1943, Conrad Waddington observou, nas suas experiências em Cambridge, como os embriões submetidos a stress térmico desenvolviam novas configurações morfológicas, algumas das quais se estabilizavam ao longo do tempo. Não se tratava de uma avaria a corrigir, mas de um desvio que redefinia o campo das possibilidades.

Aqui surge uma diferença crucial entre a informação computada e a informação vivida. Numa máquina, o erro é uma discrepância entre o estado previsto e o estado real. No organismo, o erro é um acontecimento, algo que ocorre ao sistema e no sistema, alterando a sua coerência interna. A vida nunca regressa simplesmente ao estado anterior: incorpora o que aconteceu.

Um médico francês contava como um grave erro de carga durante a reabilitação de um doente — um movimento antecipado, teoricamente contra as regras — tinha desencadeado uma reorganização inesperada da postura. O corpo tinha «errado», mas esse erro tinha obrigado o sistema nervoso a encontrar uma solução mais estável. Num algoritmo de controlo, o mesmo erro teria desencadeado um alarme; num organismo, gerou aprendizagem.

Isto porque, na biologia dos campos, a informação não é uma mensagem que passa intacta de um ponto para outro, mas sim uma relação que se reestrutura. O erro não interrompe o fluxo de informação: desvia-o, põe-no à prova, por vezes enriquece-o. Como escreveu Georges Canguilhem em *«O Normal e o* Patológico» (1966), a vida não é uma adaptação passiva a uma norma, mas a capacidade de instituir novas normas. E, muitas vezes, é precisamente o erro que torna necessária essa invenção.

Mesmo nas tecnologias mais avançadas de inteligência artificial, o erro continua a ser algo fundamentalmente reversível. Um modelo é retreinado, os pesos atualizados, a função de perda minimizada. Nada do que aconteceu «deixa cicatrizes». Nos organismos, pelo contrário, cada erro significativo deixa uma marca: um rasto epigenético, uma memória imunitária, uma alteração no comportamento. O ser vivo não se limita a corrigir: transforma-se a si próprio.

Neste sentido, o erro biológico não é o oposto da informação, mas uma das suas modalidades geradoras. É o momento em que o campo perde temporariamente a coerência e, precisamente por isso, é obrigado a reorganizar-se a um nível mais complexo. As máquinas procuram a perfeição funcional; a vida procura a continuidade. E a continuidade, paradoxalmente, passa frequentemente pelo erro.

O código incompleto: epigenética, espaço e tempo na biologia dos campos.

Durante mais de meio século, contámos a vida como uma história de letras: A, T, C, G. Um alfabeto elegante, gravado na dupla hélice do ADN, capaz — assim se dizia — de explicar a forma de uma folha, o batimento cardíaco e até mesmo um traço de caráter. É uma narrativa poderosa, nascida nos laboratórios de Cambridge na década de 1950 e que rapidamente se tornou um mito fundador da biologia moderna. Mas, como acontece frequentemente com os mitos de sucesso, com o tempo começou a revelar fissuras.

Já na década de 1970, em Woods Hole, durante as famosas *escolas de verão* frequentadas por biólogos, físicos e filósofos da ciência, circulava uma piada atribuída a um investigador mais velho: *«O ADN é como uma lista de ingredientes. Mas onde estão a receita, a cozinha e o cozinheiro*?". Era uma provocação, claro. Mas antecipava um problema real: o genoma, por si só, não explica como a informação se transforma em organismo.

A ideia de que o ADN contém um «programa» completo é hoje dificilmente sustentável. Não porque os genes não tenham importância — têm, e de que maneira —, mas porque o seu significado depende do contexto. Um gene pode ser silenciado, amplificado, modulado. Pode atuar num tecido e permanecer inativo noutro. A mesma sequência genética, em condições diferentes, produz resultados diferentes.

É aqui que entra em cena a epigenética, termo cunhado já em 1942 por Conrad Waddington em Edimburgo, muito antes de se tornar moda. Experiências mais recentes tornaram a sua intuição quase banal. Nos anos 2000, estudos com gémeos monozigóticos — geneticamente idênticos — demonstraram que, a , com o passar do tempo, os seus perfis epigenéticos divergem. Metilações do ADN, modificações das histonas, microRNA: pequenos sinais químicos que não alteram as letras do código, mas alteram a sua leitura. A vida, poderíamos dizer, faz anotações à margem do texto genético.

Há ainda um aspeto ainda mais radical: a informação biológica é espacial. Não reside apenas na sequência, mas na disposição. Um embrião não cresce como uma impressora 3D que executa instruções lineares; cresce como um campo de relações. As células «sabem» onde estão, quem têm ao seu lado, que forma está a emergir.

Nos anos 50, o biólogo britânico Lewis Wolpert propôs o conceito de *«informação posicional»*: as células lêem gradientes químicos e, com base na sua posição, ativam programas diferentes. Uma ideia simples, nascida da observação do desenvolvimento dos insetos, que, no entanto, desmontava a ideia de um controlo centralizado. A forma não é imposta de cima; emerge de um mapa distribuído.

Uma anedota frequentemente contada nos corredores da Universidade de Cambridge diz respeito a uma experiência didática: pergunta-se aos estudantes como é que uma célula da mão sabe que é «mão» e não «fígado». A resposta instintiva é: *«Porque* é *que o ADN o diz»*. Mas o ADN de uma célula da mão e de uma do fígado é o mesmo. A diferença está no espaço, nas interações, na história local. A informação, neste caso, é topológica.

A complicar ainda mais o quadro está a dimensão dinâmica. A informação biológica não é estática: ocorre ao longo do tempo. Oscilações, ritmos, ciclos. Desde a pulsação dos genes do relógio circadiano, descobertos na década de 1990 ao estudar a Drosophila, até às ondas de atividade elétrica nos tecidos em desenvolvimento, a vida organiza-se como um processo temporal.

Um exemplo fascinante vem da regeneração. Nos anos 60, nos laboratórios de Chicago, observava-se como as planárias conseguiam regenerar um organismo inteiro a partir de um fragmento. Não basta dizer que «o ADN sabe o que fazer». A verdadeira questão é: como é que o fragmento sabe se deve regenerar uma cabeça ou uma cauda? Estudos mais recentes sugerem que sinais bioelétricos e padrões dinâmicos da membrana desempenham um papel crucial. Trata-se de uma informação que flui, que se estabiliza e que também pode ser perturbada. É aqui que a biologia dos campos encontra um dos seus pontos fortes: o organismo como estrutura informativa estabilizada, mantida por fluxos contínuos. Não um objeto, mas um evento que perdura.

Dizer que a vida vai «além do ADN» não significa abandonar a ciência em favor da metáfora. Significa reconhecer que a informação biológica está encarnada: concretiza-se no espaço, no tempo, na matéria organizada. Não é um ficheiro para ler, mas uma relação a manter.

Em 2001, aquando da publicação do primeiro esboço do genoma humano, alguém falou do «livro da vida». Anos mais tarde, um dos protagonistas do projeto, numa entrevista ao New York Times, admitiu com certa ironia: *«Temos o dicionário, mas não a gramática»*. Talvez hoje possamos acrescentar: nem sequer a prosódia, o ritmo, a disposição das frases na página.

A biologia dos campos propõe precisamente esta mudança de perspetiva. A informação não como um comando, mas como uma configuração ativa. Não como uma causa linear, mas como uma coerência que se mantém. Nesta perspetiva, o ADN continua a ser fundamental, mas deixa de ser soberano absoluto. Torna-se um instrumento no seio de uma orquestra mais ampla, onde o espaço, o tempo e a relação compõem a música.

A memória sem arquivo: como as células se lembram de quem são.

Quando falamos de memória, o pensamento dirige-se imediatamente para o cérebro, para as recordações de infância, para uma fotografia amarelada. No entanto, a memória é muito mais antiga do que a mente. Existia antes dos neurónios, antes dos sistemas nervosos, talvez até antes de alguém lhe poder dar esse nome. A biologia dos campos convida-nos a olhar para a vida como uma estrutura informativa estabilizada no tempo e, neste contexto, a memória não genética surge como um dos seus fenómenos mais reveladores.

As células lembram-se. Não no sentido metafórico, mas de forma operacional: conservam vestígios de estados passados que influenciam o seu comportamento futuro, sem que o ADN seja alterado. É uma memória incorporada, distribuída, muitas vezes silenciosa. Uma memória que não precisa de ser escrita para agir.

Nos anos 80, nos laboratórios do Pasteur, em Paris, alguns investigadores repararam num facto curioso ao estudarem culturas celulares: as células submetidas a um stress temporário — uma variação de temperatura, uma carência nutricional — reagiam de forma diferente a um stress semelhante aplicado dias depois, mesmo quando as condições iniciais tinham voltado ao normal. Não havia qualquer mutação genética detetável, mas algo tinha permanecido. Uma espécie de «experiência» celular.

Hoje sabemos que essa memória pode residir em muitos locais: na conformação de proteínas que permanecem ativas ou inativas, na organização do citoesqueleto, na composição da matriz extracelular, até mesmo nos padrões biofísicos que atravessam os tecidos. A célula nunca recomeça verdadeiramente do zero. Cada estado deixa uma marca.

Um exemplo fascinante vem da diferenciação celular. Quando uma célula estaminal se torna, digamos, uma célula muscular, entra num estado estável que tende a persistir. Mesmo quando retirada do seu contexto original, muitas vezes «lembra-se» de que é músculo. Esta memória de identidade não é apenas genética: é uma configuração global que envolve forma, tensões mecânicas e redes proteicas. A biologia dos campos diria: uma coerência que se estabilizou.

Há um capítulo pouco conhecido, mas instrutivo, desta história que diz respeito aos *priões*. Descobertos na década de 1980 por Stanley Prusiner, que recebeu o Prémio Nobel em 1997 por esta descoberta, os priões são proteínas capazes de existir em várias conformações estáveis. O o que é surpreendente é que uma proteína pode «ensinar» a sua forma a outras proteínas idênticas, sem passar por um gene.

Nas leveduras, algumas conformações priónicas não são patológicas, mas sim funcionais: atuam como uma memória molecular que altera o comportamento celular ao longo de muitas gerações. Trata-se de um exemplo radical de informação sem código: a própria forma é memória.

A memória não genética torna-se ainda mais evidente ao nível dos tecidos. Quem trabalha em cirurgia reconstrutiva sabe-o bem: um tecido cicatricial «comporta-se» de forma diferente de um tecido saudável, mesmo anos depois. Não se trata apenas de células diferentes, mas de uma história mecânica e estrutural impressa na matéria viva. Nos anos 90, em Boston, alguns estudos sobre engenharia de tecidos demonstraram que as células cultivadas em suportes rígidos ou elásticos desenvolviam destinos diferentes. Mas a descoberta mais interessante surgiu depois: mesmo quando transferidas para um novo suporte, as células mantinham, durante algum tempo, a «memória» da rigidez anterior. Como se o passado mecânico continuasse a falar.

Este tipo de memória desafia a metáfora informática. Não há um ficheiro guardado em algum lugar. Há, antes, uma história incorporada, semelhante à que um trilho deixa na floresta: quanto mais é percorrido, mais se torna evidente.

Esta ideia de memória difusa tem profundas ressonâncias filosóficas. Henri Bergson, nas suas aulas no Collège de France, distinguia entre a memória como «depósito» e a memória como «duração». A vida, para Bergson, não conserva o passado como um arquivo, mas leva-o consigo como um impulso contínuo. Na biologia, a memória não genética parece dar corpo a esta intuição. Também Paul Ricoeur, muitas décadas mais tarde, ao falar de identidade pessoal, sublinhava que recordar não significa reproduzir o passado, mas manter um rasto do mesmo que atua no presente. As células, à sua maneira, fazem algo semelhante: não «recordam» o que foi, mas incorporam-no naquilo que são.

Nesta perspetiva, o organismo surge como um campo de memórias estratificadas. Cada nível — molecular, celular, e u tecidular — conserva vestígios que orientam o futuro. A memória não é um acréscimo à vida; é uma das suas condições.

Visto assim, recordar não significa permanecer igual, mas permanecer coerente. A biologia dos campos descreve o organismo como uma estrutura informativa estabilizada, e a memória não genética é um dos mecanismos que tornam possível essa estabilidade na mudança.

Um biólogo italiano, falando de forma informal durante um congresso em Pádua no início dos anos 2000, resumiu o conceito com uma frase que ficou famosa entre os estudantes: *«As células não sabem de onde vêm, mas não se esquecem disso»*. É uma piada, claro. Mas capta um ponto essencial: a vida não decorre em instantes isolados. Cada momento está carregado do que o precedeu.

O envelhecimento como acumulação de memórias biológicas.

Há uma ideia tranquilizadora que, há décadas, acompanha a nossa forma de pensar a biologia: se o ADN permanecer intacto, a identidade da célula está salva. No entanto, o envelhecimento abala essa certeza. Organismos geneticamente idênticos — pensemos nos gémeos monozigóticos — podem envelhecer de forma surpreendentemente diferente. A biologia dos campos sugere uma chave interpretativa poderosa: as células não envelhecem apenas porque se deterioram, mas porque se lembram. E nem sempre se lembram bem.

Nesta perspetiva, o organismo é uma estrutura informativa estabilizada que atravessa o tempo. O envelhecimento não é apenas um desgaste, mas o acúmulo de estados passados que permanecem operacionais: memórias funcionais que permitem a adaptação e memórias disfuncionais que, com o tempo, tornam o sistema rígido até à senescência.

Em 2013, numa conferência sobre longevidade realizada em Cold Spring Harbor, um dos locais emblemáticos da biologia molecular, um investigador mostrou uma série de imagens de núcleos celulares retirados de tecidos jovens e idosos. As diferenças não residiam na sequência do ADN, mas na arquitetura: heterocromatina fragmentada, lâmina nuclear menos estável, limites difusos. Era como observar uma biblioteca onde os livros são os mesmos, mas as estantes se deformaram.

Esta perda de ordem estrutural é uma forma de memória. Cada divisão celular, cada stress inflamatório, cada desequilíbrio metabólico deixa um rasto na organização interna da célula. Com o tempo, esses rastros acumulam-se. A célula «sabe» que está velha porque a sua forma de manter a coerência informativa se tornou mais trabalhosa.

Um exemplo emblemático vem da lâmina nuclear, a rede de proteínas que sustenta o núcleo. Na progeria — uma doença rara de envelhecimento precoce descrita pela primeira vez em 1886 por Jonathan Hutchinson, em Londres — o ADN é quase normal, mas a estrutura que o organiza está comprometida. O resultado é um envelhecimento acelerado: uma demonstração dramática de que a memória da idade pode ser arquitetónica, e não genética.

Muitas memórias celulares surgem como estratégias de sobrevivência. Uma célula que enfrentou repetidos stress oxidativos aprende a defender-se: ativa programas de resposta, altera o metabolismo, abranda a proliferação. A curto prazo, é uma escolha sensata. A longo prazo, pode tornar-se uma condenação.

É o que acontece na senescência replicativa, já observada na década de 1960 por Leonard Hayflick, em Filadélfia. As células deixam de se dividir não porque o ADN esteja irreparavelmente danificado, mas porque «decidiram» parar. Esta decisão é uma memória: a recordação de um risco passado que continua a influenciar o presente.

O problema é que as células senescentes não se calam. Secretam sinais inflamatórios que alteram o campo biológico do tecido. É um efeito dominó: a memória de uma célula torna-se o ambiente de muitas outras. O envelhecimento, então, não é a soma de células velhas, mas a propagação de memórias disfuncionais num campo partilhado.

Uma das experiências mais discutidas dos últimos vinte anos teve origem na Universidade da Califórnia, em Berkeley. Em 2005, Irina e Michael Conboy estudaram a parabiosis heterocrónica: ligaram o sistema circulatório de ratos jovens e idosos. Os tecidos dos ratos idosos mostraram sinais de rejuvenescimento. O ADN não tinha mudado. O que tinha mudado era o contexto informativo.

A interpretação mais interessante, na perspetiva da biologia dos campos, é que as células idosas não tinham «esquecido» como funcionar, mas estavam presas num campo empobrecido. Inseridas num ambiente rico em sinais coerentes, algumas memórias da idade tornaram-se reversíveis. Nem todas, claro. Mas o suficiente para sugerir que o envelhecimento não é uma via de sentido único. Um biólogo regenerativo, durante uma visita informal ao laboratório de Berkeley, comentou com uma frase que ficou registada nos cadernos de muitos estudantes: *«Não temos células velhas, temos células que vivem num mundo velho»*. É uma provocação, mas capta um ponto crucial.

Nos últimos anos, fala-se muito de relógios epigenéticos, como o proposto por Steve Horvath em 2013. Estes medem a idade biológica através de padrões de metilação do ADN. Mas, mais do que relógios, são registadores de memória: interpretam a forma como a história vivida pelo organismo ficou gravada nos seus sistemas de regulação.

Uma pessoa que viveu durante muito tempo em condições de stress crónico pode apresentar uma idade biológica superior à idade civil. Não porque os genes tenham mudado, mas porque o campo informativo do organismo incorporou essa experiência. A idade, neste sentido, não é apenas o tempo que passa, mas a forma como este é retido.

Aqui, o diálogo com a cultura é inevitável. Marcel Proust escreveu que o verdadeiro tempo perdido é aquele que não deixa rasto. Na biologia, acontece o contrário: o tempo que deixa demasiados rastos pode tornar-se um fardo. O envelhecimento é uma memória que deixou de ser plástica. Se a vida é informação encarnada, então o envelhecimento é uma crise narrativa. O organismo tem dificuldade em integrar o seu próprio passado de forma coerente. As memórias celulares já não são reelaboradas, mas acumulam-se como capítulos não reescritos.

Nesta perspetiva, a senescência surge menos como um fracasso e mais como uma rigidez: a dificuldade de atualizar a própria narrativa biológica. A biologia dos campos não promete a juventude eterna, mas oferece uma mudança de perspetiva: compreender a idade como uma propriedade emergente da memória distribuída do organismo.

O sistema imunitário não esquece...

Durante muito tempo, descrevemos o sistema imunitário como uma biblioteca bem organizada: prateleiras de anticorpos, cada uma etiquetada com o nome de um patógeno com que se deparou. Uma metáfora prática, eficaz, mas cada vez mais insuficiente. Hoje sabemos que a imunidade não se limita a conservar «cópias» moleculares do passado. Em vez disso, recorda-se alterando-se a si própria.

Na perspetiva da biologia dos campos, a memória imunitária não é um ficheiro guardado, mas sim uma reorganização persistente do campo celular do organismo. Após uma infeção, não restam apenas anticorpos ou linfócitos específicos: resta uma nova forma de ser do sistema imunitário, uma configuração que orienta as respostas futuras.

Em 1957, Frank Macfarlane Burnet, a trabalhar em Melbourne, formulou a teoria da seleção clonal. Foi um ponto de viragem: a imunidade não cria anticorpos «a pedido», mas seleciona células já predispostas. Por este trabalho, Burnet recebeu o Prémio Nobel em 1960. Mas, como acontece frequentemente, uma teoria brilhante acabou por se tornar uma gaiola interpretativa.

A seleção clonal explica bem a especificidade, mas não a duração sistémica da memória. Por que razão, após uma infeção, mudam também células que nunca entraram em contacto direto com o antigénio? Por que razão os tecidos reagem de forma diferente, mais rápida e mais coordenada? A resposta que tem vindo a surgir nos últimos anos é clara: a memória imunitária é distribuída. Envolve a medula óssea, os gânglios linfáticos, os tecidos periféricos, mas também o metabolismo celular, o estado inflamatório de base e a comunicação entre células imunitárias e não imunitárias. É o campo que se reconfigura.

Durante décadas, repetiu-se que apenas a imunidade adaptativa possui memória. Depois, nos primeiros anos dos anos 2000, essa certeza começou a abalar-se. Em Nijmegen, nos Países Baixos, Mihai Netea e o seu grupo observaram que algumas células da imunidade inata — como os monócitos — respondiam de forma mais intensa a infeções subsequentes, mesmo que diferentes da primeira. Assim surgiu o conceito de *«imunidade treinada»*. Não se tratava de anticorpos nem de recetores específicos, mas de uma alteração estável no comportamento celular. Metabolismo alterado, cromatina mais acessível, limiares de ativação diferentes. Por outras palavras: uma memória sem arquivo, uma competência incorporada na forma de funcionamento da célula.

Durante um seminário em Bona, em 2016, um clínico relatou o caso de doentes idosos que reagiam melhor às infeções após uma vacina «não específica», como a BCG. Não se tratava de magia, mas sim de uma reorganização do sistema imunitário. O sistema, uma vez «treinado», permanecia mais vigilante.

Outro elemento fundamental provém da descoberta das células T residentes nos tecidos (Trm). Ao contrário dos linfócitos que circulam no sangue, estas células permanecem nos locais onde ocorreu a infeção: pele, pulmões, intestino. Foram estudadas em profundidade após as epidemias de gripe do início dos anos 2000, em particular nos laboratórios de La Jolla, na Califórnia.

As Trm não conservam apenas uma especificidade antigénica: conservam uma memória do local. São moldadas pelo microambiente tecidular, pelos sinais locais e pelo historial inflamatório daquela região. Quando o agente patogénico regressa, a resposta não é apenas mais rápida: é mais contextual, mais «situada». Aqui, a biologia dos campos encontra um exemplo concreto: a memória imunitária não é abstrata, mas espacial. O corpo lembra-se de onde foi ferido.

Há ainda um protagonista silencioso: a microbiota. Estudos realizados a partir da década de 2010, entre Harvard e o INSERM de Paris, mostram que o equilíbrio microbiano intestinal molda profundamente o sistema imunitário. Não se limita a estimulá-lo, mas sim a educá-lo. Um intestino que conviveu durante muito tempo com uma determinada comunidade microbiana desenvolve uma tolerância ativa, uma memória de convivência. Quando esta comunidade é alterada — por antibióticos, dietas extremas, stress prolongado —, o campo imunitário perde a sua coerência. As reações tornam-se excessivas ou ineficazes. Não por falta de informação, mas porque a memória relacional foi interrompida. Um gastroenterologista milanês contava, num encontro informal, sobre doentes que «já não reagiam como antes» após repetidas terapias com antibióticos. Não se tratava de uma perda de defesas, mas de uma perda de história partilhada.

Mesmo o sucesso das vacinas, reinterpretado nesta perspetiva, surge sob uma luz diferente. Vacinar não significa apenas induzir anticorpos, mas imprimir uma nova configuração ao sistema imunitário. Algumas vacinas funcionam melhor do que outras, não pela quantidade da resposta, mas pela qualidade da reorganização que induzem. Isso ficou claramente patente durante a pandemia da COVID-19, quando se observou que a proteção nem sempre coincidia com o título de anticorpos. Estavam em jogo memórias tecidulares, respostas inatas treinadas, estados inflamatórios de base. O sistema imunitário, mais uma vez, revelava-se como um campo que conserva a forma, e não como um disco rígido biológico.

Visto assim, a memória imunitária é um ato de coerência ao longo do tempo. O sistema não conserva o passado por nostalgia, mas para se manter fiel a si mesmo perante a mudança. Quando esta coerência se torna rígida, surgem as doenças autoimunes. Quando se dissolve, aumentam as infeções. Em ambos os casos, o problema não é a falta de informação, mas a sua má integração. O sistema imunitário, como escreveu Elias Canetti ao referir-se às massas, é «memória em movimento». Não acumula, transforma-se. E, nesta transformação contínua, encarna talvez um dos exemplos mais claros do que significa a vida como informação que toma forma.

A memória dos seres vivos, desde o citoplasma até às florestas.

Há uma ideia, aparentemente simples, que une uma célula e uma floresta: nenhuma delas reage ao presente como se fosse uma tabula rasa. Cada resposta, cada adaptação, cada crise traz consigo uma história. Na biologia dos campos, esta história não é um arquivo oculto, mas uma estrutura informativa estabilizada que orienta o que é possível e o que já não o é.

Na ecologia, fala-se cada vez mais de «*legacy* effects», efeitos de herança. É a forma como o passado — incêndios, secas, culturas, espécies extintas — continua a agir sobre o presente. Não como uma memória consciente, mas como uma configuração do campo ecológico que torna alguns resultados prováveis e outros quase inatingíveis. Exatamente como acontece na memória celular.

Na década de 1980, o biólogo canadiano C.S. Holling introduziu o conceito de resiliência ecológica ao estudar as florestas boreais e as populações de insetos defoliadores. A sua intuição ia contra a corrente: um ecossistema não é saudável por ser estável, mas por ser capaz de absorver perturbações sem perder a sua identidade funcional.

Mas Holling observou algo mais subtil. Dois ecossistemas aparentemente semelhantes, afetados pela mesma perturbação, reagiam de forma oposta. Um regenerava-se, o outro entrava em colapso. A diferença não residia no evento, mas na memória ecológica: na sequência de estados anteriores que tinham moldado o sistema.

Um lago que já passou por episódios de eutrofização, por exemplo, pode «recair» mais facilmente num estado degradado. Os sedimentos, carregados de fósforo acumulado ao longo dos anos, funcionam como uma memória química e biológica que persiste mesmo quando as condições superficiais melhoram. O lago lembra-se.

Na década de 1990, estudos realizados no Mar das Caraíbas demonstraram que muitas barreiras de coral, após episódios de branqueamento e sobrepesca, já não regressavam ao seu estado original. No lugar dos corais, cresciam algas filamentosas. Não se tratava de uma fase transitória: era um novo regime estável.

Os ecologistas falaram de «estados estáveis» alternativos. Em termos de biologia dos campos, poderíamos dizer que o campo ecossistémico tinha mudado de forma. A memória das perturbações anteriores — perda de herbívoros, aumento de nutrientes, stress térmico — tinha reorganizado as relações fundamentais. Voltar atrás não era impossível em teoria, mas improvável na prática.

O mesmo fenómeno observa-se nos desertos que avançam após o pastoreio intensivo. Uma vez perdida a cobertura vegetal e a estrutura do solo, o ecossistema entra num estado que «lembra» a aridez, mesmo quando as chuvas regressam. O solo compactado, empobrecido de micróbios e sementes, é uma memória encarnada da degradação.

Poucos lugares ilustram melhor esta ideia do que o solo. Uma colher de chá de terra fértil contém milhares de milhões de organismos, mas, acima de tudo, contém histórias de utilização, de culturas, de adubação e de abandono. Os agrónomos e os pedólogos sabem-no bem: um campo não responde imediatamente a uma mudança de gestão.

Na década de 2000, estudos realizados nas zonas rurais da Alemanha Oriental, em terrenos anteriormente coletivizados, demonstraram que, mesmo após vinte anos de agricultura biológica, alguns solos conservavam as «pegadas» da agricultura intensiva química anterior. Não se tratava apenas de resíduos: a estrutura e microbiana, a dinâmica do húmus e a capacidade de retenção de água tinham-se alterado. O solo recordava o seu passado industrial.

Aqui, o paralelo com a memória celular é evidente. Tal como uma célula que passou por situações repetidas de stress altera de forma permanente a sua estrutura funcional, também um ecossistema guarda gravadas as experiências que o moldaram.

Um exemplo particularmente eloquente vem das florestas mediterrânicas e californianas. Durante séculos, os incêndios de baixa intensidade fizeram parte do seu ciclo de vida. Depois, no século XX, a política de supressão total do fogo alterou esta dinâmica. Quando os incêndios regressaram — inevitavelmente —, fê-lo de forma devastadora. As florestas «que tinham esquecido o fogo» arderam com uma violência sem precedentes. Os ecologistas falam hoje de *«memória do fogo»*: a frequência e o tipo de incêndios passados determinam a resposta futura do ecossistema.

Em 2018, após o Camp Fire na Califórnia, um guarda florestal contou que algumas áreas não apresentavam sinais de regeneração espontânea. Não por falta de sementes, mas porque o solo e a composição vegetal tinham perdido a memória do ciclo natural do fogo. O sistema florestal tinha-se desorganizado.

Nem toda a memória é uma vantagem. Tal como nas células existem memórias disfuncionais, também nos ecossistemas o passado pode tornar-se um fardo. A sobreexploração, a fragmentação e a poluição deixam vestígios que reduzem a capacidade de adaptação. O colapso da pesca do bacalhau na Terra Nova, no início dos anos 90, é frequentemente citado como exemplo. Apesar da suspensão quase total da pesca, as populações nunca voltaram aos níveis anteriores. O sistema tinha ultrapassado um limiar: novas espécies tinham ocupado as nichos vagos, a rede trófica tinha-se reconfigurado. O ecossistema recordava a ausência do bacalhau. Em termos de biologia dos campos, poderíamos dizer que o sistema tinha perdido uma parte da sua coerência histórica.

O que se destaca, ao observar os ecossistemas, é uma lição poderosa: a informação não está contida nos elementos, mas nas relações que perduram no tempo. A memória ecológica não se localiza num único organismo, mas na forma como os fluxos de energia, matéria e sinais se estabilizaram.

Tal como na célula, também no ecossistema recordar significa estar orientado. Não para o passado, mas para um futuro limitado pelo que se foi. A vida, a qualquer escala, não reage simplesmente: responde a partir da sua própria história incorporada.

As pedras que recordam: quando a matéria conserva a sua própria história.

Quem já acariciou o mármore de uma escultura antiga ou observou de perto um afresco restaurado sabe que a matéria nunca é neutra. Ela traz marcas, cicatrizes, estratificações. Não se limita a «estar» no espaço: conta uma história. É precisamente nesta evidência, quase tátil, que a arte e a arquitetura oferecem uma poderosa metáfora cultural da memória biológica, entendida não como um arquivo de dados, mas como informação que toma forma e persiste na matéria.

Na linguagem da biologia dos campos, um organismo é uma estrutura informativa estabilizada. Na arte, poderíamos dizer algo semelhante: uma forma nunca é o resultado instantâneo de uma ideia, mas o desfecho de um diálogo longo e muitas vezes conflituoso entre projeto, material, tempo e acontecimentos.

Michelangelo sabia-o bem. Quando falava em «libertar a figura» do bloco de mármore, não utilizava uma metáfora poética qualquer. O mármore de Carrara, já extraído pelos romanos, apresentava veios, microfraturas e tensões internas. Não era uma matéria indiferente. Os historiadores de arte recordam como, durante a execução do Moisés (iniciada em 1513), Michelangelo alterou várias vezes o projeto precisamente em resposta aos limites impostos pelo bloco. A matéria «recordava» a sua própria história geológica e técnica , e essa informação condicionava a forma final. Não muito diferente do que acontece num organismo, onde a história estrutural orienta o que pode emergir.

Ao passear por Roma, Istambul ou Jerusalém, deparamo-nos continuamente com edifícios que são verdadeiros palinestias materiais. Igrejas construídas sobre templos, mesquitas que incorporam basílicas, muralhas medievais enxertadas em fundações romanas. A arquitetura não apaga: estratifica.

Um exemplo emblemático é Santa Maria sopra Minerva, em Roma. O próprio nome é uma declaração de memória: uma igreja gótica que assenta sobre um antigo templo dedicado à deusa Minerva. As fundações não são apenas um suporte físico, mas uma persistência informativa que atravessa os séculos.

Na biologia, diríamos que a forma atual não pode ser compreendida sem a configuração anterior do campo. Na arquitetura acontece o mesmo: cada intervenção dialoga com uma memória incorporada que resiste à mera vontade projetual.

No século XX, o debate sobre a restauração tornou esta intuição explícita. Cesare Brandi, na sua *«Teoria da restauração»* (1963), insistia num ponto crucial: restaurar não significa devolver uma obra a um estado original hipotético, mas reconhecer e respeitar a sua história material.

Um restaurador contava, durante os trabalhos nos afrescos de Giotto em Assis, após o terramoto de 1997, que algumas fissuras não deviam ser «corrigidas», mas compreendidas. Eram o resultado de séculos de assentamentos, de vibrações e de intervenções anteriores. Apagá-las significaria perder informação. O paralelo com a biologia é evidente: intervir num organismo sem ter em conta a sua memória estrutural equivale a ignorar o campo que o mantém unido.

Há um termo caro aos restauradores e aos historiadores de arte: pátina. Não é sujidade, não é degradação. É o sinal do tempo que estabiliza uma forma, tornando-a no que é. Walter Benjamin, ao falar da obra de arte, recordava que a aura nasce também desta irrepetibilidade temporal.

A pátina é informação encarnada: conta a exposição à luz, ao ar, ao contacto humano. Pensemos nos degraus desgastados das catedrais medievais, esculpidos pela passagem de milhões de pés. Essa forma não foi projetada: surgiu. É memória tornada visível. Da mesma forma, na biologia de campo, a forma viva não é a simples execução de um código, mas o resultado de uma história de interações que deixa vestígios duradouros.

Um arquiteto japonês, Tadao Ando, contava numa entrevista dos anos 90 como o betão armado, um material aparentemente anónimo, reage de forma diferente consoante a humidade, a temperatura e o tempo de cura. «*Não se constrói apenas com o* projeto», dizia ele, «*constrói-se com a memória do material*». Esta resistência não é um defeito: é uma forma de diálogo. Tal como nos organismos, a matéria não é um suporte passivo da informação, mas uma parte ativa da sua estabilização.

A arte, a arquitetura e a restauração ensinam-nos que a memória não é algo que se acrescenta posteriormente. É o que torna a forma possível. A matéria que recorda não é nostalgia: é estrutura.

Nesta perspetiva, a vida surge menos como uma máquina que executa instruções e mais como uma obra em constante reescrita, onde cada estado presente é inseparável da sua própria história incorporada. Tal como uma escultura, um edifício, um afresco que continuam a viver porque nunca esqueceram o que foram.

Implicações filosóficas do espaço biológico.

Se a informação biológica depende do espaço, então uma consequência torna-se inevitável: a vida nunca é abstrata. Não existe como fórmula geral, como algoritmo replicável em qualquer lugar da mesma forma. A vida acontece sempre em algum lugar, e esse «algum lugar» não é um simples recipiente neutro, mas uma componente ativa do processo vital. Esta ideia, aparentemente simples, tem implicações filosóficas profundas, capazes de abalar alguns dos hábitos mais enraizados do pensamento científico moderno.

Durante séculos, a ciência procurou leis universais, separando-as do contexto. Isso funcionava bem para os planetas e para os gases ideais. Mas quando se entra no domínio do vivo, o espaço deixa de ser um pano de fundo e torna-se coautor. Já Jakob von Uexküll, biólogo e filósofo estónio-alemão, tinha intuito isso nas primeiras décadas do século XX ao falar de Umwelt: cada organismo vive num mundo próprio, estruturado pelas suas possibilidades percetivas e operacionais.

Transportada para o interior do organismo, esta intuição torna-se ainda mais radical. Se a informação toma forma através de relações espaciais — entre moléculas, estruturas, campos de interação —, então já não podemos pensar na vida como algo que está no espaço, mas como algo que produz espaço. Cada célula, cada tecido, cada organismo constrói o seu próprio espaço interno, mantém-no, defende-o e reorganiza-o. A biologia dos campos sugere que viver significa, literalmente, manter unido um espaço coerente.

Esta perspetiva aproxima a biologia de uma tradição filosófica frequentemente mantida à margem do discurso científico. Maurice Merleau-Ponty falava do corpo não como um objeto no espaço, mas como a origem do espaço vivido. O corpo, escrevia ele, não está «num» lugar: é o que torna um lugar possível. Aplicada à biologia, esta ideia inverte o ponto de vista: o organismo não ocupa um ambiente, ele articula-o.

As implicações não são apenas teóricas. Se a vida não é separável do seu lugar, então também a experimentação científica muda de estatuto. Uma anedota contada por uma bióloga celular francesa durante um seminário em Lyon, em 2018, é esclarecedora. Ao estudar células tumorais cultivadas in vitro, ela reparou que certos comportamentos «agressivos» desapareciam quando as mesmas células eram reinseridas num tecido tridimensional mais semelhante ao original. *«Não foram as célul s que* mudaram», disse ela, *«foi o seu lugar que mudou»*. O espaço, nesse caso, não explicava a vida: transformava-a.

Daí surge uma nova responsabilidade conceptual. Separar um organismo do seu contexto — seja um ecossistema, um tecido ou uma nicho microambiental — nunca é uma operação inofensiva. Significa alterar a própria informação que esse organismo encarna. Neste sentido, a biologia dos campos dialoga com a ecologia profunda, mas também com a ética da ciência: se o lugar faz parte da vida, então intervir no lugar equivale a intervir na identidade biológica.

Não é por acaso que algumas das crises contemporâneas — desde a perda de biodiversidade até às doenças crónicas ligadas ao ambiente — podem ser interpretadas como crises de deslocamento. Organismos arrancados dos seus espaços de sentido, obrigados a funcionar em campos que já não reconhecem. A vida, privada do seu lugar, não deixa de existir imediatamente, mas perde coerência. E a perda de coerência, como veremos nos capítulos seguintes, é frequentemente o primeiro passo para a desarmonia.

Pensar o espaço biológico nestes termos significa aceitar que a vida não é completamente transportável, nem totalmente padronizável. É um acontecimento situado, um equilíbrio local, uma forma que precisa tanto de um «onde» como de um «como». Numa época que sonha com a deslocalização total — dos processos, dos corpos, até mesmo da consciência —, esta consciência soa quase como um convite à prudência. Ou, talvez, como um regresso a uma sabedoria antiga: não se pode separar o que vive do lugar que o torna possível.

Biografia encarnada: habitar um corpo, tornar-se alguém.

Existe uma ideia tranquilizadora, muito moderna, segundo a qual a identidade pessoal residiria «dentro» de nós: nos genes, no cérebro, talvez num circuito profundo e estável. A biologia dos campos abala essa certeza. Se a vida é um a informação que toma forma no espaço, então também a identidade não é um núcleo isolado, mas um processo situado, que se estabiliza ao longo do tempo através de ambientes, posturas, gestos repetidos, hábitos. Por outras palavras: cada um de nós é, biologicamente, uma «biografia espacial».

O corpo não é apenas aquilo que nos acompanha na vida; é o local onde a vida deixa vestígios. Não num sentido metafórico, mas literal. A forma como nos sentamos, caminhamos, trabalhamos, dormimos; os espaços que frequentamos todos os dias; os ritmos que impomos ao nosso sistema nervoso e hormonal: tudo isto contribui para organizar campos de informação relativamente estáveis, que acabam por «parecer-se connosco». A identidade, vista desta perspetiva, não é um programa interno, mas sim uma configuração coerente mantida ao longo do tempo.

O sociólogo Pierre Bourdieu falava de «habitus» para descrever como as estruturas sociais se transformam em disposições corporais: a forma de nos mantivermos de pé, de ocuparmos uma sala, de usarmos a voz. Era uma intuição sociológica, mas hoje podemos interpretá-la também do ponto de vista biológico. O habitus não é apenas aprendido: é incorporado. Torna-se tônus muscular, esquema postural, regulação da respiração. Neste sentido, o corpo é um arquivo vivo que não conserva dados, mas relações espaciais repetidas.

Os exemplos são abundantes. Basta pensar nos astronautas que regressam da *Estação Espacial Internacional*. Estudos realizados pela NASA e pela ESA demonstraram que, após meses em microgravidade, não são apenas os ossos ou os músculos que mudam, mas também a perceção de si próprio no espaço. Andar, ficar parado, orientar-se tornam-se ações que é preciso reaprender. Não porque o cérebro «tenha esquecido», mas porque o campo corporal de referência se reconfigurou. A identidade motora — uma componente silenciosa, mas decisiva, de quem somos — depende do lugar onde o corpo habitou.

Isto também se aplica num sentido mais quotidiano e menos extremo. Uma professora de dança contemporânea contava numa entrevista de 2016 como, após vinte anos de prática, se reconhecia mais pela qualidade do movimento do que pela e a voz ou pelos pensamentos. «*Sei quem sou pela forma como entro numa* sala», dizia ela. Não se trata de uma pose poética: é a descrição de uma identidade que se estabilizou no espaço corporal, através de milhares de micro-atos repetidos.

A biologia dos campos convida-nos a levar a sério estas observações. Se a informação que nos constitui depende de configurações espaciais, então mudar de ambiente, de postura ou de ritmo nunca é neutro. Mudar de casa, mudar de emprego, viver em espaços apertados ou hiperestimulantes, não significa apenas adaptar-se psicologicamente: significa remodelar lentamente o campo informativo que nos mantém unidos. É por isso que algumas transformações parecem «fazer-nos tornar-nos outros», mesmo quando as nossas convicções permanecem as mesmas.

Nesta perspetiva, a identidade pessoal não é algo que possuímos, mas algo que mantemos. É um equilíbrio dinâmico entre corpo e espaço, entre repetição e variação. E, tal como qualquer equilíbrio biológico, pode reforçar-se, enfraquecer-se ou perder coerência. Não por causa de um defeito interno, mas porque o lugar onde vivemos — físico, social, simbólico — já não sustenta a forma em que nos tornámos.

Tecnologia e redefinição dos locais vitais.

Durante grande parte da história da humanidade, os locais vitais — aqueles em que a vida se organiza, se desenvolve e se reconhece — foram dados antes de serem escolhidos. Florestas, planícies, cidades que cresceram lentamente em torno de rios e rotas comerciais. Hoje, cada vez com mais frequência, acontece o contrário: primeiro projetamos o lugar, depois inserimos a vida nele. E esta inversão silenciosa está a redefinir os campos biológicos dentro dos quais os organismos, humanos e não humanos, estabilizam a sua informação.

As biotecnologias, os ambientes artificiais e os espaços digitalizados não são meros instrumentos externos. Funcionam como novos campos de relação, capazes de influenciar ritmos bi s, a perceção, a identidade e até mesmo as trajetórias evolutivas. Não estamos perante uma «interferência» tecnológica na vida natural, mas sim perante o nascimento de ecossistemas híbridos, nos quais a informação vital se ancora a espaços projetados.

Um exemplo emblemático é a Biosfera 2, construída no deserto do Arizona e inaugurada em 1991. Devia ser uma réplica autossuficiente da Terra, um laboratório para imaginar a vida noutros planetas. O projeto falhou em parte — níveis de oxigénio instáveis, ecossistemas desequilibrados — mas revelou algo crucial: a vida não se deixa transportar facilmente para um ambiente artificial sem perder a coerência. As plantas cresciam, mas as árvores partiam-se por falta de vento: não tinham «aprendido» a resistência mecânica. O campo biológico não estava completo.

Hoje em dia, os ambientes artificiais são menos espetaculares, mas infinitamente mais omnipresentes. Basta pensar nas unidades de cuidados intensivos neonatais, onde os bebés prematuros passam semanas em incubadoras altamente tecnológicas. Estudos realizados entre Estocolmo e Boston na década de 2010 demonstraram que a luz, os sons e até mesmo a regularidade dos procedimentos médicos contribuem para moldar o desenvolvimento neurobiológico. Nestes contextos, a tecnologia não apoia a vida: apoia a estrutura. Torna-se o espaço primário onde o organismo organiza a sua própria informação.

Ainda mais radical é o caso dos espaços digitais. Aqui, já não se trata apenas de ambientes físicos modificados, mas de locais sem matéria e, no entanto, biologicamente ativos. Em 2018, um grupo de investigadores do University College London observou que o uso prolongado de ambientes virtuais imersivos alterava a perceção corporal e a resposta ao stress, mesmo fora da experiência digital. O corpo, uma vez de volta ao mundo físico, continuava a «comportar-se» como se uma parte do seu campo estivesse noutro lugar.

Não se trata de um caso isolado. Um engenheiro informático contou ter sofrido de uma sensação persistente de desorientação após meses a trabalhar exclusivamente em realidade virtual para um projeto industrial. *«Era como se o meu corpo tivesse mudado de e* a escala», dizia ele. Não se tratava de um distúrbio psicológico, mas sim de uma reconfiguração espacial da experiência corporal. O campo informativo do organismo tinha-se adaptado a um local que já não coincidia com o corpo físico.

As biotecnologias levam esta transformação ainda mais longe. Organóides cultivados em laboratório, tecidos modificados geneticamente, microbiomas projetados: formas de vida que nascem e se estabilizam em espaços inteiramente artificiais. Em 2013, o biólogo sintético Craig Venter falou abertamente de «vida projetada» durante uma conferência em San Diego. Não se referia apenas ao genoma, mas ao contexto laboratorial como ambiente primário de existência. Aqui, o campo biológico não surge: é deliberadamente construído.

Estes novos espaços vitais levantam questões científicas e éticas inéditas. Se a informação biológica é inseparável do espaço que a sustenta, o que acontece quando esse espaço é temporário, privado e atualizável como um software? Quem é responsável pela coerência de um campo vital artificial? E, acima de tudo: que tipo de vida pode emergir em ambientes que não têm história?

A biologia dos campos sugere uma resposta cautelosa: a vida pode adaptar-se a quase tudo, mas não sem custos. Cada campo projetado traz consigo uma visão implícita do que a vida deveria ser. Tornar explícita essa visão — e assumir a responsabilidade por ela — é talvez o desafio mais urgente da nossa era tecnológica.

O olhar que participa: porque também a ciência tem o seu lugar.

Se a vida é informação que toma forma em campos de relação, então também o conhecimento da vida é um fenómeno situado. Não existe um olhar *«de lugar* nenhum», para usar uma expressão cara à filosofia da ciência contemporânea. Cada ato de observação biológica nasce dentro de um contexto histórico, cultural, tecnológico e até mesmo corporal. Também o cientista, quer queira quer não, habita um campo.

A ideia de conhecimento situado não surge na biologia. Foi formulada com veemência na década de 1980, em particular por Donna Haraway, que em 1988 escreveu: *«A visão é sempre uma visão de algum lugar»*. Mas é na biologia dos campos que esta intuição assume um novo peso. Se o organismo não é uma máquina desmontável, mas sim uma totalidade coerente, então quem o estuda entra em relação com o que observa, influenciando — pelo menos em parte — a forma como a informação biológica se manifesta.

Uma velha anedota contada nos corredores do Laboratório de Biologia Marinha de Woods Hole, em Massachusetts, ilustra bem esta ideia. Nos anos 60, dois grupos de investigadores estudavam o mesmo organismo, o ouriço-do-mar, para compreender as primeiras fases do desenvolvimento embrionário. Os instrumentos eram semelhantes, as técnicas quase idênticas. No entanto, as interpretações divergiam profundamente. Só mais tarde se compreendeu que as questões iniciais — o que se procurava ver — tinham orientado todo o campo experimental. Não era o embrião que tinha mudado, mas o espaço conceptual em que era observado.

A biologia dos campos obriga-nos a levar a sério este facto: o conhecimento não é externo à vida, mas sim uma sua expressão particular. Cada modelo teórico, cada protocolo experimental, cada linguagem disciplinar cria um ambiente cognitivo que seleciona certas formas de informação e obscurece outras. O laboratório, tal como o microscópio ou o algoritmo, não é neutro: é um local vital, no sentido pleno do termo.

Esta consciência introduz uma nova responsabilidade. Se o olhar científico é situado, então as suas consequências não são apenas epistemológicas, mas éticas. Em 1972, durante as audiências do Congresso dos Estados Unidos sobre o estudo de Tuskegee, ficou claro até que ponto uma ciência que se considera «objetiva» pode tornar-se cega em relação ao seu próprio campo moral. Não se tratava de má biologia, mas de um conhecimento que tinha perdido de vista o contexto humano em que operava.

Numa perspetiva de campos, a responsabilidade do cientista não diz respeito apenas ao uso dos resultados, mas à própria forma de conhecer. Que tipo de relação estabelecemos com aquilo que estudamos? Tratamos o organismo como um objeto isolável ou como um interlocutor biológico? A diferença não é retórica. Em muitas práticas de investigação ecológica contemporânea — pensemos nos trabalhos de Robin Wall Kimmerer com as comunidades indígenas norte-americanas — o conhecimento nasce da escuta prolongada de um lugar, não da sua abstração. Aqui, a ciência não renuncia ao rigor, mas muda de postura.

Uma ciência situada, portanto, não é uma ciência «relativista» ou fraca. Pelo contrário, é uma ciência mais exigente, porque reconhece as suas próprias limitações. Sabe que opera dentro de campos biológicos, sociais e simbólicos que contribui para modificar. E aceita que conhecer a vida signifique, em parte, ser por ela transformado.

Talvez seja esta a lição mais profunda da biologia dos campos: não podemos compreender a vida sem nos questionarmos sobre o lugar de onde a observamos. Neste sentido, cada ato de conhecimento é também um ato de participação. E cada participação, inevitavelmente, implica uma responsabilidade.

Quando a informação se torna organismo.

Há um momento, no estudo da vida, em que a linguagem dos códigos deixa de ser útil. É quando nos apercebemos de que a forma não é o resultado final de um processo informativo, mas o próprio processo em ação. A biologia dos campos propõe uma mudança decisiva: a informação não descreve o organismo, ela é o organismo. Não fica nos bastidores como uma partitura, mas manifesta-se diretamente na estrutura que mantém unidas as células, os tecidos e as funções.

Um exemplo clássico, que vale a pena citar mais uma vez, frequentemente relatado nos cursos de embriologia em Cambridge ou em Heidelberg, diz respeito às experiências de Hans Driesch no final do século XIX. Ao separar as células de um embrião de ouriço-do-mar na fase inicial, Driesch esperava organismos «incompletos». Aconteceu o contrário: cada parte deu origem a um indivíduo completo, mais pequeno, mas coerente. Não havia um plano localizado a seguir, mas sim uma forma global que se reorganizava. A informação não se encontrava num ponto: estava no campo de relações que o embrião encarnava.

Aqui, a forma deixa de ser geometria passiva. Torna-se informação ativa, capaz de orientar processos, corrigir desvios e manter a coerência. Um organismo não «tem» uma forma como um objeto tem um invólucro: é uma forma que se mantém ao longo do tempo, através de trocas contínuas de matéria e energia. Aristóteles tinha-o intuído ao falar do *eidos* como princípio ativo; a biologia contemporânea, com outros instrumentos, retoma essa linha de pensamento sem nostalgia metafísica.

Nos anos 2000, no *Instituto Max Planck* de Dresden, alguns estudos sobre a regeneração de planárias revelaram algo surpreendente: animais decapitados regeneravam cabeças com orientações diferentes, dependendo das condições do campo bioelétrico. Não era o «programa genético» que mudava, mas sim a configuração do campo que informava a forma futura. A cabeça não estava «escrita» em lado nenhum: emergia como solução estável de um sistema.

Nesta perspetiva, a forma é memória operacional. Sabe «o que fazer» porque já é o resultado de um saber incorporado. Tal como numa cidade antiga — pensemos em Siena ou em Fez —, as ruas não seguem um projeto abstrato, mas sim a sedimentação de gestos, necessidades e adaptações. A forma urbana contém informação porque a incorpora. Da mesma forma, o organismo é uma história que continua a funcionar.

Também a patologia ilustra este ponto. Em alguns tumores, o que se perde não é apenas o controlo molecular, mas a pertença a uma forma comum. As células ainda «sabem» dividir-se, mas já não como parte de um todo. A informação não desapareceu: desligou-se da forma global. O problema não é o excesso de atividade, mas a perda de coerência morfológica.

Dizer que a informação se torna organismo significa, então, reconhecer que a vida pensa através das formas. Não no sentido humano do termo, mas como capacidade de selecionar configurações estáveis, funcionais e sensatas em relação a um contexto. Cada organismo é uma resposta que ganhou corpo. Não representa um ambiente: habita-o ativamente, moldando-se e moldando-o.

Esta visão tem consequências profundas. Se a forma é informação ativa, já não podemos tratar os seres vivos como conjuntos reparáveis peça a peça. Cada intervenção — terapêutica, tecnológica, ambiental — afeta um equilíbrio formal que traz consigo um saber implícito. A biologia dos campos não convida à renúncia, mas a uma maior atenção:

compreender como uma forma funciona, antes de querer corrigi-la.

Afinal, como escreveu Paul Valéry em 1937, após uma visita a um laboratório de fisiologia em Paris, *«o ser vivo é aquilo que não pode ser explicado sem perder algo de essencial»*. Talvez esse algo seja precisamente isto: a forma como gesto contínuo da informação, o momento em que o saber deixa de ser abstrato e se torna vida.

O olho e o campo: ver o belo, intuir o vivo.

Quem já observou uma diatomácea ao microscópio, ou já caminhou ao longo de uma falésia atlântica observando a alternância das algas castanhas, provavelmente já sentiu uma sensação familiar: esta forma «funciona», e é precisamente por isso que parece bela. Não se trata de um juízo sentimental, nem de um reflexo cultural secundário. Na perspetiva da biologia dos campos, a experiência estética torna-se uma forma de reconhecimento da coerência biológica.

A beleza natural não coincide com o ornamento. Raramente é redundante. É, antes, o sinal sensível de uma organização bem-sucedida, de uma forma que mantém unidas múltiplas ligações sem fraturas evidentes. Em 1917, D'Arcy Wentworth Thompson publicou o já referido *«On Growth and* Form», um livro escrito entre Dundee e St Andrews, no qual demonstrava como as formas vivas emergem de equilíbrios físicos e matemáticos antes mesmo de instruções genéticas. Thompson não falava de beleza, mas os seus desenhos — medusas, conchas, ossos — exerceram uma influência profunda também sobre artistas e arquitetos. A forma convincente é aquela que não precisa de se explicar.

Goethe, mais de um século antes, tinha intuído algo semelhante ao estudar as plantas nos jardins de Pádua e Palermo. A sua morfologia não procurava leis abstratas, mas sim transformações reconhecíveis: a folha que se torna pétala, a pétala que se torna fruto. O olho humano, seja ele treinado ou não, percebe esta continuidade como harmonia. Não por ser «decorativa», mas porque manifesta uma ordem interna legível.

As neurociências contemporâneas oferecem um elemento interessante. Estudos realizados em Londres e em San Diego no início dos anos 2000, associados aos trabalhos de Semir Zeki e V.S. Ramachandran, demonstraram que o cérebro humano responde positivamente a configurações que otimizam a informação e a simplicidade sem perder a complexidade. As formas vivas — um ramo, uma rede vascular, um alvéolo pulmonar — possuem exatamente esta qualidade: são complexas, mas não caóticas. O nosso sistema percetivo parece reconhecer, quase imediatamente, quando uma forma «faz sentido».

Nesta perspetiva, a estética natural não é um luxo evolutivo, mas sim uma competência cognitiva incorporada. Reconhecer a beleza equivale, muitas vezes, a reconhecer uma boa integração entre partes, funções e ambiente. Um biólogo que observa uma cultura celular sabe, antes mesmo de medir os parâmetros, se algo não está bem: ele «vê-lo». Esta intuição visual não é imprecisão, mas sim experiência de campo. Como contava um investigador italiano que trabalhava nos anos 90 no Instituto Pasteur, *«quando uma cultura está saudável, percebe-se isso pela tranquilidade da forma»*.

Também na arte esta sensibilidade vem à tona. Ernst Haeckel, biólogo e ilustrador, publicou em 1904 *«Kunstformen der Natur»*, um atlas de organismos marinhos que influenciou a Art Nouveau europeia. Não se tratava de uma operação estetizante: Haeckel queria mostrar que a forma viva já é uma expressão de ordem, não um caos a domar. Hoje, podemos interpretar esse trabalho como uma ponte entre a ciência e a perceção: a beleza como vestígio visível da informação que se estabilizou.

Na biologia dos campos, tudo isto assume um significado preciso. Se a forma é informação ativa, então a nossa capacidade de perceber a sua harmonia é uma forma — parcial, mas real —

de entrar em contacto com o funcionamento do vivo. O belo não é o oposto do verdadeiro, mas um dos seus sinais. Não garante a verdade, claro, mas orienta-a.

Talvez seja por isso que as formas vivas nos impressionam mais do que as máquinas mais sofisticadas. Uma asa de borboleta ou uma folha de feto não são «perfeitas»: são coerentes. E a coerência, quando se manifesta sem esforço aparente, gera beleza. Nesse momento, o olho não está apenas a olhar: está a conhecer.

VII. Quando a tradição encontra a ciência.

Há um ponto, no percurso deste livro, em que se torna inevitável abordar uma palavra incómoda. Uma palavra que atravessou séculos, culturas e sistemas de pensamento, mas que a biologia moderna tem vindo a excluir progressivamente do seu vocabulário oficial: energia vital. Este sétimo capítulo situa-se exatamente aqui, como um limiar. Não para ressuscitar antigas metafísicas nem para ceder a nostalgias pré-científicas, mas para realizar uma operação mais ambiciosa e, em certos aspetos, mais arriscada: refundar conceptualmente aquilo que essas tradições procuravam nomear.

No contexto geral do livro, este capítulo desempenha uma função de articulação. Depois de ter demonstrado, nas partes anteriores, os limites do reducionismo bioquímico e de ter introduzido a ideia da vida como fenómeno de coerência e de campo, aborda-se aqui a questão mais delicada: se existe um núcleo real, observável e traduzível em linguagem científica por trás de conceitos como *o qi, o u o prana, a força vital*. Por outras palavras, se aquilo que, durante séculos, foi narrado de forma simbólica não será, na realidade, uma descrição intuitiva das dinâmicas organizacionais profundas dos organismos vivos.

O primeiro passo deste capítulo é de natureza cultural. É, de facto, impressionante a universalidade intercultural da ideia de energia vital. Da China à Índia, do mundo grego ao árabe, até às tradições médicas europeias pré-modernas, surge sempre a mesma intuição: a vida não é apenas matéria em movimento, mas uma ordem dinâmica que atravessa a matéria. Mudam os nomes, mudam as cosmologias de referência, mas o fenómeno descrito parece surpreendentemente semelhante. Este facto, por si só, não prova nada a nível científico, mas levanta uma questão legítima: será plausível que civilizações inteiras, independentes umas das outras, tenham construído conceitos complexos em torno de um mero erro de perceção?

O capítulo insiste num ponto crucial: estes conceitos não devem ser interpretados à letra, mas também não devem ser descartados como superstição. Devem ser compreendidos como linguagens fenomenológicas, tentativas de dar forma a experiências reais — a vitalidade, a resiliência, a capacidade de auto-organização dos organismos — na ausência dos instrumentos conceptuais e matemáticos de que dispomos hoje. É a mesma atitude que a ciência adota quando reinterpreta a alquimia como uma pré-história da química, ou a astronomia tolemaica como uma etapa necessária rumo a uma compreensão mais refinada do cosmos.

Neste sentido, o capítulo dialoga idealmente com uma reflexão de Erwin Schrödinger, que já em 1944 escrevia: *«O que chamamos de vida parece comportar-se como um fenómeno ordenado mantido longe* do equilíbrio» (*What Is Life?*). Schrödinger não falava de energia vital, mas indicava claramente que a vida não pode ser reduzida ao simples fluxo de energia química: é ordem que se conserva, forma que persiste no tempo.

O cerne teórico do capítulo reside precisamente aqui: traduzir a energia vital em termos de coerência dinâmica. Não uma «força» u misteriosa que se soma às leis físicas, mas uma modalidade particular de organização dos processos energéticos e informativos no interior de um organismo. Uma coerência que envolve oscilações, sincronizações, campos eletromagnéticos fracos mas estruturados, e que permite ao sistema vivo funcionar como um todo integrado.

Nesta perspetiva, tornam-se novamente atuais as palavras proferidas por Ilya Prigogine, Prémio Nobel da Química, quando afirmava: *«A vida é o reino das estruturas dissipativas, onde a ordem emerge do fluxo»*. Também aqui, nenhuma referência ao esoterismo: apenas o reconhecimento de que a energia, na vida, nunca é neutra, mas está sempre organizada segundo esquemas coerentes.

O capítulo esclarece de forma contundente por que razão falar de energia vital não significa introduzir entidades não mensuráveis. Significa, antes, reconhecer que a biologia tem a ver com campos, relações e configurações globais, e não apenas com moléculas isoladas. É uma posição que encontra eco também nas palavras do biólogo teórico Brian Goodwin, quando escreveu: *«A forma biológica não é imposta pelo exterior, mas emerge das propriedades coletivas do sistema»*. Se a forma emerge, então existe um princípio organizativo que precede a reação química individual.

O objetivo deste capítulo, no contexto geral do livro, é, portanto, duplo. Por um lado, desarmar o falso conflito entre ciência e tradição, mostrando que muitas intuições antigas podem ser reinterpretadas sem trair o rigor científico. Por outro lado, preparar o terreno para as partes seguintes, nas quais a saúde e a doença serão interpretadas como estados de maior ou menor coerência do campo biológico. A energia vital, assim redefinida, deixa de ser um conceito vago para se tornar uma chave interpretativa poderosa para compreender por que razão um organismo «funciona» ou se desintegra.

Em última análise, este capítulo não pede ao leitor que acredite, mas que suspenda os preconceitos. Que aceite a ideia de que a ciência, à medida que evolui, não apaga necessariamente o passado, mas reinterpreta-o. E que talvez, por trás de palavras antigas e imprecisas, já se escondesse uma perceção aguda daquilo a que hoje chamamos, com maior cautela, coerência biológica.

A palavra «energia»: de grandeza física a metáfora da vida.

No século XXI, poucas palavras circulam com a mesma naturalidade — e ambiguidade — que a palavra «energia». Utilizamo-la para descrever uma central elétrica, uma fórmula física, o estado de espírito de uma pessoa, a vitalidade de um organismo ou até mesmo a atmosfera de uma sala. É uma palavra-ponte, que atravessa diferentes linguagens sem nunca se fixar verdadeiramente numa única. E é precisamente esta sua omnipresença que a torna crucial para o tema deste capítulo: compreender como o léxico influencia a nossa compreensão da vida.

Do ponto de vista da física moderna, «energia» é um dos conceitos mais bem definidos que possuímos: uma grandeza mensurável, conservativa, formalizada com rigor matemático. No entanto, como já observava Richard Feynman nas suas célebres *«Lectures on* Physics», *«não sabemos o que é a energia, sabemos apenas como a calcular»*. Uma frase que, longe de ser uma provocação, revela um paradoxo profundo: mesmo no seio da ciência mais exata, a energia continua a ser, em parte, um conceito operacional, mais do que ontológico.

Quando esta palavra entra no discurso biológico, o terreno torna-se ainda mais escorregadio. A biologia do século XX herdou da física uma ideia de energia predominantemente quantitativa: ATP, gradientes eletroquímicos, fluxos metabólicos. Tudo isso está correto, mas não é suficiente para esgotar o que entendemos quando dizemos que um organismo está «cheio de energia» ou, pelo contrário, «sem energia». Nestes casos, não estamos a falar apenas de calorias ou reações químicas, mas da qualidade da organização, da capacidade de manter uma forma, de responder de forma coerente ao ambiente.

É aqui que a linguagem tradicional — qi, prana, força vital — continua a exercer uma atração silenciosa sobre o imaginário coletivo. Não porque ofereça melhores explicações, mas porque designa algo que a linguagem científica ainda tem dificuldade em tornar intuitivo. O sucesso contemporâneo destas palavras, mesmo em contextos urbanos hipertecnológicos como Berlim, São Francisco ou Milão, não é um regresso ao irracional, mas sim o sintoma de uma lacuna semântica: falta um termo comum para indicar a dimensão global e qualitativa do estar vivo.

Nos anos 70, o filósofo Ivan Illich observava como a linguagem técnica, embora aumente a precisão, pode reduzir a experiência vivida ao que é mensurável. Algo semelhante acontece hoje com a palavra «energia»: quanto mais a definimos num sentido estritamente físico, mais corremos o risco de perder a ligação com a experiência concreta do ser vivo. Não é por acaso que, na linguagem comum, a energia é sempre relacional: «transmite-se», «perde-se», «restabelece-se». É uma palavra que fala de processos, não de objetos.

Esta ambivalência tem consequências culturais relevantes. Por um lado, alimenta mal-entendidos e simplificações excessivas, quando a energia se torna uma explicação mágica válida para tudo. Por outro lado, porém, aponta para uma necessidade autêntica: a de conceber a vida não apenas como um conjunto de componentes, mas como um acontecimento dinâmico, estruturado e significativo. Neste sentido, o léxico não é um mero ornamento do pensamento científico, mas um dos seus instrumentos mais poderosos.

A reformulação do conceito de energia vital proposta neste capítulo insere-se precisamente neste espaço intermédio. Não exige que se abandone a precisão da física, mas que se reconheça que, na biologia, a palavra «energia» funciona como um indicador de coerência, um sinal linguístico que aponta para fenómenos sistémicos, campos de relação e organizações coletivas. Trata-se de um uso da linguagem mais próximo do da teoria dos sistemas ou da biologia teórica do que da física clássica.

Como escreveu o linguista e filósofo Ludwig Wittgenstein, *«os limites da minha linguagem são os limites do meu mundo»*. Aplicado à biologia, isto significa que, enquanto falarmos da vida apenas com o léxico da máquina, veremos máquinas. Se, em vez disso, começarmos a usar palavras que evocam processos, campos e relações, talvez sejamos capazes de pensar o ser vivo de uma forma mais adequada à sua natureza.

Em última análise, a palavra «energia», no século XXI, é um campo de tensão cultural antes mesmo de ser científico. Cabe-nos a nós decidir se a deixamos deslizar para a indeterminação ou se a usamos como uma oportunidade para aperfeiçoar a nossa forma de compreender a vida. Refundá-la não significa esvaziá-la de sentido, mas devolvê-lhe uma nova precisão, à altura da complexidade do ser vivo.

Da divulgação científica ao mito pop: o imaginário mediático da energia.

Cada época narra a vida com os meios de que dispõe. Na nossa época, mais do que nos tratados ou nas academias, a ideia de energia e vitalidade toma forma em documentários televisivos, em podcasts científicos, em festivais de ciência, mas também em programas de entrevistas, em plataformas digitais e até nos algoritmos das redes sociais. É aqui que o conceito de energia vital, reformulado pela ciência contemporânea, é filtrado, simplificado, amplificado ou, por vezes, distorcido.

A divulgação científica tem desempenhado, nas últimas décadas, um papel ambivalente. Por um lado, contribuiu para tornar acessíveis conceitos complexos como a organização dos sistemas vivos, a autorregulação e a complexidade. Por outro lado, cedeu frequentemente à tentação da narrativa espetacular, em que a energia se torna uma palavra-chave emotiva, capaz de evocar mistério e poder mais do que compreensão.

Um momento simbólico desta viragem pode ser situado na década de 1980, quando Carl Sagan, com a série *Cosmos* (1980), levou às casas de milhões de pessoas uma ideia de universo dinâmico, no qual a vida era vista como uma expressão rara, mas profundamente integrada nos processos cósmicos. Sagan falava de estrelas, moléculas e células com o mesmo tom narrativo, criando uma continuidade imaginativa entre a física e a biologia. Não utilizava a linguagem da «energia vital», mas contribuía para construir uma imagem da vida como um fenómeno organizado e processual, não redutível a pura mecânica.

Nos anos seguintes, porém, a multiplicação dos canais mediáticos produziu uma fragmentação da narrativa. A par de uma divulgação rigorosa — pensemos nos documentários de David Attenborough, onde a vitalidade dos organismos emerge através do comportamento, das relações ecológicas e dos ciclos —, desenvolveu-se um vasto mercado comunicativo em que a palavra «energia» se tornou uma marca narrativa. Energia como promessa de bem-estar, de harmonia, de potencialização pessoal.

Uma anedota contada por uma jornalista científica italiana durante o Festival da Ciência de Génova (edição de 2016) é esclarecedora: após uma conferência sobre sistemas complexos em biologia, uma espectadora perguntou se aquelas *«redes de* interação» eram a prova científica da aura. A pergunta não surgiu da ingenuidade, mas de um imaginário híbrido, construído pela exposição simultânea a conteúdos científicos e paracientíficos, frequentemente apresentados com a mesma linguagem visual e retórica.

Os meios de comunicação, de facto, não transmitem apenas informações: moldam expectativas cognitivas. Quando a divulgação utiliza metáforas energéticas sem esclarecer o seu contexto, contribui para manter uma zona cinzenta em que conceitos diferentes — físicos, biológicos, experienciais — se sobrepõem. O resultado não é necessariamente desinformação, mas uma compreensão intuitiva e emocional, que pode ser frutífera ou enganadora, dependendo de como é orientada.

Um exemplo interessante vem do mundo das TED Talks (uma plataforma global onde ideias inovadoras e inspiradoras são partilhadas através de breves palestras acessíveis a todos). Desde os anos 2000, ideias como esta têm tido uma enorme influência no imaginário cultural global. Muitas intervenções sobre a vida, a mente ou a saúde falam de «energia», «ligação», «vibração», muitas vezes de forma sugestiva, mas pouco definida. Esta linguagem funciona porque responde a uma necessidade real de sentido, mas corre o risco de substituir a argumentação pela inspiração.

No entanto, é precisamente aqui que se abre uma possibilidade. Uma divulgação madura poderia utilizar o poder narrativo dos meios de comunicação não para simplificar em excesso, mas para educar para a complexidade. Falar da energia vital não como uma força misteriosa, mas como uma forma de descrever a organização dinâmica dos organismos, requer tempo, paciência e confiança na inteligência do público. Não é por acaso que algumas das melhores experiências de divulgação contemporâneas — podcasts de longa duração, livros-reportagem, séries documentais aprofundadas — estão a seguir nesta direção.

Neste sentido, o papel dos meios de comunicação não é secundário em relação à reformulação do conceito de energia vital: é parte integrante do processo. Porque aquilo em que uma sociedade acredita sobre a vida depende também da forma como a vida é contada.

Da página ao metaverso: como irá mudar a narrativa da energia da vida.

Cada avanço tecnológico traz consigo uma transformação silenciosa, mas profunda: muda a forma como contamos o mundo e, por conseguinte, a forma como o compreendemos. A biologia dos campos, com a sua ideia de organismos como estruturas informativas estabilizadas, surge num momento histórico em que a divulgação científica está a entrar numa nova fase, suspensa entre a inteligência artificial, a realidade aumentada e os ambientes imersivos. A questão já não é apenas o que contar sobre a vida, mas como fazê-lo sem trair a sua complexidade.

Nos últimos anos, a inteligência artificial tornou-se um interlocutor quotidiano na produção e mediação do conhecimento. Sistemas capazes de sintetizar artigos, gerar imagens científicas ou simular processos biológicos já são utilizados em universidades, museus e redacções. Em 2023, por exemplo, a *Wellcome Collection,* em Londres, experimentou instalações interativas baseadas em modelos computacionais para mostrar a dinâmica dos sistemas vivos: não se tratava de meros painéis informativos, mas de ambientes que reagiam às escolhas do visitante. A energia da vida não era explicada, mas sim encenada como um processo.

Esta transição é crucial. A divulgação do futuro não será apenas narrativa ou descritiva, mas experiencial. A realidade aumentada e a realidade virtual já permitem hoje «entrar» num tecido biológico, observar fluxos, ritmos e sincronizações. Em Stanford, um laboratório de visualização científica desenvolveu ambientes de RV para estudantes de biologia, nos quais os fenómenos celulares não aparecem como cadeias de eventos lineares, mas como campos dinâmicos de interação. É uma linguagem que se aproxima surpreendentemente da ideia de energia vital como coerência, sem recorrer a metáforas esotéricas.

No entanto, este poder comunicativo acarreta um risco subtil: a sedução do excesso de clareza. Um algoritmo tende a simplificar, a tornar fluido o que é intrinsecamente ambíguo. Mas a vida, como bem sabem os biólogos teóricos, é também feita de instabilidade, margens e zonas cinzentas. O físico e divulgador Philip Ball, num encontro público em Oxford em

2019, observou que as melhores visualizações científicas não são aquelas que explicam tudo, mas aquelas que *«deixam entrever o que ainda não compreendemos»*. Uma lição valiosa para quem quiser narrar a energia da vida através de ferramentas inteligentes.

Há ainda outro aspeto, mais cultural do que técnico. A inteligência artificial não é apenas um meio, mas um novo ator simbólico. Quando confiamos a uma máquina a tarefa de explicar a vitalidade de um organismo, estamos implicit , a redefinir a fronteira entre o conhecimento humano e o conhecimento automatizado. Uma anedota contada por um curador científico francês diz respeito a uma exposição itinerante sobre a biologia do futuro: muitos visitantes afirmavam confiar mais nas explicações geradas pela IA do que nas escritas pelos especialistas, porque as consideravam «mais neutras». É um sinal que interpela diretamente a responsabilidade da divulgação.

Neste cenário, narrar a energia vital como coerência dinâmica torna-se um desafio narrativo, para além de científico. As novas tecnologias podem ajudar a mostrar a vida como uma rede, como um campo, como um processo informativo encarnado. Mas exigem uma direção cultural consciente, capaz de evitar tanto a redução mecanicista como a deriva espetacular.

Talvez o futuro da divulgação não resida em encontrar uma definição definitiva da energia da vida, mas sim em construir contextos de compreensão, espaços onde o leitor, o espectador ou o visitante possam experimentar a complexidade sem serem esmagados por ela. Neste sentido, a inteligência artificial e a realidade aumentada não são a solução, mas sim instrumentos poderosos: tal como qualquer linguagem, dizem muito sobre o que escolhemos contar e, ainda mais, sobre o que decidimos deixar em aberto.

Qi, prana, força vital.

Há um facto que impressiona quem quer que observe a história das ideias sem preconceitos: culturas muito distantes no espaço e no tempo conceberam a vida como atravessada por um princípio dinâmico invisível, essencial mas não redutível à matéria. Os nomes mudam — *qi* na China clássica, *prana* na Índia védica, *pneuma* no mundo grego, *ruach* na tradição judaica, até à *«força* vital» da medicina europeia pré-moderna — mas a estrutura conceptual permanece surpreendentemente semelhante. Não é um objeto, mas sim um processo; não é uma substância, mas sim uma circulação.

No «Neijing», texto fundador da medicina chinesa (entre os séculos III e I a.C.), o qi nunca é definido de forma estática. É aquilo que flui, que liga, que relaciona órgãos, estações e emoções. Da mesma forma, nos *Upaniṣads* indianos, o *prana* não coincide com a respiração física, mas com aquilo que lhe confere significado: uma tensão ordenadora que sustenta a vida e a consciência. Em Atenas, Hipócrates (século V a.C.) falava da *physis* como princípio interno de movimento e regulação, uma ideia que ecoa de forma surpreendente estas visões orientais.

Esta convergência não resulta de intercâmbios culturais sistemáticos — que, em muitos casos, não existiram —, mas de uma experiência fenomenológica partilhada: a evidência de que os organismos vivos não são agregados aleatórios de partes, mas sim totalidades dinâmicas, reconhecíveis pelo seu ritmo, pela sua capacidade de manter a forma e a função em meio à mudança. É aqui que o conceito de energia vital revela a sua força: não como explicação e m causal, mas como descrição global do que torna vivo o ser vivo.

Desconsiderar o qi ou o prana como superstições significa projetar retroativamente critérios científicos modernos sobre épocas que operavam com outros instrumentos conceptuais. Trata-se de um erro histórico antes mesmo de ser epistemológico. Como observou o antropólogo britânico Joseph Needham, que dedicou a sua vida ao estudo da ciência chinesa, estes conceitos não eram tentativas ingénuas de explicar a química do corpo, mas sim mapas operacionais da experiência, capazes de orientar práticas médicas, corporais e espirituais ao longo de séculos.

Uma anedota contada por um médico italiano que trabalhou durante muito tempo no Nepal na década de 1990 é esclarecedora: durante uma visita a uma aldeia nos Himalaias, apercebeu-se de que os curandeiros locais descreviam os sintomas dos doentes em termos de «vento bloqueado» ou «respiração perturbada». Não falavam de moléculas ou nervos, mas reconheciam com grande precisão estados de stress, fadiga crónica e desarmonia funcional. O que mudava era a linguagem, não a atenção clínica.

O núcleo comum destes conceitos não é uma força misteriosa que viola as leis da física, mas a intuição de que a vida é organização em ação, manutenção da coerência ao longo do tempo. Em termos contemporâneos, poderíamos dizer que o qi e o prana são nomes diferentes para aquilo que hoje descrevemos como dinâmicas de integração sistémica: fluxos, sincronizações, regulações distribuídas que não residem num único ponto, mas emergem do campo do organismo no seu conjunto.

Na ciência, a universalidade de uma intuição é sempre um sinal a levar a sério. Não uma prova, mas um indício. O facto de civilizações sem contactos diretos terem elaborado conceitos análogos sugere que estavam a responder a uma estrutura real da experiência biológica. Como escreveu o filósofo da biologia Hans Jonas em 1966, a vida manifesta-se, antes de mais, como «autoafirmação frágil», como um esforço contínuo para se manter a si própria na mudança.

A biologia dos campos insere-se nesta longa tradição, não para recuperar palavras antigas, mas para reconhecer que essas palavras indicavam algo que hoje podemos reformular com maior precisão. Falar de energia vital como coerência dinâmica significa traduzir, não desmentir. É um ato de continuidade cultural, não de nostalgia.

Talvez, então, a verdadeira questão não seja por que razão todas as culturas falaram de uma energia da vida, mas por que razão, durante um certo período, acreditámos que podíamos prescindir dela. Ou, de forma mais radical, se a ciência do vivo não estará hoje a regressar — com outros instrumentos e outro rigor — a reconhecer aquilo que a experiência humana sempre intuiu: que a vida é relação, fluxo, campo.

O saber das mãos e da respiração: ioga, tai chi e artes marciais como biologia vivida.

Muito antes de a energia vital se tornar um problema teórico — e ainda antes de ser criticada como um conceito vago ou pré-científico —, o corpo já a tinha compreendido. Ou, melhor dizendo, já a praticava. Yoga, tai chi, qi gong, artes marciais tradicionais: todas estas disciplinas partilham uma característica decisiva. Não explicam a vida, mas sim põem-na em prática. No gesto lento, na respiração regulada, na postura aparentemente imóvel, aquilo a que as doutrinas chamavam qi ou prana toma forma como uma experiência concreta, verificável e repetível.

Não é por acaso que muitas destas práticas surgiram ou se consolidaram em contextos em que a transmissão escrita era secundária em relação à transmissão oral e corporal. Na China, o tai chi chuan desenvolveu-se entre os séculos XVII e XVIII nas aldeias de Henan, em particular em Chenjiagou: uma prática familiar antes de ser filosófica, onde o saber passa de corpo para corpo. Na Índia, as *asanas* do ioga clássico — codificadas apenas mais tarde, entre o s séculos XIX e XX — existiam há séculos como sequências corporais, antes mesmo de serem capítulos de um tratado.

Aqui, a linguagem não é simbólica, mas propriocetiva. Como observou o antropólogo Marcel Mauss no seu famoso ensaio sobre as técnicas do corpo (1934), cada cultura educa os seus membros a sentir, a mover-se e a respirar de formas específicas. As práticas ligadas à energia vital são, neste sentido, pedagogias da perceção: treinam-nos a reconhecer continuidades, tensões, fluxos, limiares. Não explicam o que é a vida; ensinam como se sente quando está em equilíbrio.

Observar um mestre idoso de tai chi de manhã cedo, nos parques de Pequim ou Xangai, é uma experiência instrutiva até mesmo para um biólogo. Os movimentos são mínimos, mas nada está isolado: cada rotação do pulso envolve toda a postura. É a ideia, profundamente biológica, de que o todo vem antes das partes. O mesmo princípio está presente no ioga de B.K.S. Iyengar, que, na década de 1960, em Pune, insistia na precisão do alinhamento não por uma questão de estética, mas porque *«o corpo mal posicionado confunde a mente»*. Uma afirmação que hoje poderíamos traduzir em termos de integração sensomotora.

Também nas artes marciais japonesas esta intuição é central. Quando Jigoro Kano fundou o judo em 1882, em Tóquio, reformulando técnicas antigas, falou de *«seiryoku* zen'yō»: o melhor uso da energia. Não se trata de força muscular, mas de coordenação, timing e economia do gesto. Um princípio que antecipa, de forma prática, aquilo a que hoje chamaríamos otimização sistémica. A energia vital, neste contexto, não é um fluido misterioso, mas sim a capacidade do organismo de agir como uma unidade coerente.

Estas disciplinas desempenharam, muitas vezes inconscientemente, um papel de preservação cultural. Enquanto a linguagem teórica da energia vital era progressivamente expulsa da ciência ocidental entre os séculos XVIII e XIX, o corpo continuava a guardar essa experiência. Nos mosteiros, nos ginásios, nos pátios ao amanhecer. Um médico francês que estudou o qi gong na década de 1970, J.-C., contava ter compreendido o significado de «energia» não através da leitura de textos, mas ao perceber que, após meses de prática, respirava melhor e se cansava menos. Nenhuma metafísica: apenas uma mudança global, difícil de localizar, impossível de reduzir a uma única causa.

É aqui que a biologia dos campos encontra um aliado inesperado. Estas práticas mostram que a vida não se manifesta apenas nos parâmetros mensuráveis, mas também na qualidade da organização. O gesto torna-se uma janela para dinâmicas profundas: sincronização, estabilidade, adaptação. Neste sentido, o ioga e o tai chi não são relíquias espirituais, mas arquivos somáticos de conhecimentos sobre a vida como processo integrado.

Talvez, para refundar verdadeiramente o conceito de energia vital, a ciência tenha de aprender não só a medir melhor, mas também a observar de forma diferente. Aceitar que, por vezes, o corpo antecede a teoria. E que certos conhecimentos, para sobreviver, escolheram o caminho mais discreto e resistente: o do movimento.

Do templo ao supermercado: o destino ambíguo da energia vital.

Existe um risco espelhado, menos discutido mas igualmente insidioso, na tentativa de refundar cientificamente o conceito de energia vital: a sua banalização comercial. Se durante séculos o qi e o prana foram acusados de serem superstições, hoje sofrem o destino oposto: tornam-se rótulos sedutores, impressos em tapetes de ioga, suplementos alimentares, cursos intensivos de «reequilíbrio energético» ao fim de semana. Já não são rejeitados, mas sim consumidos.

Ao passear pelos stands de algumas feiras de bem-estar — de Bolonha a Mónaco, de Rimini a São Francisco — fica-se com a impressão de que a energia vital se tornou uma mercadoria como qualquer outra. Promete-se «ativá-la», «potenciá-la», «desbloqueá-la» em poucos passos. Uma linguagem que tranquiliza, por ser simples, mas que revela uma perda de profundidade. Aqui não estamos longe do que o antropólogo Marc Augé teria chamado de um «não-lugar» cultural: conceitos arrancados do seu contexto, tornados intercambiáveis, privados da sua densidade histórica.

As grandes tradições que elaboraram os conceitos de qi e prana não eram, de forma alguma, apressadas ou simplificadoras. No «Neijing», texto fundador da medicina chinesa (séculos III-I a.C.), a aprendizagem do qi é indissociável da observação das estações, do ritmo da respiração e da ética do médico. Da mesma forma, nos textos do ioga clássico, como os Yoga Sutras atribuídos a Patañjali (séculos II–IV d.C.), o prana não é uma «energia para ser utilizada», mas um princípio a ser disciplinado com anos de prática.

Um mestre de tai chi de Pequim, entrevistado na década de 1980 por uma equipa de investigadores franceses, respondeu a uma pergunta insistente com uma frase desarmante: *«Vocês, ocidentais, querem saber o que é o qi. Nós aprendemos quando não o perturbar»*. É uma diferença subtil, mas decisiva. A comercialização moderna, por outro lado, tende a prometer controlo imediato, resultados rápidos, domínio. Exatamente aquilo contra o qual as tradições alertavam para não se procurar.

Distinguir a herança cultural autêntica das simplificações da Nova Era não significa defender uma pureza imaginária. As tradições sobrevivem porque se transformam. Mas alguns indícios são reveladores. A autenticidade não promete atalhos, nunca separa o trabalho sobre o corpo do trabalho sobre a atenção e o comportamento, não reduz a energia vital a um recurso individual a ser maximizado.

Um exemplo histórico esclarecedor vem do Japão do início do século XX. Jigoro Kano, fundador do judo, opôs-se abertamente à transformação das artes marciais em mero espetáculo ou mercadoria. Em 1922, no Kodokan de Tóquio, recordou aos seus alunos que o ki não era uma força mágica, mas o resultado da coordenação, da postura e da intenção. Quando uma prática perde essa complexidade, quando se torna um slogan, provavelmente já não estamos perante um legado vivo, mas sim perante uma caricatura do mesmo.

O paradoxo é evidente: enquanto a biologia contemporânea redescobre, com instrumentos rigorosos, a importância dos padrões globais e da coerência sistémica, uma parte da cultura popular reduz esses conceitos a fórmulas tranquilizadoras. A energia vital é assim privada da sua dimensão mais incómoda: exige tempo, escuta e transformação pessoal.

Em 1998, durante um congresso em Londres sobre ciência e espiritualidade, o físico David Bohm — figura de ponte entre mundos diferentes — observou que *«o problema não é usar palavras antigas, mas usá-las sem disciplina»*. Uma frase que ainda hoje se aplica. A refundação científica da energia vital não passa pela sua negação nem pela sua mercantilização, mas por um trabalho paciente de tradução cultural.

Recuperar o qi e o prana como descrições pré-científicas de fenómenos de coerência não significa vendê-los melhor, mas compreendê-los melhor. Significa devolver-lhes profundidade, afastá-los tanto do dogmatismo como do marketing. Neste sentido, a biologia dos campos oferece um critério valioso: o que é vital não é aquilo que mais promete, mas aquilo que mantém a coerência ao longo do tempo.

Talvez o verdadeiro legado das tradições não seja um conceito para exibir, mas uma atitude a cultivar. Numa época que mede tudo em termos de desempenho e consumo, esta é uma lição surpreendentemente atual.

Não é magia, mas experiência: porque a energia vital atravessou os séculos.

Chamar de «superstição» os conceitos tradicionais de energia vital é, muitas vezes, um gesto de impaciência cultural. Significa julgar, com categorias nascidas no laboratório moderno, aquilo que surgiu em contextos em que a observação era direta, corporal e reiterada ao longo do tempo. As civilizações que falaram de qi, prana, pneuma ou *vis vitalis* não estavam a formular teorias físicas alternativas, mas sim a registar regularidades na experiência do ser vivo.

Antes mesmo de se questionarem sobre como funciona a vida, estas tradições questionavam-se sobre como ela se manifesta. E o que emergia, com surpreendente coerência, era a ideia de que um organismo vivo não se define apenas pelo que o compõe, mas pela forma como mantém a continuidade, o ritmo e a unidade na mudança. Não se trata de uma hipótese metafísica, mas de uma constatação empírica reiterada.

Um elemento frequentemente negligenciado é que estes conceitos não nascem nos templos, mas nos ofícios. O qi toma forma na medicina e na agricultura chinesas; o prana, na observação da respiração e do esforço físico; o pneuma, na prática médica helenística. Galeno (século II d.C.) referia-se ao pneuma como aquilo que torna o corpo capaz de reagir, de se adaptar, de curar. Não se tratava de uma entidade mística, mas sim de uma função descritiva: aquilo que está presente quando o corpo responde como um todo.

Uma anedota registada nos arquivos da Marinha Real conta que, durante as longas travessias do século XVIII, alguns médicos de bordo distinguiam os marinheiros «ainda íntegros» daqueles que estavam prestes a contrair o escorbuto, não tanto pelos sintomas evidentes — —, mas sim por uma espécie de «colapso geral»: postura, tônus, capacidade de coordenação. Não dispunham da linguagem da vitamina C, mas reconheciam uma perda do princípio organizador. É exatamente isto que os conceitos de energia vital procuravam designar.

O que torna estes conceitos não supersticiosos é o seu núcleo fenomenológico comum. Onde quer que apareçam, descrevem três aspetos recorrentes: a continuidade do organismo no tempo, a sua capacidade de coordenar diferentes partes e a sua sensibilidade ao contexto. Não falam de causas últimas, mas de estados globais.

A superstição, no sentido estrito, atribui eventos a causas arbitrárias e incontroláveis. Os conceitos de energia vital fazem o oposto: devolvem regularidade ao que parece caótico. Um médico ayurvédico de Kerala, entrevistado na década de 1970 por uma equipa da Universidade de Madras, explicava que falar de prana servia para não perder de vista o quadro geral do doente, sobretudo quando os sintomas individuais mudavam. Era um antídoto contra a fragmentação, não um produto dela.

É significativo que estes conceitos surjam precisamente onde o reducionismo revela os seus limites: nos processos de cura, no desenvolvimento, na adaptação. Áreas em que o comportamento do todo não é imediatamente dedutível a partir das partes. A biologia dos campos não faz mais do que reconhecer, com instrumentos mais refinados, esta mesma dificuldade.

Há um último elemento que afasta o qi e o prana da superstição: a sua sobriedade explicativa. Não prometem milagres, não garantem controlo total. Pelo contrário, insistem na fragilidade do equilíbrio vital. Em muitos textos clássicos, a energia vital não é algo a acumular, mas a não dispersar. Uma ideia surpreendentemente próxima da noção moderna de estabilidade dinâmica.

Em 1932, o fisiologista Walter Cannon introduziu o conceito de homeostase. Não falava de energia vital, mas descrevia o mesmo fenómeno: a capacidade de um organismo de se manter a si próprio através de flutuações contínuas. As palavras mudam, a experiência subjacente permanece. É nesta continuidade que se joga a legitimidade dos conceitos tradicionais.

Talvez, então, a questão não seja decidir se o qi e o prana «existem» no sentido físico do termo, mas reconhecer que designam algo que realmente acontece: a forma como a vida se mantém unida. Descartá-los como superstição significa perder um rasto precioso da nossa longa observação do ser vivo.

Contar não basta: o preconceito matemático e a sombra lançada sobre a energia vital.

Na cultura científica moderna existe uma regra não escrita: o que não se deixa traduzir em números é, se não falso, pelo menos pouco fiável. É uma regra poderosa, que produziu resultados extraordinários, mas que, com o tempo, se transformou num preconceito epistemológico. Neste contexto, conceitos como o qi ou o prana nem sequer são analisados: são arquivados. Não porque tenham sido refutados, mas porque falam uma língua diferente da da equação.

No entanto, esta identificação entre conhecimento e matematização é historicamente recente. Galileu, no «Saggiatore» (1623), escreve que o livro da natureza está escrito em linguagem matemática. Mas Galileu não diz que apenas o que é matemático é real; diz que é a linguagem adequada para descrever certos fenómenos. Nos séculos seguintes, essa prudência perdeu-se, e o método tornou-se metafísica.

Um dos efeitos colaterais desta deslocação é a confusão sistemática entre o simbólico e o irracional. Na linguagem comum, «simbólico» soa a vago, poético e, por isso, suspeito. Mas, na história do conhecimento, o símbolo sempre teve outra função: tornar visível aquilo que não é imediatamente decomponível.

Ernst Cassirer, filósofo da cultura ativo entre os anos 20 e 30 do século XX, recordava que o mito, a linguagem e a ciência não são graus de erro progressivo, mas formas simbólicas diferentes. Cada uma organiza a experiência de acordo com os seus próprios critérios. Dizer que o qi é simbólico não significa dizer que é falso; significa reconhecer que surge para orientar a experiência do ser vivo, não para substituir uma teoria física.

Um exemplo esclarecedor vem da arte. Quando, em 1912, Kandinsky publicou «*O Espiritual* na Arte», foi acusado de misticismo. Só décadas mais tarde se compreenderia que ele estava a tentar descrever campos percetivos, tensões, ressonâncias visuais. Não números, mas estruturas. Hoje em dia, ninguém diria que Kandinsky era irracional; no entanto, ele falava uma linguagem simbólica.

Na medicina, este preconceito teve consequências concretas. Michael Polanyi, químico e filósofo da ciência, falava de «*tacit knowledge*»: um conhecimento que orienta a ação, mas que não é totalmente explicável. Um cirurgião experiente «sente» quando um tecido está saudável ou não, antes mesmo de o poder medir. Ninguém chama a isso superstição. No entanto, quando competências análogas são expressas através de conceitos simbólicos, como acontece nas medicinas tradicionais, o julgamento muda.

Nos anos 50, nos hospitais parisienses, alguns médicos mais velhos distinguiam os doentes «bem-sustentados» dos doentes «desfiados», utilizando uma linguagem que hoje definiríamos como imprecisa. Mas os jovens médicos sabiam que essas palavras antecipavam frequentemente a evolução clínica. Era uma descrição global, não quantificada, mas tudo menos arbitrária. O problema não era a falta de rigor, mas a ausência de uma gramática científica adequada a esse tipo de fenómeno.

O cerne do preconceito moderno reside talvez aqui: ter confundido o instrumento com o critério último da realidade. A matemática é um meio extremamente poderoso, mas não é neutra: seleciona o que é mensurável e deixa na sombra o que é relacional, qualitativo, dinâmico. Os conceitos de energia vital nascem precisamente nessa sombra, como tentativas de dar voz a configurações complexas que escapam à decomposição.

O filósofo napolitano Giambattista Vico, já em 1725, alertava contra a ideia de que apenas o método geométrico produzisse a verdade. «*Verum ipsum factum*»: compreendemos verdadeiramente aquilo que somos capazes de fazer, de viver, de atravessar. O ser vivo, antes de ser calculado, é vivenciado. As tradições que falam de qi ou prana não rejeitam a racionalidade; rejeitam a ideia de que uma única forma de racionalidade esgote o real.

Refundar o conceito de energia vital significa também isto: devolver dignidade cognitiva ao simbólico, sem o transformar em dogma. O símbolo não é um resíduo arcaico a eliminar, mas uma ponte provisória entre a experiência e a teoria. Quando a biologia dos campos fala de coerência, informação, organização global, está a realizar uma operação análoga: traduz numa linguagem mais precisa aquilo que, durante séculos, foi expresso de forma simbólica.

O verdadeiro obstáculo não é a falta de dados, mas o hábito mental de reconhecer como reais apenas aqueles que se enquadram numa fórmula. Superar este preconceito não significa renunciar à ciência, mas alargar o seu vocabulário. E talvez, como acontece frequentemente na história das ideias, o passo em frente consista em recuperar aquilo que tinha sido excluído demasiado depressa.

QUARTA PARTE. Vida, saúde e desarmonia.

A partir do pensamento de Georges Canguilhem
A saúde não é um estado ideal a preservar, mas uma capacidade criativa do organismo para estabelecer novas normas quando o contexto muda.

Do pensamento de Henri Atlan
O ser vivo não é definido pela estabilidade dos seus componentes, mas pela coerência dos processos que os mantêm em relação.

A partir do pensamento de Francisco Varela
A doença não é uma simples avaria local, mas uma ruptura da continuidade com que o organismo se produz e se reconhece como unidade.

Depois de ter posto em causa o reducionismo biológico e de ter introduzido a ideia da vida como fenómeno de coerência e de campo, esta Quarta Parte aborda o terreno mais delicado e, ao mesmo tempo, mais concreto: o da saúde e da doença. É aqui que as hipóteses teóricas deixam de ser apenas uma nova linguagem para descrever a vida e tornam-se uma lente diferente para interpretar o que acontece quando a vida funciona, se adapta, resiste ou, pelo contrário, se desorganiza.

No paradigma clássico, a saúde é frequentemente entendida como a ausência de anomalias mensuráveis, enquanto a doença é equiparada a uma lesão, a um defeito molecular ou a um mau funcionamento localizado. A perspetiva dos campos biológicos subverte esta abordagem sem negar a sua utilidade: antes mesmo de se manifestarem nos tecidos, nos genes ou nos parâmetros clínicos, a saúde e a doença emergem como estados globais de coerência ou de desalinhamento informativo do organismo.

A saúde, neste contexto, não é imobilidade nem equilíbrio perfeito, mas sim a capacidade dinâmica de manter uma ordem flexível, de absorver perturbações sem perder a sua identidade funcional. É um processo contínuo de ajustamento, uma resiliência que abrange todo o campo biológico e não apenas as suas partes individuais. Estar saudável não significa permanecer inalterado, mas sim conseguir mudar sem se fragmentar.

A doença, consequentemente, já não se apresenta como um acontecimento pontual, repentino e isolado, mas como uma perda progressiva de coerência. As partes do organismo continuam a existir, mas deixam de dialogar de forma harmoniosa; a informação que outrora coordenava o todo dispersa-se, distorce-se ou localiza-se. O que emerge é uma desarmonia que antecede e acompanha as alterações materiais, tornando-as compreensíveis como expressão de um processo mais profundo.

Esta parte do livro não propõe atalhos terapêuticos nem simplificações sugestivas. Pelo contrário, avança com cautela ao longo de uma fronteira delicada: por um lado, mostra as potencialidades de uma visão sistémica e informacional da saúde; por outro, reconhece os seus limites, defendendo a necessidade de rigor científico e de integração com a medicina baseada na evidência. O campo biológico não é uma explicação mágica, mas sim um nível adicional de compreensão.

No percurso global do volume, a Quarta Parte representa uma passagem fundamental: traduz os fundamentos teóricos da biologia dos campos numa reflexão sobre a vida concreta, o bem-estar e o sofrimento. É o ponto em que a vida, entendida como um fenómeno de coerência, mostra o que acontece quando essa coerência se mantém, se quebra ou se reconstrói. E é também o ponto em que a biologia se depara inevitavelmente com uma responsabilidade mais ampla: compreender a saúde não apenas como um facto individual, mas como expressão de relações mais vastas, biológicas e ecológicas, que tornam possível a própria vida.

VIII. A saúde como coerência,

Na linguagem comum, a saúde é frequentemente descrita por negação: sentir-se bem significa não ter sintomas, não apresentar alterações, não se desviar dos parâmetros considerados normais. Mas esta definição, aparentemente tranquilizadora, revela-se frágil assim que se observa a vida de perto. Os organismos vivos nunca estão imóveis, nem perfeitamente alinhados com um padrão fixo. Mudam continuamente, oscilam, compensam, antecipam. A saúde, então, não pode coincidir com a estabilidade de um estado, mas com a capacidade de atravessar a mudança sem perder a coerência.

Este capítulo apresenta uma visão da saúde coerente com a ideia central da biologia dos campos: o organismo como uma estrutura informativa estabilizada, capaz de manter a sua identidade através de fluxos contínuos de energia, matéria e informação. Nesta perspetiva, estar saudável significa conseguir integrar perturbações internas e externas numa ordem dinâmica, sem que o campo biológico perca a sua capacidade de coordenar o todo.

O conceito de equilíbrio, aqui, é radicalmente repensado. Já não se trata de um equilíbrio estático, comparável a uma quietude ideal, mas sim de um equilíbrio dinâmico, semelhante ao de um sistema que se regula enquanto se move. Um organismo saudável não é aquele que não muda, mas aquele que muda bem. A coerência informativa não elimina a variação, mas torna-a habitável.

No decorrer do livro, este capítulo representa uma passagem decisiva: depois de descrever a vida como um fenómeno de coerência e de campo, mostra-se como essa coerência se manifesta concretamente na experiência biológica da saúde. É o ponto em que a teoria se cruza com a fisiologia, sem se reduzir a ela. A saúde torna-se assim uma propriedade global do organismo, não a simples soma de funções corretas.

É dedicada uma atenção especial à resiliência do campo biológico: a capacidade de adaptação, de autorreparação e de reorganização após uma perturbação. Aqui, a saúde surge como uma inteligência distribuída, não localizável num órgão ou numa molécula, mas reconhecível na forma como todo o sistema responde aos desafios. Trata-se de uma competência emergente, mais do que um estado mensurável de uma vez por todas.

Por fim, o capítulo abre caminho para implicações que vão além da medicina individual. Se a saúde é coerência de campo, então depende também do contexto: relacional, ambiental, ecológico. Sem forçar conclusões práticas prematuras, delineia-se a necessidade de uma medicina mais sistémica, capaz de interpretar os sinais da saúde não apenas em valores isolados, mas na qualidade da organização global do ser vivo.

O Capítulo VIII traduz a linguagem teórica da coerência e dos campos biológicos numa chave interpretativa aplicável a um dos conceitos mais delicados da biologia e da medicina. Preparando o terreno para o capítulo seguinte sobre a doença como perda de coerência, este texto esclarece que a saúde não é o ponto zero da patologia, mas uma modalidade específica de organização do ser vivo.

Neste sentido, o capítulo não propõe uma definição alternativa de saúde, mas sim uma mudança de perspetiva: da correção « » dos erros para a compreensão dos processos; do controlo dos parâmetros para a leitura da ordem global; da reparação das partes para o cuidado das relações que mantêm o todo unido.

Saúde é estar em sintonia: a orquestra invisível dos ritmos biológicos.

Se a saúde é coerência, então o seu verdadeiro banco de ensaio é o tempo. Não o tempo abstrato dos relógios, mas o tempo biológico, plural e estratificado, que atravessa o organismo como uma trama de ritmos diferentes. Todo o ser vivo é, antes de mais nada, uma arquitetura temporal: ciclos rápidos e lentos, oscilações diárias e sazonais, microvariações que se coordenam sem necessidade de um diretor central. A saúde manifesta-se quando estes ritmos — metabólicos, endócrinos, neuronais — conseguem sincronizar-se, mantendo uma relação estável, embora permaneçam flexíveis. A cronobiologia demonstrou que o corpo humano funciona de acordo com uma organização temporal interna que não se limita a reagir ao ambiente, mas antecipa-o e interpreta-o. As investigações que conduziram, em 2017, ao reconhecimento do papel dos mecanismos moleculares do relógio circadiano tornaram evidente um ponto decisivo: não importa apenas o que acontece no corpo, mas quando acontece.

Um organismo saudável não é aquele em que cada processo funciona isoladamente, mas sim aquele em que os tempos dos processos se articulam entre si. É uma coerência temporal que permite que o todo se mantenha a si próprio enquanto muda, tal como acontece numa partitura musical em que diferentes temas entram e saem sem quebrar a unidade da peça. Nesta perspetiva, o campo biológico surge também como um campo de sincronização, capaz de integrar ritmos diferentes numa ordem dinâmica. A saúde não coincide, portanto, com uma regularidade rígida, mas com uma pontualidade inteligente: a capacidade do organismo de estar no momento certo, de sintonizar os seus tempos internos com os do mundo sem perder a sua identidade.

Do organismo ao ecossistema: uma mesma gramática da coerência.

Uma breve comparação entre sistemas biológicos e ecossistemas ajuda a esclarecer, quase por reflexo, o que realmente entendemos quando falamos de saúde como coerência. Um organismo vivo e um ecossistema natural funcionam em escalas diferentes, mas parecem obedecer a princípios organizacionais surpreendentemente semelhantes. Em ambos os casos, o que importa não é a eficiência perfeita de cada elemento individual, mas sim a qualidade das relações que mantêm tudo unido. Uma floresta madura, estudada pelos ecologistas desde os anos 70, não é «saudável» porque cada espécie prospera ao máximo, mas porque o sistema, no seu conjunto, consegue absorver perturbações — um incêndio, uma seca, a chegada de uma espécie invasora — sem perder a sua identidade funcional. Da mesma forma, um organismo humano saudável não é aquele isento de flutuações ou assimetrias, mas aquele capaz de integrar variações locais numa ordem global.

Esta analogia não é apenas sugestiva. Gregory Bateson, ao observar os sistemas vivos e os sistemas ecológicos, falava de uma «ecologia da mente», sublinhando como a estabilidade emerge sempre de circuitos de retroalimentação e não do controlo linear. Num ecossistema, a simplificação excessiva — a redução drástica da biodiversidade — torna-o frágil; num organismo, uma rigidez funcional análoga compromete a capacidade de adaptação. Em ambos os casos, a saúde coincide com uma coerência distribuída, e não com a otimização de uma única função.

A ideia de «campo biológico» permite captar esta relação sem forçar a analogia. Tal como um ecossistema não se resume à soma das suas espécies, um organismo não se explica como um simples agregado de órgãos ou reações. Em ambos atua uma ordem informativa que orienta os processos locais, mantendo uma forma reconhecível ao longo do tempo. É por isso que, ao observar certos ambientes naturais — uma lagoa, uma barreira de coral, uma pradaria estável —, muitos biólogos têm falado de «sistemas saudáveis», utilizando uma linguagem surpreendentemente próxima da da fisiologia. Não porque o ecossistema seja um organismo no sentido estrito, mas porque partilha com o ser vivo individual a lógica da coerência dinâmica.

Esta referência serve para sugerir uma continuidade de princípios: a saúde individual e a saúde ambiental não são a mesma coisa, mas parecem emergir de uma mesma gramática do vivo, na qual o equilíbrio nunca é fixidez e a ordem nunca é imposta de cima.

Cuidar não é consertar: o léxico vivo da saúde.

Na linguagem comum, «tratar» significa frequentemente intervir para eliminar um problema. Cura-se uma ferida, cura-se uma doença, como se o corpo fosse uma máquina avariada e a saúde coincidisse com a remoção do defeito. No entanto, se observarmos com atenção o léxico da cura — aquele que atravessa a medicina, a ecologia e até a ética —, surge um significado mais profundo e menos técnico: curar é assumir a responsabilidade por uma relação ao longo do tempo. Não se trata de uma ação pontual, mas de uma prática contínua de atenção, escuta e regulação. Nesta perspetiva, a biologia dos campos oferece uma chave interpretativa poderosa: a saúde não diz respeito à eliminação de elementos indesejados, mas à preservação da coerência relacional que mantém unido um sistema vivo.

Um paralelismo esclarecedor vem do mundo da conservação ambiental. Quando, na década de 1990, , se iniciaram os grandes projetos de renaturalização do delta do Reno, nos Países Baixos, os ecologistas perceberam que «cuidar» do rio já não significava conten-lo rigidamente ou forçá-lo a seguir um traçado ideal, mas devolver-lhe espaço, permitir que as suas dinâmicas se expressassem sem perder o equilíbrio. A manutenção da paisagem tornou-se assim um trabalho de acompanhamento, e não de controlo. Algo semelhante acontece no corpo: o cuidado, entendido num sentido profundo, não impõe uma ordem a partir do exterior, mas sustenta as condições para que o organismo possa restabelecer a sua própria coerência informativa.

Não é por acaso que esta ideia ressurge em diferentes âmbitos. A filósofa Joan Tronto, na década de 1980, definia o cuidado como uma atividade que abrange *«tudo o que fazemos para manter, continuar e reparar o nosso mundo»*. Um mundo que inclui os corpos, os ambientes e as relações. Aplicada à saúde, esta definição desloca o foco: não se trata de combater o corpo, mas de colaborar com a sua inteligência sistémica. Alguns médicos de clínica geral contam — muitas vezes fora dos congressos oficiais — que os percursos de cura mais eficazes começam quando se deixa de perseguir um único parâmetro e se começa a observar como o doente vive, trabalha, dorme e respira. Não se trata de romantismo: é um reconhecimento implícito do facto de que a saúde emerge de uma rede de relações coerentes.

Também a linguagem agrícola tradicional conserva vestígios desta visão. Em muitas zonas dos Apeninos, ainda se fala em «cuidar da terra» para indicar a rotação dos campos, a manutenção dos muros de pedra seca, a atenção às nascentes. Não se «repara» um solo: acompanha-se-o, estação após estação. Transposta para o plano biológico, esta metáfora torna-se surpreendentemente precisa. O campo biológico do organismo não requer intervenções pontuais e definitivas, mas sim uma atenção contínua, pequenos ajustes que mantêm as relações funcionais entre as partes.

Neste sentido, a saúde como coerência é também uma questão de linguagem. Falar de cuidados como manutenção das relações muda a forma como concebemos o corpo e o e nossa relação com ele. Já não é um território a conquistar ou a corrigir, mas um ambiente vivo a habitar conscientemente. É uma mudança de paradigma silenciosa, mas decisiva, que aproxima a medicina da sabedoria ecológica sem confundir os planos: o que as une não é o objeto, mas o princípio organizativo. A saúde, tal como um ecossistema bem cuidado, não se impõe. Cultiva-se.

A saúde não fica parada: a arte biológica de permanecer nós próprios enquanto mudamos.

Durante muito tempo, tanto na medicina como no senso comum, a saúde foi imaginada como uma condição de quietude: parâmetros dentro da norma, valores estáveis, funções regulares. Um ideal tranquilizador, quase geométrico. Mas a biologia contemporânea — e ainda mais a perspetiva da biologia dos campos — sugere uma verdade menos confortável e mais fascinante: um organismo saudável não é aquele que não muda, mas aquele que muda sem perder a coerência. A saúde, em suma, assemelha-se mais a uma oscilação bem regulada do que a uma linha plana.

Um exemplo clássico, frequentemente citado nos cursos de fisiologia, mas raramente discutido em profundidade, diz respeito ao batimento cardíaco. Na década de 1980, alguns cardiologistas norte-americanos observaram que um coração perfeitamente regular — como um metrónomo — é muitas vezes um sinal de risco, e não de saúde. O coração saudável apresenta uma variabilidade contínua, microirregularidades que indicam a capacidade do sistema de se adaptar, a cada instante, às exigências do organismo. A imobilidade rítmica, paradoxalmente, é uma forma de rigidez. Neste sentido, a saúde não coincide com a ausência de flutuações, mas com a sua integração numa ordem dinâmica.

Esta ideia encontra um eco surpreendente também fora da medicina. O biólogo evolucionista Stephen Jay Gould contava, num ensaio da década de 1990, que as espécies mais longevas não são as mais especializadas, mas sim aquelas capazes de tolerar variações, de habitar um amplo intervalo de condições sem entrar em colapso. O mesmo se aplica ao organismo individual: o equilíbrio estático — aquele que tenta conservar a todo o custo um estado ideal — é frágil; o equilíbrio dinâmico, por outro lado, é uma forma de inteligência do sistema.

Do ponto de vista da biologia dos campos, esta distinção assume um significado ainda mais radical. Se o organismo é uma estrutura informativa estabilizada, a sua saúde não pode consistir no congelamento da informação, mas na capacidade do campo biológico de se reorganizar, mantendo uma forma reconhecível. Tal como um músico de jazz que improvisa sem perder a tonalidade, o corpo saudável varia continuamente as suas configurações internas sem perder o sentido do todo. Não é por acaso que o musicólogo Leonard Meyer falava de equilíbrio dinâmico também no que diz respeito à música: tensão e resolução não são acidentes, mas condições da harmonia.

Também a história da ciência oferece perspetivas esclarecedoras. Walter Cannon, o fisiologista que introduziu o conceito de homeostase na década de 1930, já entendia o equilíbrio como um processo ativo, não como uma condição passiva. Com o tempo, porém, a sua intuição foi simplificada, transformando a homeostase numa espécie de ideal estático. A biologia dos campos recupera e radicaliza a intuição original: o equilíbrio é um verbo, não um substantivo. É algo que o organismo faz, não algo que possui.

Nesta perspetiva, a saúde surge como uma forma de movimento bem-sucedido ao longo do tempo. Não é a ausência de crises, mas a capacidade de as atravessar. Não é imobilidade, mas continuidade de sentido através da mudança. Um organismo saudável não é aquele que permanece idêntico a si mesmo, mas aquele que consegue manter-se a si mesmo enquanto muda.

Resiliência do campo. Adaptação e autorreparação.

Se o equilíbrio biológico não é imobilidade, então a resiliência não é mera resistência. Na perspetiva da biologia dos campos, a resiliência surge antes como a capacidade de um organismo de atravessar uma perturbação sem perder a sua forma informativa, reorganizando-se a partir do interior. Não é uma defesa passiva, mas um processo ativo e criativo, que implica memória, flexibilidade e uma surpreendente economia de meios.

Um exemplo emblemático — frequentemente citado nos laboratórios de biologia celular, mas raramente divulgado ao grande público — diz respeito aos tecidos epiteliais. Quando uma ferida interrompe a continuidade de um tecido, as células não se limitam a proliferar de forma aleatória. Estudos realizados a partir da década de 2000, incluindo os do grupo de Pazhuh Benoît Ladoux em Paris, demonstraram que as células «sentem» o vazio, alteram a sua geometria, realinham as tensões mecânicas e reconstroem a forma antes mesmo da função. Como se o campo informativo do organismo já contivesse um mapa implícito do que deve ser restaurado.

Este fenómeno de autorreparação não se limita apenas à escala microscópica. Após o incêndio que devastou parte do Parque Nacional de Yellowstone em 1988, muitos observadores falaram de uma catástrofe irreversível. No entanto, nos anos seguintes, os ecologistas notaram que o sistema não «regressava ao estado anterior», mas reorganizava-se: novas sucessões vegetais, equilíbrios diferentes, uma biodiversidade que, em alguns casos, chegou mesmo a aumentar. A resiliência, neste contexto, não coincidia com o restabelecimento do estado anterior, mas com a capacidade do sistema de manter a sua identidade ao atravessar a transformação e . O mesmo princípio, numa escala diferente, aplica-se ao organismo vivo.

Do ponto de vista da biologia, a adaptação não é uma resposta local a um estímulo local. É uma resposta global a uma perturbação que é «interpretada» pelo sistema no seu conjunto. O neurocientista Kurt Goldstein, ao observar soldados com lesões cerebrais durante a Primeira Guerra Mundial, reparou que a recuperação funcional não dependia apenas da zona danificada, mas da capacidade de todo o organismo de reorganizar o seu próprio comportamento. Não se tratava de regressar ao que se tinha perdido, mas de encontrar uma nova forma coerente de estar no mundo. Uma lição que hoje ressoa com força na biologia dos campos.

A resiliência, neste sentido, implica uma forma de memória que não é um arquivo, mas sim um rasto operacional. O corpo recorda não só o que aconteceu, mas também como reagiu. Alguns imunologistas falam de «imprinting» funcional: cada infeção, cada trauma deixa uma modulação no campo biológico que pode reforçar ou enfraquecer a capacidade futura de adaptação.

Falar de resiliência do campo significa desviar a atenção do dano para a competência do ser vivo. O organismo não é frágil por estar exposto a perturbações; só é frágil quando perde a capacidade de se reorganizar. A saúde, nesta perspetiva, surge como uma propriedade emergente: não a ausência de feridas, mas a possibilidade de as atravessar sem se dissolver.

O que a vida recorda: memória, identidade e continuidade biológica.

Cada organismo vivo é um arquivo. Mas não no sentido empoeirado de uma biblioteca imóvel: antes como uma memória viva, que seleciona, reelabora e utiliza o passado para se manter coerente no presente. No capítulo dedicado à saúde como coerência, o tema da memória biológica torna-se central porque não há continuidade sem recordação, e não há saúde sem uma memória capaz de orientar a adaptação.

A forma de memória mais conhecida é a genética. O ADN, com a sua linguagem de quatro letras, é frequentemente apresentado como o grande livro da vida. Em parte, é mesmo isso: conserva instruções antigas, sedimentadas ao longo de milhões de anos. Quando, em 1953, Watson e Crick anunciaram em Cambridge a estrutura em dupla hélice, Francis Crick teve a famosa ousadia de dizer que tinham «descoberto o segredo da vida». Com o tempo, percebemos que se tratava de um segredo importante, mas não suficiente. O genoma não é uma partitura que se executa sempre da mesma forma, mas sim uma partitura aberta, que requer intérpretes, contexto e memória.

É aqui que entra em cena a memória epigenética. A partir da década de 1990, estudos realizados na Suécia, na região de Överkalix, demonstraram que a escassez ou a abundância alimentar vivida pelos avós podia influenciar a saúde dos netos. Não mudava a sequência do ADN, mas sim a forma como certos genes eram ativados ou silenciados. O organismo, por outras palavras, recordava acontecimentos que não tinha vivido diretamente, traduzindo-os numa regulação da expressão genética. A memória epigenética não conserva conteúdos simbólicos, mas sim vestígios operacionais: instruções sobre como estar no mundo com base no que já aconteceu. No entanto, mesmo esta memória não esgota o quadro. Existe uma terceira dimensão, mais subtil e controversa, que a biologia dos campos propõe chamar de memória de campo. Não está gravada numa molécula específica, nem se reduz a um mecanismo local. É uma continuidade informativa que diz respeito à forma global do organismo, à forma como as partes se coordenam ao longo do tempo. Um exemplo sugestivo provém dos estudos sobre regeneração: quando uma planária é seccionada, cada fragmento pode regenerar um organismo completo. Mas o que surpreende não é apenas o recrescimento dos tecidos, mas sim a reconstrução correta da forma. Como é que o sistema «sabe» onde fica a cabeça e onde fica a cauda? Os geneticistas fornecem parte da resposta, mas não toda. Algo parece conservar a memória do todo. Na década de 1970, o biólogo Rupert Sheldrake — figura controversa, mas culturalmente influente — falou de «campos mórficos» como portadores de memória. Para além das interpretações mais especulativas, a ideia de que a forma possui uma inércia informativa própria é hoje objeto de investigações mais rigorosas, por exemplo, nos estudos sobre gradientes bioelétricos conduzidos por Michael Levin na Universidade de Tufts. Aqui, a memória não é um repositório, mas uma condição de possibilidade: aquilo que permite ao sistema voltar a ser reconhecível após uma perturbação.

Um médico de clínica geral de Lyon contava-nos sobre doentes que, após intervenções cirúrgicas tecnicamente bem-sucedidas, continuavam a «sentir-se errados» durante meses, como se o corpo precisasse de tempo para atualizar a sua imagem interna. Em contrapartida, outros, com lesões mais graves, recuperavam rapidamente uma sensação de unidade. Experiências clínicas difíceis de quantificar, mas que sugerem que a saúde depende também da continuidade do campo de sentido corporal, e não apenas da reparação das partes. Distinguir entre memória genética, epigenética e de campo não significa multiplicar entidades abstratas, mas reconhecer diferentes níveis de conservação da informação. A genética guarda o possível, a epigenética o provável, a memória de campo o reconhecível. É esta última que permite ao organismo dizer, por assim dizer: «ainda sou eu», mesmo após a mudança. Nesta perspetiva, a saúde surge como uma fidelidade dinâmica a uma forma de identidade que nunca é idêntica a si mesma.

Há um curioso paralelo cultural em tudo isto. O escritor W.G. Sebald observava que a memória nunca é uma reprodução fiel do passado, mas uma construção que serve ao presente. O mesmo se aplica ao ser vivo: recorda apenas o que lhe é necessário para continuar a viver. A memória biológica não é nostalgia, é orientação. E é talvez aqui que a biologia dos campos encontra um dos seus pontos mais fecundos: ao mostrar que a vida não persiste porque resiste ao tempo, mas porque sabe recordar de forma criativa.

Implicações médicas e ecológicas.

Se a saúde é coerência, como sugere a biologia dos campos, então a medicina já não pode limitar-se a reparar partes isoladas. Deve questionar-se sobre as relações que mantêm unido o ser vivo, dentro e fora do corpo. Esta viragem não é uma utopia teórica: já está em curso, muitas vezes de forma fragmentária, por vezes inconsciente, mas com consequências concretas tanto na clínica como na relação entre o homem e o ambiente.

Na medicina, a ideia de sistema surgiu silenciosamente. Um cardiologista de Estocolmo contava como alguns doentes com insuficiência cardíaca melhoravam mais devido a uma mudança no contexto de vida — ritmos, relações, qualidade do sono — do que devido ao enésimo ajuste farmacológico. Não se tratava de negar a utilidade dos medicamentos, mas de reconhecer que o coração não «bate sozinho»: responde a um campo de sinais nervosos, hormonais, emocionais e ambientais. Tratar o órgão sem questionar o contexto equivale, para usar uma metáfora cara aos médicos anglo-saxónicos, a afinar um violino ignorando a orquestra.

Nos últimos anos, disciplinas como a psiconeuroimunologia demonstraram, com dados sólidos, o que a experiência clínica já intuía há muito tempo: o sistema imunitário altera-se em função da qualidade das relações sociais, do stress percebido e até mesmo da sensação de controlo sobre a própria vida. Os estudos de Sheldon Cohen na Universidade Carnegie Mellon, já na década de 1990, demonstraram que a probabilidade de adoecer após a exposição a um vírus respiratório era maior em pessoas socialmente is . O vírus era o mesmo, mas o campo biológico que o acolhia não era.

Esta visão tem implicações radicais também para a prevenção. Uma medicina sistémica não se limita a perguntar «que fator de risco eliminar?», mas sim «que coerência apoiar?». Trata-se de uma mudança de questionamento que desloca a atenção da guerra contra o inimigo para a manutenção das relações vitais. Em alguns hospitais do Japão, por exemplo, os programas de reabilitação para idosos incluem atividades comunitárias e contacto com espaços verdes, com base em evidências que associam a qualidade do ambiente à regulação neurovegetativa. Não se trata de folclore oriental: é fisiologia do campo.

O mesmo raciocínio estende-se naturalmente à ecologia. Se o organismo é um sistema coerente, também o ecossistema o é. A saúde humana não pode ser separada da saúde dos contextos em que vivemos. A epidemiologia ambiental lembra-nos disso com dados cada vez mais difíceis de ignorar: o aumento das doenças respiratórias na Planície do Pádua, documentado pela OMS já em 2019, não é apenas uma questão de pulmões individuais, mas de campos ambientais cronicamente desarmónicos. Ar, solo, ruído, densidade urbana: tudo contribui para modular a coerência biológica.

Um episódio emblemático remonta à crise hídrica de Flint, no Michigan, que teve início em 2014. A exposição ao chumbo não afetou apenas os organismos individuais, mas provocou uma fratura sistémica: biológica, social e cognitiva. Os danos neurológicos nas crianças foram agravados pelo stress, pela pobreza e pela desconfiança nas instituições. Trata-se de um exemplo dramático de como a perda de coerência de um campo — neste caso, socioambiental — se traduz numa patologia generalizada. Nenhuma terapia individual pode compensar um campo degradado.

Rumo a uma medicina sistémica significa, portanto, repensar também a responsabilidade do médico. Já não apenas um técnico da reparação, mas um guardião das conexões. Alguns programas de medicina de família no Canadá e nos Países Baixos estão a avançar nessa direção, integrando competências clínicas com conhecimentos ambientais e soci s. O médico volta a ser, num sentido quase hipocrático, um observador do bios, e não apenas do sintoma.

Há, por fim, uma implicação cultural profunda. Uma medicina baseada nos campos não pode prometer controlo total nem cura automática. Oferece, porém, algo talvez mais realista: a possibilidade de reduzir as dissonâncias que, ao somarem-se, empurram o sistema para a doença. Como escreveu Ivan Illich em «*Nemesis* Médica» (1975), o risco não é a técnica em si, mas a perda de proporção. A medicina sistémica tenta restabelecer essa proporção, reconhecendo que a saúde surge da harmonia entre os diferentes níveis do ser vivo.

Uma única saúde, muitos seres vivos: quando o campo biológico transcende as espécies.

Há uma imagem que surge frequentemente nos relatos de quem trabalha no terreno, longe dos laboratórios sofisticados: um veterinário rural que reconhece uma epidemia iminente observando primeiro o comportamento dos animais, antes mesmo dos sintomas clínicos nos seres humanos. Isso já acontecia no início do século XX, quando o médico alemão Rudolf Virchow — mais conhecido pela patologia celular — afirmava que *«entre a medicina humana e a veterinária não deveriam existir fronteiras»*. Não era uma metáfora: era uma intuição sistémica antes do seu tempo.

Hoje, essa intuição tem um nome preciso: *One Health*. Não é um slogan, mas um quadro conceptual que reconhece que a saúde humana, a saúde animal e a dos ecossistemas são manifestações diferentes de um mesmo campo biológico alargado, atravessado por fluxos de informação, agentes patogénicos, substâncias químicas, práticas agrícolas e escolhas culturais. Nesta perspetiva, a doença já não é apenas um acontecimento individual, mas um sinal que emerge de uma rede de relações interespecíficas.

O exemplo mais conhecido — e frequentemente citado apenas num contexto de emergência — é o das zoonoses. Mas reduzir o One Health à questão dos «saltos de espécie» seria limitativo. Quando, em 2006, a epidemia de gripe aviária H5N1 alarmou a OMS e a FAO, o problema não foi apenas o vírus, mas toda a estrutura dos sistemas de criação intensiva: densidade animal, homogeneidade genética, stress crónico. O agente patogénico encontrava um campo favorável, amplificado por escolhas económicas e ambientais, antes mesmo das biológicas.

Neste sentido, a abordagem «One Health» dialoga profundamente com a biologia dos ecossistemas: a saúde surge onde as relações são sustentáveis. Um biólogo da conservação que trabalhava no Parque do Serengeti contava como o desaparecimento de algumas espécies de abutres — devido ao uso veterinário do *diclofenaco* — tinha provocado um aumento dos cães vadios e, consequentemente, dos casos de raiva humana em algumas áreas da Índia no início dos anos 2000. Um acontecimento aparentemente «faunístico» tinha reorganizado todo o campo da saúde. A saúde, mais uma vez, não pertencia a uma única espécie.

Do ponto de vista médico, isto implica uma mudança de escala e de responsabilidade. Não se trata de pedir ao clínico que se torne ecologista, mas de reconhecer que cada ato de saúde tem repercussões para além do corpo do doente. O uso massivo de antibióticos na zootecnia — documentado pela «Agência *Europeia de* Medicamentos» no relatório de 2014 — contribuiu significativamente para a resistência aos antibióticos, hoje considerada uma das principais ameaças globais à saúde. Aqui, o campo biológico é literalmente partilhado: as bactérias não fazem distinção entre uma enfermaria de hospital e uma exploração pecuária industrial.

A abordagem «One Health» introduz também uma nova gramática ética. Em 2021, em Marselha, durante um congresso internacional sobre ecologia da saúde, um epidemiologista francês observou que *«proteger uma floresta pode ser um ato de prevenção sanitária mais eficaz do que muitas campanhas farmacológicas»*. Não se tratava de uma provocação, mas sim de uma constatação: a destruição dos habitats aumenta o contacto forçado entre espécies, altera os reservatórios naturais e s dos agentes patogénicos e desestabiliza os campos ecológicos que, durante séculos, funcionaram como amortecedores biológicos.

Esta visão reflete-se também nas políticas públicas mais avançadas. Nos países nórdicos, alguns programas de ordenamento do território integram indicadores de saúde humana, biodiversidade e bem-estar animal no mesmo modelo de tomada de decisão. Não se trata de romantismo ecológico: é biologia aplicada em grande escala. Se a saúde é coerência, então deve ser cultivada ali onde nasce: nas relações entre os seres vivos.

Em última análise, a One Health representa talvez a expressão mais concreta da biologia dos campos no mundo contemporâneo. Lembra-nos que não somos ilhas biológicas, mas sim nós temporários de uma trama mais ampla. Cuidar do ser humano sem cuidar do ambiente e dos animais significa intervir num fragmento, ignorando a estrutura que o sustenta. E toda a estrutura informativa, quando é quebrada, mais cedo ou mais tarde apresenta a conta.

Os guardiões invisíveis do campo: quando a saúde fala primeiro aos pastores.

No léxico da biologia dos campos, habituado a falar de informação, coerência e ressonância, há uma figura que raramente aparece nos manuais, mas que reaparece com obstinação na realidade: o observador encarnado. É o pastor que conhece o seu rebanho um a um, o agricultor que reconhece um terreno «cansado» pela forma como retém a água, o ancião de uma comunidade indígena que percebe uma mudança na floresta antes que esta seja mensurável. Não são metáforas poéticas: são sensores biológicos de alta resolução, formados ao longo do tempo por uma relação contínua com o campo vivo.

Em 1972, durante uma grave seca no Sahel, alguns antropólogos repararam que os pastores tinham começado a deslocar os rebanhos semanas antes de os indicadores meteorológicos oficiais sinalizarem a anomalia. Não se baseavam em previsões, mas em pormenores mínimos: a qualidade da pastagem, o comportamento dos insetos, a forma como o gado se dispunha durante a noite. Era como se lessem uma gramática subtil do campo, composta por microvariações que escapam ao olhar instrumental.

Este tipo de conhecimento não é «alternativo» à ciência: é pré-analítico, no sentido mais nobre do termo. Nasce da imersão prolongada num sistema vivo e de uma memória coletiva que integra gerações de observações. Gregory Bateson, que certamente não era um nostálgico do passado, recordava que a informação mais importante num sistema é, muitas vezes, aquela que não é codificada em números. As comunidades locais vivem precisamente neste espaço: onde a informação ainda é uma forma vivida.

Um exemplo emblemático vem dos Andes peruanos. Na década de 1990, alguns camponeses quechuas assinalaram um aumento anómalo de parasitas nas culturas de batata a altitudes elevadas, tradicionalmente protegidas pelo frio. Os agrónomos falavam de casos isolados; eles falavam de «montanhas que já não dormem». Só anos mais tarde é que os dados confirmaram o aumento das temperaturas noturnas. Mais uma vez, a desarmonia do campo tinha sido sentida primeiro nos corpos, nos gestos, na linguagem simbólica.

Na Europa, um episódio menos conhecido, mas significativo, diz respeito à propagação da *febre catarral ovina* na Sardenha (doença viral dos ovinos transmitida por insetos do género Culicoides) no início dos anos 2000. Alguns criadores tinham notado alterações no comportamento dos ovinos e na presença de insetos vetores muito antes de a epidemia ter sido oficialmente reconhecida. Os relatos iniciais foram subestimados porque não se enquadravam nos protocolos padrão. No entanto, descreviam com precisão uma perda de coerência do campo agro-pastoral, e não apenas um problema veterinário.

O que une estas experiências é a qualidade da relação. O saber tradicional não separa o observador do observado: o conhecimento é participação. Em termos de biologia dos campos, poderíamos dizer que estas comunidades funcionam como sistemas de retroalimentação de baixa latência, capazes de captar as flutuações antes que se tornem ruído patológico. Não porque tenham melhores instrumentos, mas porque fazem parte do sistema que observam.

Isto levanta uma questão crucial para a saúde entendida como coerência: ignorar estes conhecimentos significa perder uma parte da informação disponível no campo. Não é por acaso que, nos últimos anos, alguns programas de saúde ambiental e agrícola começaram a integrar observações locais a par dos dados de satélite. No Alasca, por exemplo, investigadores e comunidades inuítes colaboram desde 2008 para monitorizar as alterações no gelo marinho, combinando imagens de radar e narrativas orais. Os resultados mostram que as discrepâncias entre os dois níveis são frequentemente o primeiro sinal de desarmonia.

Reconhecer o valor destes conhecimentos não significa idealizá-los nem congelá-los num folclore romântico. Significa compreender que a saúde, quando é verdadeiramente sistémica, necessita de mais canais sensoriais. A biologia dos campos convida-nos a pensar no organismo — e, por extensão, na comunidade — como uma estrutura informativa estabilizada. Os conhecimentos tradicionais são uma das formas históricas mais sofisticadas desta estabilização: frágeis, sem dúvida, mas extraordinariamente sensíveis.

Numa época dominada por modelos preditivos e inteligências artificiais, o risco não é tanto a tecnologia, mas sim a perda da capacidade de ouvir. Se a saúde é a capacidade de restabelecer a coerência, então os primeiros sinais de desarmonia devem ser procurados também ali onde a linguagem é menos técnica, mas mais próxima da vida. Por vezes, o diagnóstico mais precoce vem daqueles que não falam de campos biológicos, mas que os habitam.

Metrópoles vivas: quando o espaço construído entra no corpo.

Há um momento, muitas vezes impercetível, em que uma cidade deixa de ser apenas um pano de fundo e se torna um agente biológico. Acontece quando o tráfego noturno penetra no sono, quando a ausência de árvores amplifica o calor até à exaustão, quando o ruído constante redesenha, sem nos pedir permissão, os ritmos do sistema nervoso. Numa perspetiva da biologia dos campos, a cidade já não é um simples recipiente de vidas humanas, mas um campo biológico complexo, capaz de modular — de forma harmónica ou dissonante — a coerência dos organismos que nela habitam.

Já na década de 1960, o urbanista Kevin Lynch observava como a forma da cidade influenciava a «legibilidade» mental dos espaços. Hoje sabemos que essa legibilidade não é apenas cognitiva, mas também fisiológica. Bairros caóticos, desprovidos de referências visuais e de espaços de descontração, geram uma sobrecarga informativa contínua que o corpo tem dificuldade em integrar. Não é por acaso que, a partir dos anos 2000, alguns estudos epidemiológicos revelaram uma maior incidência de perturbações de ansiedade e doenças cardiovasculares em áreas urbanas de alta densidade e baixa qualidade ambiental. A cidade, por outras palavras, entra no domínio biológico do indivíduo.

O ruído é talvez o exemplo mais evidente desta interferência. Em 2011, a Agência Europeia do Ambiente estimou que o ruído urbano fosse responsável por dezenas de milhares de casos anuais de hipertensão e distúrbios do sono. Mas o que impressiona, numa perspetiva sistémica, não é apenas o dano específico, mas sim a perda de coerência: o corpo já não encontra pausas, já não reconhece o silêncio. O filósofo alemão Peter Sloterdijk referiu-se às «atmosferas sonoras» como invólucros invisíveis que moldam a experiência humana. Numa cidade hiperbarulhenta, esse invólucro torna-se constantemente abrasivo.

No extremo oposto, os espaços verdes funcionam como estabilizadores do ambiente. Não só porque melhoram a qualidade do ar ou atenuam as ilhas de calor, mas porque introduzem ritmos biológicos não artificiais. Em 1984, o investigador Roger Ulrich observou que os doentes hospitalares com vista para árvores recuperavam mais rapidamente do que aqueles com vista para um muro. Desde então, estudos posteriores confirmaram que a presença de vegetação urbana reduz os níveis de cortisol e melhora a regulação emocional. É como se o campo vegetal oferecesse ao organismo humano uma memória de coerência, uma referência a padrões vitais mais antigos.

Algumas cidades começaram a levar a sério esta evidência. Em Copenhaga, já desde os anos 90, o planeamento urbano integrou corredores verdes contínuos, concebidos não como decoração, mas como infraestrutura biológica. Em Milão, após o verão extremo de 2003, a questão do verde voltou a fazer parte do debate sobre a saúde, antes mesmo de ser uma questão estética. Nem sempre com resultados homogéneos, mas com uma nova consciência: o urbanismo é uma forma de medicina preventiva.

Nesta perspetiva, a cidade surge, por sua vez, como um organismo: atravessada por fluxos, dotada de ritmos, capaz de sustentar ou minar a coerência biológica dos seus habitantes. Não é de admirar que já em 1938 Lewis Mumford definisse a cidade como «*um facto biológico antes de ser económico*». Hoje, essa intuição encontra novos fundamentos científicos. Pensar a saúde urbana significa, então, questionar-se não só sobre hospitais e consultórios, mas também sobre ruas, sons, árvores, distâncias e sobre a forma como tudo isto influencia o corpo, dia após dia.

IX. A doença como perda de coerência.

Depois de definir a saúde como a capacidade de manter e regenerar a coerência do próprio campo biológico, este capítulo dá um passo necessário e delicado: deslocar o olhar para a doença, não como uma simples avaria localizada, mas como um processo de desorganização progressiva. A questão fundamental não é «onde é que algo se partiu?», mas sim «quando e como é que o campo deixou de manter as suas partes unidas».

No âmbito da biologia dos campos, a doença não coincide imediatamente com uma alteração molecular observável. Essas alterações, muitas vezes decisivas para o diagnóstico, surgem posteriormente. Primeiro, há uma perda de alinhamento informativo: sinais que já não são integrados, ritmos que não se sincronizam, funções que avançam como solistas incapazes de ouvir a orquestra. A linguagem da patologia, tal como a medicina clássica a conhece, descreve os resultados. Este capítulo procura questionar a génese dinâmica desses resultados.

É aqui que a noção de desalinhamento informativo se torna central. Um organismo saudável tolera flutuações, erros locais e até danos temporários, porque o sistema global consegue reorganizar-se. Quando esta capacidade diminui, as partes continuam a funcionar, mas já não em conjunto. A doença surge então como uma perda de coordenação, antes de ser um defeito estrutural. Nesta perspetiva, a patologia não é um acontecimento pontual, mas uma trajetória: algo que ocorre ao longo do tempo, muitas vezes muito antes de ser nomeado.

Por isso, o capítulo insiste na ideia da doença como processo. Um processo que pode acelerar ou abrandar, estabilizar-se ou degenerar, dependendo da resiliência residual do campo. Esta visão não nega a importância da clínica, nem das explicações bioquímicas; pelo contrário, recoloca-as num quadro mais amplo, no qual o dado molecular se torna uma fotografia tardia de uma história que teve início noutro lugar. É uma perspetiva que exige rigor conceptual, pois o risco de simplificações excessivas é real: falar de «campo» não autoriza atalhos terapêuticos nem explicações vagas.

O objetivo deste capítulo, no contexto geral do livro, é precisamente este: mostrar a continuidade lógica entre saúde e doença, evitando tratá-las como estados opostos e separados. Se a saúde é coerência dinâmica, a doença é uma coerência que se restringe, se rigidifica ou se fragmenta. Compreender esta transição é essencial para preparar o terreno para os capítulos seguintes, nos quais a vida será interpretada como um processo cognitivo e como um evento de sentido, mesmo nos seus momentos de crise.

Algumas vozes da história do pensamento médico e científico ajudam a orientar esta leitura, sem necessidade de forçar as interpretações. Georges Canguilhem, filósofo e médico, escrevia em 1943: «*A doença não é uma variação quantitativa do normal, mas uma nova norma de vida.*» Uma frase que ressoa com força na visão de campo: a patologia não é uma simples subtração, mas uma reorganização — muitas vezes mais pobre, mas ainda assim organizada.

René Leriche, cirurgião e pensador da medicina do século XX, oferecia uma definição igualmente esclarecedora: *«A saúde é a vida no silêncio dos órgãos.»* Quando esse silêncio se rompe, nem sempre há imediatamente dor ou lesão: por vezes, há apenas um ruído de fundo, uma interferência, uma perda de afinação.

Por fim, a partir da física dos sistemas complexos, Ilya Prigogine recordava: *«A vida só é possível longe do equilíbrio.»* Se a vida existe em condições de instabilidade controlada, então a doença pode ser interpretada como o fracasso desse controlo, e não como o simples regresso a uma ordem mais simples.

Este capítulo situa-se, portanto, como um limiar conceptual: convida o leitor a abandonar a ideia da doença como inimigo externo ou acidente repentino, e a considerá-la como uma linguagem do campo, por vezes obscura, por vezes passível de mal-entendidos, mas raramente aleatória. Sem romantismos e sem promessas fáceis, a visão do campo propõe uma mudança de perspetiva: da reparação da peça à compreensão da dinâmica.

Quando as células já não se compreendem: o silêncio que antecede a doença.

No cerne do Capítulo IX, o tema do desalinhamento informativo representa talvez o ponto mais radical — e, ao mesmo tempo, mais concreto — da biologia dos campos. Aqui, a doença é observada no seu momento mais discreto e menos espetacular: quando as partes do organismo continuam a funcionar, mas deixam de comunicar verdadeiramente entre si. Ainda não há um órgão «doente», nem um parâmetro fora dos limites. Há, antes, uma dificuldade crescente de integração, uma perda de linguagem comum.

Nesta perspetiva, o organismo nunca foi uma soma de unidades isoladas, mas sim uma comunidade de processos que comunicam entre si. Hormonas, sinais elétricos, oscilações metabólicas, ritmos circadianos: tudo contribui para manter uma espécie de conversa permanente. O desalinhamento informativo surge quando esta conversa se torna fragmentária. As mensagens chegam com atraso ou com uma intensidade que já não é adequada; as respostas são corretas localmente, mas inadequadas para o contexto global.

Um exemplo conhecido pelos especialistas, mas pouco discutido fora dos círculos especializados, diz respeito aos estudos sobre os ritmos biológicos realizados a partir da década de 1970. Quando Franz Halberg, pioneiro da cronobiologia, observou que alterações mínimas na sincronização dos ritmos podiam preceder distúrbios metabólicos ou imunitários, não se referia a uma causa direta, mas a um sinal de desacordo interno. O sistema não estava avariado: estava desfasado.

Este «fora de sincronia» é uma boa metáfora do desalinhamento informativo. As partes não estão danificadas, mas já não partilham a mesma medida do tempo, do espaço e da função. Na biologia dos campos, isso equivale a dizer que o campo informativo já não consegue manter uma coordenação eficaz. A doença, nesta fase, não é visível como objeto, mas sim percetível como perda de orientação.

Não é uma ideia totalmente nova. Já Claude Bernard, em meados do século XIX, intuía que a estabilidade do organismo dependia da qualidade das relações internas mais do que da robustez dos elementos individuais. Numa palestra de 1865, anotou: *«A estabilidade do meio interno é a condição da vida* livre.» Quando esta estabilidade dinâmica se rompe, a liberdade do organismo diminui e, com ela, a sua capacidade de adaptação. O desalinhamento informativo surge precisamente quando as diferenças deixam de produzir efeitos adequados, quando os sinais não geram respostas coerentes.

Também a neurofisiologia oferece exemplos eloquentes. Na década de 1990, estudos sobre a epilepsia demonstraram que as crises não resultam simplesmente de uma hiperatividade neuronal, mas de uma perda de coordenação entre redes. Os neurónios disparam, mas não em conjunto; comunicam, mas sem um contexto partilhado. Mais uma vez, o problema não é a energia, mas a sua organização informativa.

O valor desta perspetiva, no contexto do livro, reside em desarmar a ideia da doença como uma traição repentina do corpo. O desalinhamento informativo sugere uma história mais lenta e mais compreensível: uma série de micro-incompreensões que, acumuladas, tornam o organismo cada vez menos capaz de responder como um todo. A patologia torna-se assim uma consequência, não um ponto de partida.

Não se trata, convém reiterar, de uma interpretação consoladora. Reconhecer o desalinhamento não significa poder corrigi-lo sempre. Mas significa devolver à doença uma dimensão inteligível, afastando-a tanto do fatalismo biológico como das simplificações terapêuticas. O campo não se «cura» com um ato e , mas reorienta-se — quando possível — através de processos que exigem tempo, contexto e moderação. Como observou o fisiologista Walter Cannon, ao introduzir o conceito de homeostase em 1932: «*O corpo possui uma sabedoria que opera por baixo da consciência.*» O desalinhamento informativo é talvez um dos momentos em que essa sabedoria tem dificuldade em fazer-se ouvir.

A doença não acontece: vai-se formando.

Existe um hábito enraizado, tanto na medicina como no senso comum: pensar na doença como um acontecimento. Um antes e um depois. Um exame que «se torna positivo», um sintoma que «aparece», um diagnóstico que «cai» sobre a vida do doente como uma data no calendário. Mas a biologia dos campos e, de forma mais geral, uma visão dinâmica do organismo, convidam a uma mudança radical de perspetiva: a patologia não acontece, desenvolve-se.

Considerar a doença como um processo significa deslocar a atenção do momento em que algo se rompe para o longo período em que algo se transforma. A perda de coerência não é um incidente repentino, mas sim uma deriva. Um lento deslize para fora do equilíbrio, muitas vezes impercetível, em que o organismo continua a funcionar enquanto muda a forma como funciona.

Um exemplo emblemático vem da oncologia. Na década de 1990, Bert Vogelstein e o seu grupo na Universidade Johns Hopkins demonstraram que o cancro do cólon não era o resultado de uma única mutação, mas de uma sequência de alterações progressivas, distribuídas ao longo do tempo. Não um golpe de azar, mas uma história biológica. Cada etapa era necessária, mas não suficiente; cada fase abria possibilidades e fechava outras. O tumor, nesta interpretação, é um processo de reorganização patológica, não um objeto que surgiu de repente.

Esta ideia tem precedentes ilustres. Em 1913, William Osler — um dos pais da medicina clínica moderna — lembrava aos estudantes de Baltimore que *«a medicina é uma ciência da incerteza e uma arte da probabilidade*». Palavras que soam hoje como um convite a reconhecer a temporalidade intrínseca da doença. Se a patologia é uma dinâmica, então o diagnóstico é sempre uma fotografia parcial, tirada no meio de um movimento.

A biologia dos campos reforça esta intuição: o que evolui não é apenas uma lesão ou um parâmetro, mas toda a estrutura informativa do organismo. Uma inflamação crónica, por exemplo, não é simplesmente uma inflamação que dura demasiado tempo, mas um sistema que aprendeu — por assim dizer — uma resposta rígida, repetitiva, incapaz de regressar ao estado basal. O problema não é a intensidade do sinal, mas a sua persistência no tempo.

Uma anedota frequentemente contada nos serviços de gastroenterologia diz respeito à descoberta da *bactéria Helicobacter pylori*. Quando, em 1982, Barry Marshall e Robin Warren levantaram a hipótese de que muitas úlceras eram o resultado de uma infeção crónica e não apenas de stress ou hiperacidez, depararam-se com cepticismo. A úlcera era vista como um evento agudo. Na realidade, tratava-se de um processo lento de interação entre a bactéria, a mucosa e a resposta imunitária. A patologia não era o buraco no estômago, mas a história que o tinha tornado possível.

Encarar a doença como um processo tem consequências profundas também a nível conceptual. Significa reconhecer que não existe um ponto zero absoluto da patologia, tal como não existe um equilíbrio estático da saúde. Existem trajetórias. Curvas. Tendências. O campo biológico, quando perde coerência, não entra em colapso: reorganiza-se em formas menos funcionais, por vezes mais estáveis, mas biologicamente mais pobres.

Em 1977, durante uma conferência em Bruxelas, o biólogo teórico Conrad Waddington utilizou uma metáfora eficaz: *«O desenvolvimento e a doença são duas formas diferentes de rolar pela mesma colina.»* A patologia, nesta imagem, não é uma queda, mas um desvio progressivo do percurso.

Limites e possibilidades da visão de campo.

Cada mudança de paradigma traz consigo uma tentação: a de explicar tudo, e demasiado depressa. A visão de campo aplicada à biologia — e, em particular, à doença — não é exceção. Precisamente por ser poderosa, sugestiva e capaz de unificar fenómenos dispersos, exige uma disciplina conceptual mais rigorosa do que a média. Reconhecer a doença como uma perda de coerência do campo biológico não autoriza atalhos terapêuticos nem simplificações salvadoras.

Os limites da visão de campo não são um defeito, mas uma condição de maturidade. O primeiro limite é epistemológico: um campo biológico não é um objeto isolável, pesável ou fotografável como um tecido ou uma molécula. É uma descrição de ordem, uma forma de interpretar a relação entre processos. Exigir desta visão a mesma previsibilidade linear da bioquímica seria um erro de categoria.

Karl Popper, numa conferência em Londres em 1965, recordou que *«a ciência não progride acumulando certezas, mas eliminando erros»*. Aplicado à biologia dos campos, isto significa distinguir o que o modelo pode esclarecer — a dinâmica global, a perda de integração, os limiares de instabilidade — daquilo que ainda não pode garantir: protocolos terapêuticos diretos, tempos de recuperação, resultados individuais.

O risco histórico é conhecido. Sempre que conceitos como «campo», «energia» ou «informação» saem do laboratório sem a devida cautela, acabam por ser colonizados pela linguagem do bem-estar fácil. Isso aconteceu várias vezes no século XX. Nos anos 30, em Viena, as teorias sobre os campos e s morfogenéticos eram discutidas em círculos científicos sérios, mas, quase em simultâneo, circulavam versões populares que prometiam curas vagas e universais. O problema não era a ideia, mas o seu uso descuidado.

A possibilidade da visão de campo, por outro lado, reside noutro lugar. Reside na capacidade de oferecer um quadro interpretativo que una dados diferentes sem os reduzir a uma única causa. Georges Canguilhem, filósofo e médico, escreveu em 1966: *«A doença não é uma variação quantitativa da saúde, mas uma nova norma de vida.»* A biologia dos campos retoma esta intuição e reinterpreta-a numa perspetiva sistémica: quando o campo se reorganiza de forma disfuncional, o organismo não está «menos vivo», mas vivo de acordo com uma coerência mais limitada.

O rigor, neste contexto, consiste em manter separados os níveis: interpretativo, descritivo e terapêutico. A biologia dos campos pode ajudar a compreender como uma patologia surge e se estabiliza; não pode, por si só, indicar como intervir em cada caso específico. Aqui, o diálogo com a medicina baseada na evidência não é opcional, mas necessário.

Thomas Kuhn, em 1962, observava que *«um novo paradigma não resolve imediatamente todos os problemas: muda o tipo de problemas que vale a pena colocar»*. A possibilidade mais frutífera da visão de campo é precisamente esta: reformular as perguntas. Já não «onde está a avaria?», mas «que coerência se estabeleceu?». Não «como eliminar o sintoma?», mas «que dinâmica o torna estável?».

Aceitar os limites da visão de campo significa protegê-la de desvios ideológicos e torná-la, paradoxalmente, mais incisiva. É na recusa das promessas fáceis que esta perspetiva demonstra a sua seriedade científica. Não oferece atalhos, mas horizontes de compreensão.

Pensar em termos de campos, sem onipotência: o que a biologia pode aprender com o planeta.

Sempre que uma ciência deixa de olhar para os objetos isolados e começa a pensar em termos de campos, sistemas e relações, ganha profundidade, mas perde uma ilusão: a do controlo total. É uma lição que a biologia dos campos ainda está a aprender, mas que a ecologia e a climatologia conhecem bem há décadas. E é precisamente do seu rigor, muitas vezes pouco espetacular mas fecundo, que a visão de campo na medicina pode extrair uma bússola fiável.

A ecologia moderna nasceu oficialmente no pós-guerra, quando estudiosos como Eugene Odum, nas universidades do sul dos Estados Unidos, começaram a descrever os ecossistemas não como coleções de espécies, mas como redes de fluxos energéticos e informativos. Odum insistia num ponto hoje surpreendentemente atual: o ecossistema não é previsível em pormenor, mas é compreensível nas suas tendências. Quem lhe pedia modelos precisos, respostas pontuais, soluções rápidas, ficava desiludido. Mas quem aceitava a incerteza descobria algo mais sólido: os limites para além dos quais um sistema entra em colapso.

Uma anedota famosa conta que, durante uma conferência em Woods Hole, na década de 1960, Odum respondeu a um jovem investigador que perguntava como «recuperar» um pântano degradado: *«Primeiro, pergunta-te se fazes parte do problema ou do sistema.»* Não era uma piada filosófica, mas sim uma chamada à atenção metodológica. A ecologia de campo funciona porque não promete intervenções simples, mas exige diagnósticos demorados, em vários níveis e, muitas vezes, incómodos.

A climatologia seguiu um percurso semelhante. Quando, na década de 1980, surgiram os primeiros grandes modelos climáticos globais, nenhum dos cientistas envolvidos — desde Syukuro Manabe a James Hansen — pensava poder «curar» o clima. A linguagem era prudente, quase modesta: cenários, probabilidades, intervalos de confiança. A força do IPCC, criado em 1988, não reside em oferecer soluções imediatas, mas em ter construído um consenso rigoroso sobre os limites do sistema Terra.

Aqui, o paralelo com a biologia dos campos é esclarecedor. Também no corpo humano, tal como no clima, o pensamento por campos só é fecundo se aceitar não se traduzir imediatamente em receitas operacionais. A climatologia resistiu — não sem esforço — à tentação de se transformar numa tecnologia salvadora. Não prometeu «arrefecer o planeta», mas compreender os limiares críticos, os pontos de não retorno, as dinâmicas lentas mas irreversíveis. E foi precisamente este rigor que a tornou cientificamente credível.

Outro exemplo vem do conceito de resiliência, introduzido na ecologia por C.S. Holling em 1973. Holling demonstrou que um ecossistema pode parecer estável mesmo quando se aproxima perigosamente de um limiar de colapso. Estabilidade não significa saúde; tal como na biologia, uma coerência patológica pode ser muito resistente. A ecologia de campos nunca confundiu resiliência com invulnerabilidade. Pelo contrário, ensinou a desconfiar dos sistemas que parecem funcionar «demasiado bem».

A possibilidade da visão de campo, na biologia, reside aqui: em mudar o tipo de perguntas, não em fornecer respostas imediatas. A ecologia e a climatologia aprenderam que pensar em termos de campos significa, acima de tudo, aprender a não intervir de forma errada. Reconhecer quando uma ação local produz efeitos globais imprevisíveis. Distinguir entre compreensão e controlo.

Existe um local simbólico desta maturidade científica: a Antártida. Lá, em estações de investigação como McMurdo ou Concordia, estudam-se sistemas extremos, sabendo que cada dado é parcial e cada modelo incompleto. Ninguém fala em «tratar» o gelo. Fala-se em monitorizar, interpretar, antecipar. É uma ciência que avança pela subtração de ilusões, não pelo acúmulo de promessas.

A biologia dos campos, se quiser evitar desvios terapêuticos fáceis, deve dar o mesmo passo de humildade. Aceitar que um campo biológico não é um interruptor para ligar, mas um e 1 equilíbrio dinâmico a compreender. As disciplinas que fizeram do pensamento sistémico o seu eixo central ensinam uma lição simples e severa: o rigor nasce do respeito pelos limites.

PARTE QUINTA. Para além do reducionismo.

Do pensamento de Gregory Bateson:
«A mente não está confinada ao cérebro, mas é imanente nos circuitos que ligam o organismo ao ambiente.»

Do pensamento de Francisco Varela:
«Viver é conhecer, e conhecer é uma forma de existir.»

Do pensamento de Hans Jonas:
«No fenómeno da vida, o ser expõe-se pela primeira vez ao risco do sentido.»

Do pensamento de Erwin Schrödinger:
«A vida parece escapar às leis conhecidas, mas talvez isso seja o sinal de que as nossas leis estão incompletas.»

Depois de ter atravessado a crise do paradigma biológico clássico, de ter explorado a vida como fenómeno de coerência e de ter compreendido a saúde e a doença como estados do campo biológico, o percurso do livro chega a um ponto inevitável: repensar o que entendemos por vida, conhecimento e responsabilidade científica. A Quinta Parte não se limita a acrescentar novos conceitos, mas altera o ponto de observação. É aqui que a biologia dos campos revela as suas implicações mais profundas.

«Para além do reducionismo» não significa rejeitar a ciência analítica, nem desvalorizar o contributo da biologia molecular ou das neurociências. Significa reconhecer que, uma vez admitido que os organismos são estruturas informativas estabilizadas, já não podemos considerar a cognição como um acidente evolutivo que surgiu tardiamente com o cérebro humano. A cognição torna-se, antes, uma propriedade difundida do ser vivo, uma forma pela qual a vida se orienta, avalia, antecipa e mantém a sua coerência no mundo.

O Capítulo X situa-se exatamente neste limiar. Aqui, o conhecimento não coincide com o pensamento reflexivo, nem com a linguagem ou a consciência tal como as entendemos habitualmente. Conhecer, nesta perspetiva, significa estar sensível às diferenças que fazem a diferença, responder de forma adequada, construir uma relação ativa com o ambiente. Cada organismo, do mais simples ao mais complexo, conhece porque vive e vive porque conhece. Trata-se de uma reviravolta silenciosa, mas radical, que retira a cognição da exclusividade do ser humano, sem por isso a banalizar.

O Capítulo XI leva este movimento um passo mais além, abordando as consequências culturais e epistemológicas da biologia dos campos. Se a vida não é apenas matéria organizada, mas um processo dotado de sentido, então também a ciência é chamada a redefinir o seu próprio estatuto. Os modelos mudam, é certo, mas, acima de tudo, mudam as perguntas legítimas: já não se trata apenas de «como funciona?», mas sim de «que tipo de ser é aquilo que estudamos?». Neste espaço, abre-se um diálogo renovado entre ciência e a metafísica, não como um regresso a explicações místicas, mas como o reconhecimento de que todo o conhecimento do vivo implica uma ontologia, explícita ou implícita.

Esta parte do livro insere-se, assim, como o elo final de todo o percurso. Depois de ter demonstrado que a vida não se reduz a reações, que o organismo precede as suas partes, que a saúde e a doença são estados de coerência do campo, torna-se inevitável questionar-se sobre o lugar do homem neste cenário. Já não é um observador externo, nem um dominador do vivo, mas sim participante em processos cognitivos mais amplos, responsável pelas imagens de vida que produz e difunde.

O objetivo desta Quinta Parte não é oferecer respostas definitivas, mas estabelecer um novo terreno de confronto. Um terreno em que a biologia possa manter-se rigorosa sem ser reducionista, aberta ao sentido sem perder precisão. É aqui que a biologia dos campos deixa de ser apenas uma teoria do vivo e torna-se, inevitavelmente, uma reflexão sobre o homem, sobre o seu saber e sobre a sua forma de habitar o mundo.

X. A vida como processo cognitivo.

Este capítulo marca um limiar conceptual decisivo no percurso do livro. Depois de ter demonstrado que a vida não se esgota na química, que o organismo é uma totalidade coerente e que os campos biológicos organizam informação encarnada, surge aqui uma consequência inevitável: viver significa, por si só, conhecer. Não no sentido elevado e reflexivo que atribuímos ao pensamento humano, mas num sentido mais originário, mais sóbrio e, ao mesmo tempo, mais radical.

A tese que percorre o capítulo é simples apenas à primeira vista: a cognição não nasce com o cérebro, mas acompanha a vida desde as suas formas mais elementares. Cada organismo, pelo simples facto de manter a sua coerência ao longo do tempo, discrimina, seleciona, responde, antecipa. Por outras palavras, mede o mundo e a si próprio no mundo. Esta atividade não é um acréscimo funcional, mas o próprio cerne do processo vital.

Se nos capítulos anteriores a vida foi descrita como uma estrutura informativa estabilizada, aqui a informação revela a sua faceta dinâmica: não apenas forma, mas ato. Não apenas ordem, mas orientação. A biologia dos campos não pode limitar-se à descri e das configurações; deve questionar-se sobre como estas configurações conseguem persistir, adaptar-se e transformar-se.

Quando se fala de «conhecer sem pensar», a referência não é a uma metáfora poética, mas a uma constatação biológica: a sensibilidade de um organismo às condições do seu próprio ambiente não é passiva. É uma relação ativa, estruturada, seletiva. A resposta nunca é puramente reativa; contém sempre uma componente de antecipação. Neste sentido, o organismo surge como um sistema que mede, não porque possua instrumentos, mas porque é ele próprio um instrumento de medição vivo, continuamente calibrado para a sua própria sobrevivência e coerência.

Esta ideia desloca o centro de gravidade da biologia. O conhecimento já não é um acontecimento que ocorre no interior de um sujeito separado, mas um processo que emerge entre o organismo e o ambiente. A cognição torna-se uma propriedade relacional, distribuída e incorporada. É aqui que o capítulo se abre, com cautela mas com determinação, para uma possível biologia da consciência: não como uma explicação redutora da experiência, mas como um alargamento do quadro conceptual dentro do qual a própria experiência se torna pensável.

Este Capítulo X prepara o terreno para a última etapa da obra. Ao mostrar que a cognição é uma dimensão intrínseca da vida, torna inevitável a pergunta que se seguirá: que tipo de ciência é possível quando o objeto de estudo é também, em certa medida, sujeito? A biologia dos campos não conduz a uma dissolução das fronteiras disciplinares, mas a uma sua renegociação responsável. Aqui encerra-se o discurso sobre a vida como fenómeno natural e abre-se o discurso sobre a vida como portadora de sentido.

Quando a informação é vida, não é cálculo.

Nesta altura, a distinção entre informação computável e informação vivida torna-se decisiva para compreender o que torna um organismo vivo radicalmente diferente de qualquer sistema artificial, mesmo do mais sofisticado. A informação computável é aquela que pode ser formalizada, codificada e transferida sem perda de significado: é a informação dos códigos, dos algoritmos, das sequências que podem ser processadas indiferentemente por uma máquina hoje ou amanhã, aqui ou noutro lugar. É a mesma informação que, em 1948, Claude Shannon definia explicitamente como independente do significado, centrada na transmissão eficiente dos sinais.

A informação vivida, por outro lado, nunca existe «em abstracto»: está sempre situada, encarnada, carregada de valor para quem a recebe. Um organismo não processa dados, mas sim diferenças que são importantes para a sua sobrevivência e coerência. Gregory Bateson falava de «uma diferença que faz a diferença», e não é por acaso que esta fórmula volta hoje a estar no centro do debate sobre a cognição biológica. Um termómetro regista uma variação de temperatura; um organismo sente o calor ou o frio como algo que diz respeito ao seu equilíbrio interno.

Mesmo os mais recentes sistemas de inteligência artificial, capazes de aprender e adaptar-se, permanecem confinados a um domínio de informação sem qualquer aposta existencial: podem otimizar uma função, mas não arriscam nada. Como já observava Hans Jonas na década de 1970, *«no metabolismo, a forma mantém-se apenas colocando em jogo a própria matéria»*: é este risco contínuo que transforma a informação em experiência.

Não é por acaso que, quando Norbert Wiener, pai da cibernética, refletia sobre os limites das máquinas, admitia que estas «não pagam o preço das suas decisões». O organismo, sim. E é precisamente este preço — a vulnerabilidade, a finitude, a exposição ao mundo — que faz da informação biológica algo que não pode ser reduzido a um cálculo, porque está sempre entrelaçado com um ponto de vista, com uma história, com um corpo.

Viver é estar à frente do mundo.

Falar de cognição sem abordar o tempo significaria deixar o quadro incompleto. Porque a vida nunca conhece o presente puro: conhece sempre entre o que já aconteceu e o que poderá acontecer. A antecipação e a memória não são funções acessórias, mas os dois pólos através dos quais o campo biológico mantém a sua coerência. Um organismo vive porque consegue permanecer no tempo sem se dissolver e, para tal, tem de antecipar, recordar e modular continuamente.

A cognição biológica não se limita a reagir aos estímulos: está estruturalmente projetada para o futuro. Mesmo a célula mais simples não espera que o ambiente a atropele; prepara-se, orienta-se, modifica os seus limiares de resposta. Neste sentido, a vida está sempre um pouco à frente de si mesma. O neurocientista norte-americano Dean Buonomano escreveu que «*o cérebro não é uma máquina para pensar, mas uma máquina para o tempo*»: uma afirmação que pode ser alargada a todo o organismo. Antes mesmo dos neurónios, é o metabolismo que é temporal, composto por ciclos, ritmos e janelas de oportunidade. A antecipação não é uma previsão consciente, mas uma estrutura dinâmica do campo, uma tensão em direção ao possível que permite ao ser vivo nunca estar completamente exposto ao acaso.

Por outro lado, a memória biológica não coincide com o arquivo de recordações. É uma memória difusa, inscrita nas formas, nos limiares, nas preferências operacionais de um organismo. Cada experiência deixa um rasto que altera o campo, tornando-o ligeiramente diferente do que era antes. Aqui, o tempo não é reversível: o que foi vivido altera a forma como o ser vivo poderá responder no futuro. O biólogo e Prémio Nobel

Gerald Edelman falava de «memória darwiniana» para designar este processo de seleção contínua das respostas eficazes. Não se trata de conservar o passado, mas de o incorporar. A coerência do campo nasce precisamente desta integração contínua entre o que foi e o que se espera.

Esta visão encontra um eco surpreendente na filosofia do tempo de Henri Bergson, que já no início do século XX distinguia o tempo da física do tempo da vida. A «durée» bergsoniana não é uma sucessão de instantes, mas um fluxo qualitativo em que o passado e o presente se interpenetram. Um organismo não atravessa o tempo como um objeto em movimento: é o tempo que se organiza. Também a biologia contemporânea, ao estudar os ritmos circadianos ou a plasticidade fisiológica, parece aproximar-se desta intuição: o tempo não é apenas um quadro externo, mas uma dimensão interna do ser vivo.

Nesta perspetiva, o campo biológico pode ser interpretado como uma estrutura temporal estabilizada, capaz de se manter apenas porque consegue manter unidas a memória e a antecipação. Quando esta integração se rompe, a coerência perde-se. Não é por acaso que muitas formas de sofrimento biológico e psíquico revelam uma perturbação do tempo vivido: incapacidade de aprender com a experiência ou, pelo contrário, rigidez excessiva que impede a adaptação.

O cérebro não basta: onde reside realmente a cognição.

Ao longo do livro, este capítulo marca uma passagem delicada e, em certos aspetos, provocadora. Depois de ter demonstrado que a vida não pode ser reduzida a uma máquina bioquímica nem a uma soma de partes, aborda-se aqui um dos pontos sensíveis da ciência contemporânea: a ideia de que a cognição coincide com o que acontece no cérebro. As neurociências das últimas décadas produziram resultados extraordinários, mapeando circuitos, áreas funcionais e correlatos neurais da experiência. Mas é precisamente este sucesso que corre o risco de se transformar num limite, quando o cérebro se torna o único local legítimo do conhecimento.

A reflexão crítica não é uma acusação, mas sim uma mudança de perspetiva. Localizar a cognição exclusivamente nos neurónios significa partir do princípio de que esta é uma função emergente de um órgão especializado. Mas o que acontece se levarmos a sério a hipótese de que todos os organismos conhecem, mesmo aqueles desprovidos de sistema nervoso? Nos anos 90, nos laboratórios de biologia vegetal da Universidade de Bona, observou-se que as raízes das plantas eram capazes de distinguir sons e vibrações do solo, orientando o seu crescimento para fontes de água distantes. Sem cérebro, sem sinapses, e, no entanto, uma forma de decisão. Como observava provocatoriamente o neurobiologista chileno Francisco Varela, *«a cognição não é o que o cérebro faz, mas o que um organismo faz ao manter-se em relação»*.

As neurociências clássicas, fruto de uma longa tradição localizadora que remonta a Paul Broca e aos seus estudos parisienses sobre a perda da linguagem (1861), construíram uma geografia da mente. Útil, poderosa, mas parcial. O campo da biologia, por outro lado, sugere outra imagem: a cognição como propriedade distribuída, que emerge da coerência de todo o organismo no seu ambiente. Não é o cérebro que «contém» a cognição, mas sim o cérebro que participa num processo cognitivo mais amplo, que envolve a postura, o metabolismo, os sistemas imunitários e os ritmos internos. O neurocientista Antonio Damasio admitiu-o com honestidade intelectual quando escreveu que *«o cérebro não pensa sozinho»*: precisa de um corpo que sinta e de um mundo com o qual interaja.

Quando a cognição deixa de estar confinada ao crânio, muda também a forma de compreender a experiência. Já não se trata de representar o mundo, mas de o medir ativamente, de entrar em ressonância com ele. Neste sentido, o campo biológico funciona como um sistema de integração que antecede a distinção entre sensação e resposta.

Esta mudança tem consequências profundas. Se a cognição é um processo de campo, então também a consciência não pode ser reduzida a um epifenómeno neuronal.

Do coração ao cérebro: uma história ocidental do pensamento localizado.

A questão não é apenas o que é a cognição, mas também por que aprendemos a procurá-la precisamente ali onde hoje acreditamos encontrá-la: no cérebro. A sua ascensão a «lugar soberano» da mente não é um facto natural nem inevitável. É uma história cultural, feita de escolhas teóricas, sucessos clínicos, metáforas tecnológicas e, não menos importante, de poderosas imagens simbólicas que, durante séculos, orientaram a nossa forma de pensar a vida.

Na Antiguidade, o panorama era diferente. Para Aristóteles, que lecionava no Liceu de Atenas, o centro da vida psíquica era o coração: quente, pulsante, reativo. O cérebro desempenhava um papel secundário, quase de refrigeração. Esta visão não era ingénua, mas coerente com uma experiência direta do corpo, na qual emoção, decisão e movimento pareciam inseparáveis. Ainda no mundo romano, Galeno, médico dos gladiadores em Pérgamo (século II d.C.), embora reconhecesse a importância do cérebro graças ao estudo das lesões, mantinha uma visão distribuída das funções vitais.

A viragem surge com a modernidade e tem uma data simbólica: 1641, quando René Descartes publica as *«Meditationes de prima philosophia»*. Aqui, a mente torna-se *res cogitans*, separada do corpo, *res extensa*. O problema não é apenas o dualismo, mas a consequência prática: se a mente é algo distinto, então é preciso encontrar-lhe uma sede. Descartes situa-a na glândula pineal, um ponto preciso, quase um centro de controlo. Trata-se de um gesto fundador: a cognição torna-se localizável. A partir desse momento, a mente pode ser procurada, dissecada e estudada como um objeto.

A medicina do século XIX consolida esta trajetória. Em 1861, em Paris, Paul Broca apresenta à Société d'Anthropologie o famoso caso de «Tan», um doente incapaz de falar, mas capaz de compreender. Após a sua morte, uma lesão e a no hemisfério esquerdo parece explicar o distúrbio. A ideia de que funções complexas possam ser mapeadas em áreas cerebrais específicas é irresistível. É eficaz, produz resultados clínicos e reforça a autoridade da neurologia nascente. Como escreverá mais tarde John Hughlings Jackson em Londres, «a localização é um método, não uma metafísica», mas essa distinção será frequentemente esquecida.

O século XX acrescenta mais uma peça decisiva: a tecnologia. Com o advento do eletroencefalograma na década de 1930 e, posteriormente, das técnicas de neuroimagem a partir do final da década de 1970, o cérebro torna-se visível. As imagens coloridas das ressonâncias magnéticas funcionais, exibidas em congressos e nos jornais, exercem um fascínio enorme. O que se vê parece real, mais real do que aquilo que se sente ou se vive. Numa famosa conferência em San Diego, no início dos anos 2000, um jovem investigador mostrava mapas cerebrais da atenção como se fossem fotografias da própria experiência. Alguém, entre o público, murmurou: *«Finalmente vemos o pensamento»*. Era uma piada, mas não tanto assim.

Paralelamente, a informática fornece a metáfora decisiva. Desde meados do século passado que o cérebro é descrito como um computador biológico: entrada, processamento, saída. Neste esquema, a cognição só pode residir no «processador central». É uma metáfora poderosa, mas redutora. Como observava com ironia o filósofo Gilbert Ryle já em 1949, falar da mente como de algo separado é um *«category* mistake», um erro de categoria. No entanto, a metáfora funciona, porque é compatível com uma cultura tecnológica que privilegia o controlo, a previsão e a decomposição.

É assim que o cérebro se torna soberano: não porque explique tudo, mas porque se presta a ser melhor explicado com os instrumentos disponíveis. O preço deste sucesso é uma marginalização progressiva do organismo enquanto totalidade cognitiva. O Capítulo X insere-se aqui como um gesto crítico: não para negar o papel do cérebro, mas para lhe devolver o seu lugar no seio de um campo mais amplo. Se a vida é um processo cognitivo, então a cognição precede a sua especialização neuronal. O cérebro não é a origem do conhecimento, mas uma das suas formas que emergiram histórica e biologicamente.

Neste sentido, a biologia dos campos não propõe uma revolução iconoclasta, mas sim uma correção de perspetiva. Convida-nos a reconhecer que a ideia de uma mente confinada ao crânio é o resultado de uma história precisa, situada e culturalmente orientada. E que talvez, hoje, estejamos prontos para contar outra história.

Também pensamos com o instinto: a cognição para além do cérebro.

Se começámos a reconhecer a vida como um processo cognitivo, o aprofundamento sobre os sistemas periféricos é o ponto em que esta afirmação deixa de ser abstrata e se torna quase inevitável. Porque basta desviar o olhar um pouco para fora do cérebro para perceber que a cognição já está lá, distribuída, em ação, muitas vezes mais rápida e fiável do que a consciente. O organismo sabe antes de pensar, e fá-lo com todo o corpo.

Tomemos o intestino como exemplo. Durante séculos relegado a um simples tubo digestivo, hoje está no centro de uma verdadeira revolução científica. No final dos anos 90, nos laboratórios da Universidade de Columbia, o neurogastroenterologista Michael Gershon começou a falar sem timidez de um «segundo cérebro». Não se tratava de uma metáfora jornalística: o sistema nervoso entérico conta com centenas de milhões de neurónios, produz neurotransmissores como a serotonina e toma decisões autónomas. Mas a verdadeira novidade não é quantitativa. É qualitativa: o intestino avalia, discrimina, aprende, em diálogo constante com a microbiota e com o ambiente. Não pensa, mas sabe. E, acima de tudo, orienta o comportamento de todo o organismo, influenciando emoções, atenção e até mesmo escolhas complexas.

Segundo Antonio Damasio: *«O corpo não é o suporte do cérebro, é o seu interlocutor constante»*. Nesta frase condensa-se uma viragem conceptual: a cognição não é uma torre de controlo central, mas sim uma rede de sistemas que avaliam o mundo a partir de perspetivas diferentes. O intestino avalia a qualidade do ambiente químico, o sistema endócrino traduz os estados globais em sinais lentos, mas poderosos, e o sistema imunitário distingue o que é familiar do que é estranho. Todos estes processos têm uma estrutura cognitiva, pois envolvem reconhecimento, memória e resposta seletiva.

O sistema imunitário, em particular, é talvez o exemplo mais surpreendente. No início dos anos 2000, estudos realizados pelo Instituto Pasteur de Paris e pela Universidade de Stanford demonstraram que as células imunitárias não reagem simplesmente a um «inimigo», mas constroem, ao longo do tempo, uma verdadeira história das interações. Elas recordam, antecipam e modulam a intensidade da resposta. A imunologista Polly Matzinger, com a sua «te*oria do* perigo», propôs que o sistema imunitário não responde tanto ao *«não-eu»*, mas sim aos sinais de perigo contextuais. (Em imunologia, o «não-eu» designa tudo o que não pertence ao organismo, como agentes patogénicos ou moléculas estranhas). Na *«teoria do perigo»,* a resposta imunitária é orientada mais pelos sinais de dano do que pela simples distinção entre «eu» e «não-eu».

Também o sistema hormonal participa nesta inteligência difusa. As hormonas não transmitem informações pontuais, mas sim configurações de significado: estados de alerta, disponibilidade, retraimento, abertura. Um endocrinologista milanês contava como alguns doentes, antes mesmo de desenvolverem sintomas clínicos evidentes, apresentavam «*mudanças na atmosfera corporal*»: cansaço sem motivo aparente, alterações do sono, variações subtis do tom emocional. Sinais não localizáveis, mas coerentes. O corpo já estava a falar, muito antes de o diagnóstico chegar.

Esta perspetiva altera radicalmente a relação com as neurociências. Não as desmente, mas descentra-as. O cérebro continua a ser um nó crucial, sem dúvida, mas não o soberano absoluto. É antes um organizador de coerência, um intérprete avançado de sinais que nascem noutro lugar. Quando a cognição é vista como uma propriedade do campo biológico, os sistemas periféricos deixam de ser « s acessórios», passando a ser parte constitutiva do conhecimento. Como escreveu o fisiologista francês Claude Bernard já em 1865, «*a estabilidade do organismo é uma conquista ativa*». Hoje podemos acrescentar: é uma conquista cognitiva.

Neste sentido, falar de organismos como estruturas informativas estabilizadas significa reconhecer que a informação não circula apenas nos neurónios, mas concretiza-se nos tecidos, nos fluidos, nas interações lentas e profundas com o ambiente. A cognição torna-se assim um processo encarnado, distribuído e plural.

Saber sem saber: a inteligência silenciosa da vida.

Existe um preconceito difícil de erradicar na cultura ocidental: a ideia de que conhecer significa pensar, refletir, representar mentalmente o mundo. E que, portanto, a cognição só começa onde há um cérebro. Estamos a tentar abalar esta convicção na sua raiz, mostrando como a vida conhece muito antes de pensar e, muitas vezes, sem nunca o fazer. Conhecer sem pensar não é uma provocação poética, mas uma constatação biológica.

Já no final do século XIX, nas margens do Báltico, o biólogo estónio Jakob von Uexküll observava como um carrapato podia permanecer imóvel durante anos, até que três sinais precisos — o cheiro do ácido butírico, uma variação de temperatura, a consistência da pele — o levavam a deixar-se cair sobre um mamífero que passava. Nenhuma representação do mundo, nenhum «raciocínio». No entanto, um conhecimento impecável do que importa. Uexküll chamou a este mundo seletivo «Umwelt»: não o ambiente objetivo, mas aquele que é significativo para o organismo. Conhecer, neste sentido, é sentir o que é relevante.

A sensibilidade é o primeiro degrau desta cognição elementar. Mas não deve ser confundida com uma receção passiva de estímulos. Um organismo vivo não regista o mundo como um sensor inerte: ele intercepta-o. Nos anos 50, nos laboratórios de *«Cold Spring Harbor»*, alguns microbiologistas observaram que bactérias como *a Escherichia coli* não se movem aleatoriamente, mas modificam o seu comportamento com base em gradientes químicos, antecipando zonas mais favoráveis. Não «pensam» no alimento, mas reconhecem-no antes mesmo de o alcançarem. É uma forma de conhecimento temporal, orientada para o possível.

É aqui que entra em jogo a resposta. Cada organismo vivo não só sente, como responde de forma adequada, ou seja, coerente com a sua própria sobrevivência e identidade. O fisiologista Claude Bernard, no seu laboratório parisiense em meados do século XIX, ficou impressionado com a constância do ambiente interno dos organismos superiores. Mas o que hoje parece ainda mais surpreendente é que mesmo organismos sem sistema nervoso apresentam respostas integradas. As plantas, por exemplo. Em 1880, Charles Darwin, no seu estúdio em Down House, publicou com o filho Francis *«The Power of Movement in* Plants», descrevendo como as raízes orientam o crescimento com base em estímulos luminosos e táteis. Darwin falou, com cautela, de uma espécie de «ponta sensível» que coordena o comportamento da planta. Uma intuição que permaneceu durante muito tempo à margem, porque perturbava a ideia de uma cognição confinada aos animais «superiores».

A terceira dimensão, talvez a mais desestabilizadora, é a antecipação. Viver significa agir não só em resposta ao que acontece, mas em função do que poderá acontecer. Nos anos 60, o fisiologista italiano Luigi Fantappiè falava de «finalidade biológica» em termos não metafísicos, mas dinâmicos: os sistemas vivos organizam-se de acordo com trajetórias orientadas. Mais recentemente, estudos sobre o ritmo circadiano demonstraram que os organismos unicelulares antecipam variações ambientais regulares, como a alternância entre luz e escuridão, mesmo quando o estímulo é temporariamente removido. Não reagem ao presente: preparam-se para o futuro.

Nesta perspetiva, a cognição já não se apresenta como um luxo evolutivo tardio, mas como uma propriedade fundamental da vida enquanto sistema informativo. A sensibilidade, a resposta e a antecipação não são funções adicionais: são a própria forma como um organismo existe. Como escreveu o filósofo e médico Georges Canguilhem em 1952, *«viver é preferir e excluir*». Cada ato vital é já um ato de conhecimento, porque discrimina, avalia, orienta.

A biologia dos campos oferece aqui uma chave interpretativa decisiva. Se o organismo é uma estrutura informativa estabilizada, então conhecer sem pensar significa manter uma coerência dinâmica com o seu próprio campo de relações. Não é necessário um centro de comando, nem uma representação interna do mundo. Basta uma sensibilidade difusa, capaz de transformar a informação em forma e a forma em ação. Talvez o verdadeiro escândalo não seja o facto de os organismos conhecerem sem pensar. É o facto de nós termos, durante muito tempo, pensado que conhecíamos sem viver.

Gansos, espinhos e decisões instantâneas: a cognição sem pensamento.

Houve um momento preciso, no século XX europeu, em que a ideia de que, para conhecer, é preciso pensar começou a rachar-se a sério. Não nos laboratórios de psicologia experimental, mas nos prados, ao longo dos canais, nas reservas naturais. Ali onde Konrad Lorenz e Nikolaas Tinbergen observavam os animais a fazer o que sabem fazer, sem hesitar, sem deliberar, muitas vezes sem nunca o terem «aprendido».

Lorenz contava isto com um sorriso irónico, recordando os seus gansos cinzentos em Altenberg, perto de Viena, nos anos 30. Bastou que ele fosse o primeiro objeto em movimento visto pelos pintos recém-nascidos para que estes o seguissem para todo o lado, tal como fariam com a mãe. A impressão não é um erro cognitivo: é uma forma de conhecimento fulminante, irreversível e perfeitamente adaptativa. Num mundo em que a indecisão custa a vida, não há tempo para pensar. O organismo sabe quem seguir porque está estruturado para reconhecer certos sinais num intervalo de tempo preciso. A cognição, neste caso, é uma janela que se abre e se fecha.

Tinbergen, alguns anos mais tarde, centrou a sua atenção num peixe aparentemente banal, o espinarelo. Nos canais dos Países Baixos, demonstrou que o macho, durante a época reprodutiva, ataca qualquer objeto que apresente uma mancha vermelha, mesmo uma silhueta rudimentar de cartão. Não ataca «um rival»: responde a um estímulo-chave. O comportamento é complexo, coordenado e eficaz. Mas não é mediado por representações mentais. É a resposta de um sistema sensível a uma configuração significativa do campo percetivo.

Aqui, a etologia clássica dá um passo decisivo: mostra que a forma do comportamento precede a intenção. Os animais não decidem o que fazer; reconhecem quando é o momento de o fazer. Os chamados padrões de ação fixos — sequências motoras altamente organizadas — ativam-se como frases já escritas, mas apenas quando o ambiente «pronuncia» a palavra certa. Conhecer, neste sentido, não é construir um modelo do mundo, mas estar sintonizado com certas frequências do mesmo.

Uma anedota frequentemente citada nos seminários de etologia em Oxford, na década de 1950, conta que Tinbergen, durante uma demonstração, mostrou a um grupo de estudantes como uma fêmea de gaivota-real preferia bicar uma vareta com três riscas vermelhas em vez do bico realista de um adulto. O sinal hiperbólico funcionava melhor do que o original. Não porque o animal «se enganasse», mas porque a sua cognição estava calibrada para relações, não para objetos. O conhecimento biológico é sempre económico: seleciona o que importa, não o que é verdadeiro num sentido abstrato.

Esta perspetiva integra-se naturalmente com a biologia dos campos. Se o organismo é uma estrutura informativa estabilizada, então o comportamento não é a execução de um programa interno, mas sim a ressonância entre uma configuração ambiental e uma disposição interna. Sensibilidade e resposta são duas faces do mesmo processo. A antecipação, na etologia, não se apresenta como uma previsão consciente, mas como uma prontidão estrutural: o organismo já está preparado para o que é biologicamente provável.

Lorenz insistia num ponto hoje surpreendentemente atual: estes comportamentos não são automatismos rígidos. Podem ser modulados, desviados, por vezes inibidos. Mas a sua inteligência não reside na flexibilidade infinita; reside na precisão situada. Um saber incorporado, inscrito na forma do organismo e na sua história evolutiva. Por outras palavras: uma cognição que não pensa, mas que, por isso mesmo, não é cega.

Vista desta perspetiva, a etologia clássica surge como uma disciplina de fronteira que antecipou muitas intuições contemporâneas. Mostrou que o conhecimento não coincide com a consciência reflexiva, que o sentido emerge da interação e que a vida, antes de se explicar, orienta-se. É uma lição sóbria, mas radical: compreender a vida significa observar como ela age quando não tem tempo para se explicar por que o faz.

Medir para viver: como os organismos dão sentido ao mundo.

Se há um equívoco que a biologia dos campos nos convida a superar, é a ideia de que o organismo é um simples recetor de estímulos, uma espécie de central que recolhe dados do exterior para depois reagir. Na realidade, cada organismo vivo mede o seu próprio ambiente. E medir, neste contexto, não significa quantificar de acordo com parâmetros abstratos, mas estabelecer diferenças que importam, construir um mundo significativo através da relação.

Na década de 1930, o biofísico húngaro László von Bertalanffy, ao observar sistemas biológicos abertos, reparou que o que distingue o ser vivo não é a matéria de que é feito, mas a forma como mantém relações estáveis, mesmo no fluxo contínuo de energia e informação. O organismo não sofre o impacto do ambiente: ele recolhe amostras, filtra-o e transforma-o numa geografia de valores. Cada medição é, por si só, uma interpretação.

Um exemplo aparentemente simples provém dos estudos sobre termorregulação realizados na década de 1960 nos laboratórios de Estocolmo. Os investigadores observaram que muitos mamíferos não respondem à temperatura «objetiva», mas sim às variações rápidas e localizadas. A pele, neste sentido, não é um sensor neutro, mas sim uma superfície cognitiva que avalia as mudanças, distinguindo o que constitui uma ameaça do que é ruído de fundo. O organismo mede gradientes, não grandezas isoladas.

Esta capacidade surge com particular clareza nos trabalhos de James J. Gibson, psicólogo da perceção, que, na década de 1970, falou de *«affordance»*: as oportunidades de ação oferecidas pelo ambiente a um organismo específico. Uma falésia não é um o «alto» em si; é escalável ou letal consoante o corpo que a encontra. A medida não está no mundo, nem no organismo, mas na relação entre os dois. É aqui que a cognição biológica se revela como um evento situado, encarnado, irredutível a um cálculo abstrato.

Uma anedota contada por um etólogo italiano durante uma campanha de observação no Parque do Gran Paradiso ilustra bem esta ideia. Ao estudar os camurços, ele reparou que os animais alteravam os seus percursos habituais não com base na presença direta do homem, mas sim em microvariações do silêncio e do odor trazido pelo vento. O ambiente era «lido» como um mapa dinâmico de probabilidades. O camurço não percebia o homem, mas media uma alteração no campo relacional em que vivia.

Nesta perspetiva, o organismo surge como um dispositivo de medição distribuído, sem um centro único. As células, os tecidos e os órgãos participam nesta atividade de avaliação contínua. Nos anos 90, os estudos de Walter Freeman sobre a dinâmica olfativa demonstraram que o cérebro não reconhece os odores como impressões fixas, mas como configurações que emergem da interação entre o estímulo e o estado interno. Mais uma vez, a medição não é uma fotografia, mas um processo.

A biologia dos campos oferece aqui um quadro conceptual poderoso: o organismo estabiliza a informação não porque a armazena, mas porque mantém uma coerência operacional com aquilo que mede. Viver significa permanecer sintonizado com certas diferenças e ignorar infinitas outras. Cada ato vital é uma escolha implícita, uma tomada de posição no fluxo do real.

Como escreveu o filósofo Maurice Merleau-Ponty em 1945, *«o corpo é o nosso meio geral de ter um mundo»*. Não um objeto entre os objetos, mas um limiar de medição, uma interface viva. Neste sentido, a relação ativa com o ambiente não é um capítulo acessório da biologia: é o seu núcleo epistemológico. A vida não conhece porque representa o mundo, mas porque o mede enquanto o atravessa.

O perigo é sentido antes de ser calculado.

Existe uma forma de inteligência que precede qualquer cálculo, qualquer previsão consciente, qualquer gráfico de probabilidades. É a inteligência com que os organismos avaliam o risco. Não o estimam, não o medem em percentagens: sentem-no. A biologia dos campos convida-nos a olhar para este processo não como uma versão primitiva do raciocínio humano, mas como uma modalidade autónoma e refinada de conhecimento encarnado.

O risco, neste contexto, não é uma variável externa a avaliar, mas uma perturbação do campo de sentido em que o organismo vive. Um ruído repentino, uma variação química impercetível para nós, uma descontinuidade no ritmo habitual podem ser suficientes para desencadear uma resposta drástica.

Um exemplo fascinante provém dos estudos realizados na década de 1970 pelo bioquímico Howard Berg sobre a quimiotaxia das bactérias. No laboratório, em Boulder, Berg observou que *a Escherichia coli* não «sabe» onde se encontra uma fonte de nutrição, nem calcula a melhor trajetória. Compara, momento a momento, se a situação está a melhorar ou a piorar. Se piorar, muda de direção. Trata-se de uma avaliação de risco elementar, mas eficaz: não se baseia num mapa do futuro, mas sim numa sensibilidade diferencial ao presente.

Algo semelhante, mas numa escala infinitamente mais complexa, acontece nos grandes herbívoros. Após a reintrodução dos lobos no Parque de Yellowstone, em 1995, os etólogos notaram que os alces alteravam os seus comportamentos de pastagem mesmo na ausência visível dos predadores. Evitavam certos vales, mudavam os horários, encurtavam as paragens. O risco não era o encontro direto com o lobo, mas a transformação de todo o campo ecológico. O organismo avalia o perigo através da forma da paisagem, não através da contagem de ataques.

Nestes casos, falar de «decisão» é enganador. Não há um sujeito que pondere alternativas. Há um sistema vivo que regula o seu próprio grau de exposição, mantendo a coerência interna. A medida biológica do risco é sempre preventiva, raramente reativa. Antes de saber por que razão algo é perigoso, o organismo sabe que o é.

Uma anedota recolhida durante uma investigação etológica na costa da Bretanha, contada por uma bióloga marinha francesa, diz respeito aos polvos. Alguns exemplares evitavam tocas aparentemente ideais após tempestades recentes. Não porque tivessem sido destruídas, mas porque o fluxo das correntes tinha mudado. O risco, para o polvo, não era a toca em si, mas a perda de controlo sobre o seu campo de ação. Mais uma vez, nenhuma estimativa, nenhuma previsão explícita: apenas uma avaliação minuciosa da relação.

Esta forma de avaliar o risco está também distante do modelo humano moderno, obcecado pelo cálculo. O sociólogo Ulrich Beck, na década de 1980, falava de «sociedade do risco» precisamente para designar uma cultura que tenta dominar a incerteza através de números e simulações. A vida biológica, por outro lado, parece seguir uma lógica oposta: reduzir a exposição, mantendo a qualidade da relação com o ambiente, e não a precisão da previsão.

Nesta perspetiva, a avaliação biológica do risco surge como uma função cognitiva fundamental, inscrita no próprio âmbito do organismo. Não é necessário saber qual é a probabilidade de um evento; basta saber se esta situação ainda é habitável. A sobrevivência não requer estatísticas, mas sim uma sensibilidade constante aos limiares para além dos quais a coerência se rompe.

As plantas que decidem: como a vida mede o risco sem cérebro.

Há uma imagem que surge frequentemente quando se fala de cognição: um animal que observa, avalia, decide. E depois há a imobilidade das plantas, que durante séculos foi confundida com passividade. No entanto, se olharmos de perto, as plantas são mestres d , de uma forma de conhecimento radicalmente diferente: não pensam, não calculam, mas medem. E, ao medir, decidem.

Já em 1880, Charles Darwin observava como o ápice radicular se comportava «como o cérebro de um animal inferior». Era uma provocação, claro, mas não uma piada. Darwin tinha intuito que a vida, mesmo sem sistema nervoso, possui uma capacidade fundamental: distinguir o que é relevante.

Para uma planta, a água não é apenas um recurso: é uma aposta. Abrir os estômatos para absorver dióxido de carbono significa perder água; fechá-los protege da secura, mas retarda a fotossíntese. É um dilema contínuo, que se renova todos os dias, muitas vezes a cada hora. Nos anos 90, nos laboratórios da Universidade do Utah e depois em Davis, fisiologistas vegetais como Melvin Tyree e John Sperry demonstraram que muitas plantas funcionam com aquilo a que hoje chamamos margem de segurança hidráulica. Em termos simples: sabem até onde podem «ir mais além» antes que se formem bolhas de ar nos seus vasos condutores — a cavitação — que interrompem o fluxo de água e podem levar à morte do tecido.

Não se trata de uma resposta reflexa. As plantas antecipam-se. Alteram a condutância estomática com base não só na humidade presente, mas também na tendência do sistema: se a seca estiver a agravar-se, reagem antes que o dano seja irreversível. Em algumas espécies mediterrânicas, como a azinheira, esta prudência é quase proverbial; noutras, como certos choupos das planícies, a estratégia é mais arriscada, quase «especulativa». Dois estilos cognitivos, poderíamos dizer, inscritos na fisiologia.

Como é que uma planta «sabe» que está a correr um risco? Não existe um centro de comando. A avaliação é distribuída. Variações da pressão hidráulica, gradientes iônicos, hormonas como o ácido abscísico percorrem os tecidos, criando um quadro coerente da situação. Cada folha, cada raiz contribui para a avaliação global.

Um investigador contou, durante uma conferência em Montpellier em 2008, que trabalhar com plantas significa renunciar à ideia de um único decisor: *«É como falar com uma multidão que, no entanto, responde em uníssono»*. É aqui que a noção de organismo como sistema informativo estabilizado ganha sentido: a unidade não é um ponto, mas uma coerência.

Até a luz, que associamos instintivamente à vida vegetal, pode tornar-se um perigo. Um excesso de radiação danifica os fotossistemas, produzindo stress oxidativo. As plantas sabem disso — e reagem. Nos anos 50, nos laboratórios do Departamento de Agricultura dos Estados Unidos, Sterling Hendricks e Harry Borthwick descobriram os fitocromos: pigmentos sensíveis à qualidade da luz. Graças a estes sensores, uma planta distingue se está em pleno sol ou à sombra de outras plantas. Não é uma diferença trivial: a sombra «verde» das folhas alheias sinaliza uma competição iminente.

Assim surge a chamada *«síndrome de evitação da sombra»*: o caule alonga-se, as folhas mudam de ângulo, a alocação de recursos é reorientada. Trata-se de uma avaliação do risco futuro: permanecer baixo significa ser excluído da luz; crescer rapidamente expõe a instabilidade mecânica e ao stress hídrico. Mais uma vez, não há cálculo, mas sim uma avaliação dinâmica das probabilidades vitais.

O mais surpreendente é que tudo isto acontece sem deslocamento. Ou, melhor dizendo, sem aquilo a que chamamos movimento. As plantas conhecem «permanecendo». Enraizadas no solo, transformam o tempo em informação. Enquanto um animal pode fugir, uma planta tem de antecipar.

No Jardim Botânico de Kew, em Londres, um antigo curador gostava de dizer que as plantas são «filósofos forçados»: não podem agir impulsivamente, por isso têm de ser sábias. É uma observação irónica, mas capta um ponto essencial. A cognição vegetal não é uma reação rápida, é uma integração lenta e profunda de sinais.

Quando dizemos que cada organismo conhece, não estamos a atribuir às plantas uma mente em miniatura. Estamos a alargar a própria ideia de conhecimento. Conhecer, neste sentido, significa manter a própria coerência vital num mundo incerto e e . Significa avaliar riscos e oportunidades com os instrumentos que a própria forma de vida disponibiliza.

As plantas mostram-nos que a cognição não nasce com o cérebro, mas com a necessidade de se manterem íntegras. São sistemas que avaliam, antecipam, escolhem — não entre ideias, mas entre possibilidades biológicas. Neste trabalho silencioso de avaliação contínua, a vida revela a sua face mais essencial: não um mecanismo cego, mas um processo sensível ao sentido.

Errar para permanecer vivo: a inteligência prudente da vida.

Existe uma ideia profundamente enraizada na nossa forma de pensar — não só na economia, mas também numa certa biologia ingênua — segundo a qual viver significa maximizar o ganho. Mais crescimento, mais energia, mais reprodução. No entanto, observada de perto, a vida real parece seguir uma lógica diferente, quase contraintuitiva: não maximizar, mas não errar demasiado. Ou melhor, evitar aqueles erros que não admitem recurso.

No capítulo dedicado à vida como processo cognitivo, esta perspetiva torna-se decisiva. Se cada organismo conhece, então conhece também os seus próprios limites. E o erro — longe de ser um simples desvio — torna-se um elemento estrutural do saber biológico.

Na biologia, o erro nunca é abstrato. Não é uma resposta errada numa folha de exame, mas uma escolha que pode comprometer toda a forma de vida. É por isso que os organismos não otimizam: tomam precauções. Como já observara o fisiologista Walter Cannon na década de 1930, ao estudar a homeostase em Harvard, os sistemas vivos não procuram o máximo rendimento, mas a permanência dentro de limites compatíveis com a sobrevivência.

É uma diferença subtil, mas crucial. Maximizar o ganho expõe ao risco de erros catastróficos; minimizar o risco , por outro lado, aceita uma certa dose de ineficiência. A vida, poderíamos dizer, prefere ser um pouco enfadonha a ser demasiado ousada. Um exemplo fascinante vem do mundo microbiano, onde a cognição surge na sua forma mais essencial. Em laboratório, já na década de 1970, observou-se que populações geneticamente idênticas de bactérias *E. coli* não se comportam todas da mesma forma perante um ambiente instável. Alguns indivíduos abrandam drasticamente o metabolismo, outros continuam a crescer. É uma estratégia conhecida como *«bet-hedging»*: não apostar tudo numa única previsão do futuro.

Aaron Mitchell, a trabalhar em Stanford no início dos anos 2000, demonstrou que esta aparente «ineficiência» aumenta a probabilidade de pelo menos uma parte da população sobreviver a choques repentinos. Aqui, o erro não é evitar o crescimento quando o ambiente seria favorável, mas sim crescer quando este deixará de o ser em breve. O conhecimento biológico, neste caso, consiste em não confiar demasiado nas condições atuais.

Mesmo nos sistemas mais complexos, como o sistema imunitário humano, a mesma lógica repete-se. O sistema imunitário comete erros continuamente: reconhece como perigoso o que não o é, desencadeia inflamações desnecessárias, por vezes até autoimunidade. Do ponto de vista da engenharia, é um desastre. Do ponto de vista biológico, é uma escolha sensata. Na década de 1950, Frank Macfarlane Burnet formulou a teoria da seleção clonal ao observar que o sistema imunitário está concebido para ser hipersensível. É melhor reagir uma vez a mais do que não reagir quando o patógeno é real. Também aqui, a epistemologia da vida é assimétrica: alguns erros são toleráveis, outros não. A cognição biológica não procura a verdade, mas sim a continuidade.

Esta sabedoria do erro torna-se também evidente a nível ecológico. Em ambientes instáveis — desertos, tundras, zonas intertidais — as espécies que sobrevivem não são aquelas que aproveitam ao máximo cada oportunidade favorável, mas sim aquelas que mantêm uma reserva de possibilidades. Na década de 1980, estudos de campo d , realizados no deserto do Negev, demonstraram que algumas plantas germinam apenas uma fração das sementes, mesmo após chuvas abundantes. O resto permanece no solo, à espera. É um ato de desconfiança em relação ao presente. Um botânico israelita contava, com uma ponta de ironia, que aquelas plantas «não acreditam nas promessas do céu». Mais uma vez, o conhecimento não coincide com o otimismo, mas com uma avaliação sóbria das consequências.

Se voltarmos à ideia do organismo como estrutura informativa estabilizada, o erro assume um novo estatuto. Não é um incidente do processo cognitivo, mas sim o seu banco de ensaio. Um sistema vivo sabe porque tem de agir sem certezas, e age sabendo que algumas apostas não são permitidas. Neste sentido, evitar o risco não é covardia evolutiva, mas sim inteligência encarnada. A vida não procura o máximo possível, mas o suficiente e fiável. É uma lição que põe em causa muitas metáforas dominantes — desde o progresso linear até à otimização algorítmica — e prepara o terreno para uma biologia da consciência que não coincida com o desempenho, mas com a responsabilidade da forma.

A vida como instrumento de medição: quando a ciência aprende com os organismos.

Se olharmos com atenção para a história dos instrumentos científicos, descobrimos um pormenor curioso: muitos deles não nascem de uma abstração matemática pura, mas da imitação — muitas vezes inconsciente — de funções biológicas elementares. Como se, antes mesmo de inventar aparelhos para medir o mundo, a humanidade tivesse aprendido observando organismos que já o faziam há milhões de anos.

No contexto deste capítulo, em que a vida é descrita como um processo cognitivo, esta comparação torna-se esclarecedora. O organismo, de facto, não se limita a reagir: ele mede. E mede sempre em função da sua própria sobrevivência, integrando informação, memória e antecipação. Exatamente aquilo que exigimos dos nossos instrumentos científicos. Tomemos um dos instrumentos mais icónicos da ciência moderna: o termómetro. Quando Galileu Galilei, no início do século XVII, experimentava o seu termoscópio em Pádua, ainda não estava a medir a temperatura num sentido quantitativo, mas registava variações. O calor e o frio eram diferenças percebidas, não números absolutos.

É o mesmo princípio que rege a pele de um mamífero ou as membranas de um réptil: não se trata de conhecer «a temperatura», mas de sentir um desvio em relação a uma condição vital. A pele não é um sensor neutro: é uma interface cognitiva, calibrada em base a limiares biológicos. O termómetro moderno não faz mais do que tornar esta função ancestral estável, repetível e comunicável.

Também a medição do tempo, aparentemente a mais abstrata, tem raízes biológicas profundas. Os cronómetros marítimos do século XVIII, como o aperfeiçoado por John Harrison para resolver o problema da longitude, surgiram da necessidade de sincronização. Mas a sincronização é, desde sempre, uma competência dos seres vivos.

Cada organismo possui ritmos internos: ciclos de atividade, repouso e renovação. No século XX, as experiências de Jürgen Aschoff no bunker de Andechs, na Alemanha, demonstraram que, mesmo na ausência de luz e de referências externas, o corpo humano continua a «contar o tempo». Não com números, mas com oscilações fisiológicas. O cronómetro científico reproduz esta capacidade: manter uma coerência temporal interna independente do ambiente.

Antes de Evangelista Torricelli inventar o barómetro em 1643, muitos animais «sabiam» quando o tempo estava prestes a mudar. Pastores e marinheiros contavam isso há séculos: cães inquietos, pássaros que alteram a rota, rãs que emergem da água. Não se trata de folclore, mas da perceção de variações de pressão. O barómetro não introduz um novo tipo de conhecimento: o objetivo. Transforma uma sensibilidade generalizada num dado legível. Mais uma vez, o instrumento científico estabiliza uma função bi : detetar alterações ambientais relevantes antes que se tornem perigosas.

O que une estes exemplos é um aspeto frequentemente negligenciado: nenhum instrumento mede «em termos absolutos». Cada medição é uma relação. O mercúrio que sobe, o ponteiro que oscila, o pêndulo que bate não fazem mais do que traduzir uma interação num sinal estável. Exatamente como faz um organismo quando percebe, avalia e responde. Vistos desta perspetiva, os instrumentos científicos surgem como próteses cognitivas da própria vida. Não são entidades neutras, mas sim extensões de uma capacidade biológica primária: distinguir o que importa do que pode ser ignorado.

A ciência moderna, no seu esforço de objetividade, esqueceu-se frequentemente desta origem. No entanto, cada instrumento traz consigo uma questão implícita: o que é relevante para um sistema que pretende perdurar? É a mesma questão que, de forma silenciosa, cada organismo coloca ao mundo. Neste sentido, falar de biologia dos campos e de organismos como estruturas informativas estabilizadas significa reconhecer que a cognição não começa com o cérebro, nem com o laboratório.

Começa no momento em que algo mede outra coisa para permanecer o que é.

Medir é, por si só, escolher: a responsabilidade silenciosa do ser vivo.

Chegados a este ponto, a pergunta muda de tom. Já não se trata apenas de como os organismos medem o mundo, mas do que implica o facto de o fazerem. Porque se a vida é, em todas as suas formas, um sistema que mede — seleciona sinais, descarta ruído, antecipa consequências —, então a medição nunca é um ato inocente. É já uma tomada de posição.

Na história da ciência, estamos habituados a pensar na medição como um gesto neutro, quase moralmente transparente. Um termómetro não julga, um sensor não decide. No entanto, esta ideia « » vacila assim que regressamos à origem biológica de toda a medição. O organismo mede para continuar a existir. Cada ato de conhecimento é orientado, situado, finalizado. Por outras palavras: já está impregnado de valor. Na década de 1930, o fisiologista Walter Bradford Cannon, a trabalhar em Harvard, observou que o corpo nunca reage de forma aleatória às variações internas e externas. O conceito de homeostase nasce precisamente daí: medir significa manter condições compatíveis com a vida. Mas manter implica uma preferência, uma norma, um «assim e não de outra forma».

Esta norma não é moral no sentido humano do termo, mas também não é eticamente neutra. Trata-se de uma proto-ética biológica: o que preserva a coerência é favorecido, o que a destrói é evitado. Cada organismo, ao medir, estabelece implicitamente o que é aceitável e o que não o é.

Isto torna-se particularmente evidente quando a medição biológica é externalizada na tecnologia. Em 1945, no *Trinity Site*, no deserto do Novo México, os instrumentos de medição registaram com precisão impecável a primeira explosão nuclear.

Os contadores Geiger funcionavam na perfeição. Mas a questão ética não residia nos dados recolhidos, mas sim na escolha do que medir e porquê.

A biologia ensina-nos que nenhum sistema mede tudo. Cada medição é seletiva. Transferir esta lição para a ciência significa reconhecer que a responsabilidade não surge após o conhecimento, mas em simultâneo com ele. Como escreveu Hans Jonas em «*O Princípio* da Responsabilidade» (1979), o poder do conhecimento moderno obriga-nos a uma ética antecipatória. Mas, no fundo, esta antecipação já está inscrita no ser vivo.

Há um aspeto frequentemente negligenciado: medir expõe quem mede. Um organismo que percebe torna-se vulnerável à informação que recebe. Claude Bernard, no seu laboratório parisiense da rue d'Ulm, observava como o excesso de estimulação pode desestabilizar um sistema fisiológico tanto quanto a sua ausência. A medição, se não for integrada, pode tornar-se desarmonia. Esta observação aplica-se também ao homem e a o contemporâneo, imerso numa superabundância de dados. A biologia dos campos sugere que a responsabilidade não diz respeito apenas ao uso da informação, mas também à capacidade de a suportar sem perder a coerência. Um sistema que mede sem integrar fragmenta-se.

Nesta perspetiva, a ética já não se apresenta como um acréscimo tardio ao conhecimento, mas sim como uma consequência natural deste. Se cada organismo é uma estrutura informativa estabilizada, então a responsabilidade coincide com o cuidado da sua própria coerência e da dos sistemas com os quais se relaciona.

Ainda não se trata de justiça, direitos ou deveres no sentido clássico. Trata-se de algo mais elementar: a consciência de que conhecer significa intervir, e que intervir altera o campo do qual fazemos parte. A ciência, quando reconhece as suas raízes biológicas, já não pode subtrair-se à questão do sentido e das consequências da sua ação.

A vida, ao medir, ensina-nos que todo o conhecimento autêntico traz consigo uma responsabilidade silenciosa: manter a relação sem destruir a coerência que torna possível a própria relação.

Rumo a uma biologia da consciência.

Nesta fase do percurso, depois de termos acompanhado a vida enquanto ela mede, seleciona, antecipa e mantém a sua própria coerência, surge uma questão com certa inevitabilidade: quando, e de que forma, tudo isto se torna experiência? Ainda não é consciência no sentido humano, reflexivo e linguístico, mas algo que se assemelha suficientemente a ela para nos obrigar a rever as nossas categorias.

Falar de biologia da consciência não significa procurar uma alma escondida nas células nem reduzir a experiência a um algoritmo molecular. Significa, de forma mais sóbria mas também mais radical, questionar-se se a consciência não será uma propriedade emergente de campos biológicos altamente coerentes, tal como a vida emerge quando a informação deixa de ser abstrata e ganha forma. Nos anos 90, o neurobiologista Antonio Damasio contava frequentemente um episódio ocorrido no *«Beth Israel Deaconess Medical* Center», em Boston: doentes com lesões específicas nas áreas emocionais do cérebro eram perfeitamente capazes de raciocinar, mas incapazes de decidir. Faltava algo que não era informação, mas sim uma percepção do valor das alternativas.

Esta anedota, já clássica, torna-se particularmente interessante quando lida à luz da biologia dos campos. Antes mesmo da decisão consciente, existe um nível de integração global que avalia, orienta e pondera. Não é pensamento, mas também não é uma simples reação. É um campo de significatividade encarnada.

Na física, o conceito de limiar é crucial: abaixo de uma certa intensidade, nada de qualitativamente novo acontece; acima desse limiar, surge uma propriedade inesperada. Alguns biólogos teóricos começaram a questionar-se se a consciência não funcionaria da mesma forma. Em 2014, durante uma conferência em Tucson dedicada aos fundamentos da consciência, discutia-se animadamente se a experiência subjetiva seria um «interruptor» ou um «gradiente». A impressão generalizada — posteriormente relatada de forma informal por vários participantes — era de que a consciência não surge de repente, mas sim se densifica. Quando a informação está suficientemente integrada, estável e abrangente, algo acontece.

Neste sentido, os campos biológicos descritos nos capítulos anteriores podem ser interpretados como o terreno fértil da experiência: estruturas dinâmicas que mantêm unido o múltiplo e o tornam presente a si mesmo. Uma biologia da consciência não nega o papel do sistema nervoso, tal como a biologia da vida não nega a química. Mas rejeita a ideia de que o cérebro produza a consciência da mesma forma que uma glândula produz uma hormona.

Já na década de 1940, o neurologista Kurt Goldstein, ao trabalhar com doentes com lesões cerebrais em Frankfurt e, posteriormente, nos Estados Unidos, observou que o organismo reage às lesões como um todo, reorganizando o seu comportamento global. Não se perde uma função isolada: muda-se a forma de estar no mundo. Um indício poderoso de que a experiência não é localizável como um objeto, mas distribuída como um campo.

Chegar até aqui significa ter deslocado a questão sobre a consciência. Já não é «onde se encontra?», mas «quando surge?». Já não é «de que é feita?», mas «que grau de coerência requer?». É uma mudança de perspetiva que abre inevitavelmente caminho a questões metafísicas, mas sem abandonar o rigor científico.

O passo seguinte será questionar-se sobre o significado desta emergência: se a consciência é um acontecimento que ocorre nos campos da vida, então diz respeito não só ao homem, mas à própria forma em m que o universo se torna, localmente, consciente de si mesmo. É aqui que a biologia se depara com a responsabilidade, e a descrição dá lugar ao sentido.

A consciência colocada entre parênteses: como a biologia a perdeu e a está a reencontrar.

Durante grande parte do século XX, a consciência foi uma presença embaraçosa na biologia. Não negada abertamente, mas cuidadosamente evitada. Demasiado subjetiva, demasiado difícil de medir, demasiado próxima daquele léxico filosófico que a ciência moderna tinha aprendido a encarar com desconfiança. Se a biologia queria tornar-se uma ciência «dura», a ciência moderna tinha de se livrar dela. O ato de expulsão tem uma data simbólica: 1913, quando John B. Watson publicou o manifesto do comportamentismo. A psicologia — e com ela a biologia do comportamento — passaria a estudar apenas o que é observável: estímulos e respostas. A consciência? Um resíduo metafísico. Nos laboratórios americanos, desde os corredores da Johns Hopkins até às universidades do Midwest, falar de experiência interna tornou-se quase uma falta de educação científica.

A mesma lógica permeia a biologia molecular nascente. Em 1965, Jacques Monod, no Instituto Pasteur de Paris, escreve *«O Acaso e a Necessidade»*. É um livro fascinante, rigoroso, mas inequívoco na sua mensagem: a vida é o produto de mecanismos cegos, e qualquer referência a finalidade ou interioridade é uma ilusão antropocêntrica. A consciência, neste contexto, não é um problema biológico, mas sim, se tanto, um epifenómeno cultural. Também Francis Crick, no seu gabinete no Instituto Salk, em La Jolla, gostava de repetir, nos anos 80, que *«tu, as tuas alegrias e as tuas dores, não és mais do que um vasto conjunto de neurónios*». Uma frase que se tornou célebre precisamente porque resume o espírito de uma época: explicar tudo a partir da base, mesmo que isso implique perder algo pelo caminho.

No entanto, algo não funcionava bem. Os sistemas biológicos reais — desde os ecossistemas às células — continuavam a revelar propriedades que escapavam à soma das partes. Nos anos 70, em Bruxelas, Ilya Prigogine estudava as estruturas dissipativas e demonstrava que a ordem pode emergir espontaneamente do caos quando um sistema está longe do equilíbrio. Não falava de consciência, mas reabria uma porta: a organização global conta mais do que os mecanismos individuais.

Pouco depois, no Chile, Humberto Maturana e Francisco Varela introduziram o conceito de autopoiese. Um organismo não é definido pelo que o compõe, mas pelo processo através do qual se mantém. É uma unidade que se produz e se reconhece como tal. Aqui, a consciência ainda não é mencionada, mas a ideia de um sistema que tem uma perspetiva própria começa a abrir caminho.

O regresso da consciência à biologia não ocorre como uma reviravolta, mas sim como uma lenta mudança de clima cultural. No final do século XX, nos centros de investigação sobre sistemas complexos — desde o Instituto de Santa Fé, no Novo México, até aos laboratórios europeus de dinâmica não linear — torna-se cada vez mais difícil ignorar a questão da experiência.

Se um sistema integra informação a nível global, se mantém uma coerência dinâmica, se distingue o que é relevante para a sua própria existência, então a questão já não é se surge algo semelhante à consciência, mas quando e sob que forma. A consciência deixa de ser um objeto misterioso e torna-se uma propriedade emergente de campos biológicos altamente organizados. Este excursus histórico não serve para reavaliar com nostalgia conceitos que foram descartados, mas para mostrar que a biologia está a mudar de questão. Já não se trata de «como eliminar a consciência do discurso científico», mas de «como descrevê-la sem trair a sua natureza». É uma transição delicada, que exige novas linguagens e novas responsabilidades teóricas. A biologia da consciência ainda não é uma disciplina completa, mas um horizonte que se abre.

XI – Rumo a uma nova biologia.

Este capítulo surge como um limiar. Não acrescenta uma nova peça técnica ao mosaico, mas convida-nos a contemplar o quadro geral. Depois de termos acompanhado a vida ao longo do fio condutor da coerência, dos campos biológicos, da informação encarnada e da cognição difusa, torna-se inevitável questionarmo-nos sobre o que tudo isto implica para a ciência — e para nós. O capítulo XI não se limita a encerrar o livro: expõe as suas consequências.

A biologia dos campos, de facto, não é apenas um modelo interpretativo alternativo. É uma proposta ontológica: sugere que os organismos não são objetos entre objetos, mas sim processos informativos estabilizados, centros de sentido situados no mundo. Aceitar esta perspetiva significa reconhecer que a vida não é redutível nem à máquina nem ao acaso, sem por isso se refugiar em explicações místicas. É uma posição incómoda, mas fecunda.

Ao longo do século XX, a ciência aperfeiçoou instrumentos extremamente poderosos, muitas vezes à custa de uma simplificação do objeto estudado. Este livro mostrou como, no caso do ser vivo, essa simplificação começa a tornar-se um limite. Este capítulo serve, portanto, para esclarecer o que muda quando a vida é concebida como um campo coerente e cognitivo: mudam as questões legítimas, os modelos admitidos, mas também a postura epistémica do cientista. Não se trata de acrescentar «valores» externos à biologia, mas sim de reconhecer que qualquer descrição do ser vivo acarreta implicações culturais e éticas. Como escreve Hans Jonas em «O Princípio da Responsabilidade»: *«Age de forma a que as consequências da tua ação sejam compatíveis com a permanência de uma vida autenticamente humana na Terra.»* Esta afirmação, nascida num contexto filosófico, torna-se surpreendentemente biológica se a vida for entendida como uma rede de campos interdependentes: intervir num deles significa sempre intervir no todo.

Um dos objetivos deste capítulo é mostrar que a biologia dos campos não empobrece a ciência, mas sim a amplia. Introduz novos modelos — sistémicos, não locais, dinâmicos — e obriga-nos a questionar conceitos que a biologia tinha posto de lado por prudência: forma, finalidade, significado. Não como dogmas, mas como problemas legítimos.

Neste sentido, o diálogo com a metafísica não é um passo atrás, mas sim um passo para o lado. Portanto, este capítulo não oferece soluções definitivas. Aponta uma direção. Mostra que pensar a vida como um evento de sentido implica uma ciência mais reflexiva e um saber mais responsável. É o ponto em que o discurso científico se cruza com a questão sobre o que vale a pena conhecer — e sobre como usar o que sabemos.

Quando a ciência deixa de desmontar e começa a ouvir.

Se a biologia dos campos é uma proposta radical, fá-lo, antes de mais, para a própria ciência. Depois de ter atravessado a crise do paradigma clássico, a descoberta da coerência e a ideia de organismo como campo informativo estabilizado tornam-se inevitáveis: o que muda realmente no trabalho do cientista? A resposta não é técnica, mas sim metodológica e cultural. Mudam os modelos — já não lineares, já não puramente causais — e mudam as questões consideradas legítimas. A biologia dos campos sugere que o ser vivo não pode ser compreendido apenas decompondo-o, mas deve ser acompanhado nos seus padrões de organização, nas suas ressonâncias, nas suas estabilidades dinâmicas. Por outras palavras, a ciência é chamada a observar processos, não apenas mecanismos.

Uma das mudanças mais evidentes diz respeito ao tipo de modelos admitidos. A metáfora dominante da máquina, embora extraordinariamente eficaz no âmbito molecular, revela aqui os seus limites. Os organismos surgem cada vez mais como sistemas coerentes que mantêm a sua identidade através de fluxos contínuos de matéria, energia e informação. Não é uma ideia nova, mas muda a forma como é formalizada.

Recordemos que, na década de 1950, Ludwig von Bertalanffy, fundador da teoria dos sistemas, observou que « » — *«O todo é mais do que a soma das suas partes.»* Uma frase frequentemente citada, mas raramente levada a sério até ao fim. A biologia dos campos tenta fazê-lo, propondo modelos capazes de descrever como a ordem biológica emerge e se mantém sem estar localizada num único nível. Não é por acaso que instrumentos e conceit s, como as dinâmicas não lineares, a auto-organização e a coerência, fazem hoje parte integrante do léxico biológico, muito para além da física que os viu nascer.

A par dos modelos, as questões também mudam. Durante décadas, a biologia privilegiou o «como» em detrimento do «porquê», temendo desvios finalísticos. Mas uma biologia dos campos não pode evitar questionamentos sobre a forma, a estabilidade e a direcionalidade dos processos vitais. Não como causas externas, mas sim como propriedades imanentes dos sistemas vivos.

Conrad Waddington escreveu que o desenvolvimento biológico se assemelha a uma paisagem de possibilidades. Hoje, essa intuição volta a ser atual: a questão já não é apenas quais os genes envolvidos, mas como o organismo mantém a sua trajetória entre muitas possibilidades compatíveis. É uma questão que envolve campos de regulação, e não moléculas isoladas.

Outra mudança diz respeito à ideia de neutralidade científica. Se o ser vivo é um sistema informativo que interpreta e responde, também o ato de o conhecer nunca é completamente externo. A biologia dos campos torna explícito algo que filósofos da ciência como Evelyn Fox Keller há muito têm sublinhado: os modelos não são espelhos da natureza, mas instrumentos situados, impregnados de metáforas e escolhas implícitas.

Karl Popper recordava que *«A ciência não é um sistema de enunciados certos, mas um empreendimento humano em constante revisão.»* Neste contexto, o valor de uma teoria não reside apenas na sua capacidade preditiva, mas também na sua abertura: na possibilidade de integrar diferentes níveis sem os reduzir forçosamente. A biologia dos campos exige que a ciência se torne mais reflexiva, não menos rigorosa.

Por fim, muda a relação entre o que é mensurável e o que é significativo. Nem tudo o que importa num sistema vivo é imediatamente quantificável, e nem tudo o que é quantificável esgota o fenómeno. Isto não significa renunciar à medição, mas reconhecer os seus limites. Como advertiu Niels Bohr, refletindo sobre os sistemas complexos: *«Não somos espectadores, mas atores no grande drama da existência.»*

Transposta para a biologia, esta afirmação convida-nos a desenvolver instrumentos capazes de captar padrões, relações e estabilidade, sem pretender reduzi-los a uma única escala. É uma mudança subtil, mas profunda: a ciência não renuncia a explicar, mas aceita que explicar a vida signifique também interpretá-la.

O que muda para o ser humano quando a vida é um campo.

Se a biologia dos campos redefine o que é a vida, inevitavelmente redefine também quem somos nós. Não como efeito colateral, mas como consequência direta. Porque o ser humano não observa a vida a partir do exterior: é uma modulação complexa da mesma, uma estabilização particular de informação encarnada. Quando o organismo deixa de ser concebido como uma máquina composta por peças, mas sim como um campo coerente que se mantém ao longo do tempo, a identidade, a saúde e a relação com a natureza deixam de ser conceitos separados.

Nesta perspetiva, a identidade já não coincide com um núcleo fixo — o genoma, o cérebro, a personalidade — mas sim com um processo de continuidade dinâmica. Somos reconhecíveis não por sermos imutáveis, mas por sermos coerentes. O filósofo Maurice Merleau-Ponty insistia numa ideia então marginal: o corpo não é um objeto que possuímos, mas a própria forma como estamos no mundo. Hoje, essa intuição encontra uma ressonância biológica precisa. Pensar o homem como um campo significa reconhecer que a identidade emerge da relação constante entre os níveis: molecular, fisiológico, percetivo e simbólico.

Também a saúde muda de estatuto. Já não é simplesmente o silêncio dos órgãos ou o regresso aos parâmetros normais, mas sim a qualidade da coerência global do organismo. Um corpo saudável não é aquele que nunca se desvia, mas aquele que sabe reorganizar-se sem perder a sua unidade.

Na década de 1970, o epidemiologista Aaron Antonovsky — a trabalhar entre Israel e os Estados Unidos — propôs o conceito de *«sense of* coherence» para explicar por que razão algumas pessoas permanecem saudáveis e e es em condições adversas. A sua intuição era que a saúde dependia da capacidade de dar sentido e continuidade à experiência, e não apenas de fatores biológicos isolados. Hoje, essa ideia pode ser reinterpretada numa perspetiva biológica: a saúde como estabilidade informativa, como manutenção do equilíbrio.

Isto também desloca o centro de gravidade da responsabilidade: não no sentido culpabilizante de «a responsabilidade é toda tua», mas como participação ativa. Os cuidados já não dizem respeito apenas à reparação, mas ao apoio à coerência: ambiental, relacional, temporal.

Por fim, muda a forma como o ser humano se posiciona na natureza. Se os organismos são campos que interagem, então também o ecossistema não é um simples recipiente, mas um campo de campos. O ser humano não está acima nem fora, mas dentro, em ressonância contínua. Quando Rachel Carson publicou *«Silent* Spring» em 1962, relatou não só um desastre ecológico, mas uma perda de relações invisíveis: insetos, aves, solos, ciclos sazonais. No livro, a autora denuncia o uso indiscriminado de pesticidas químicos, mostrando como estes prejudicam os ecossistemas, matam a fauna e colocam em risco a saúde humana. Na altura, foi acusada de sentimentalismo. Hoje, surge como uma das primeiras vozes a intuir que a saúde humana e a dos ecossistemas são inseparáveis, porque partilham campos de informação e regulação.

Também James Lovelock, enquanto trabalhava como consultor científico da NASA na década de 1960, chegou à hipótese da Gaia ao observar anomalias químicas na atmosfera terrestre. A Terra, sugeria ele, comporta-se como um sistema autorregulado. Não uma divindade, mas uma organização coerente. Neste contexto, o homem não é um dominador, mas um modulador poderoso e, por isso, responsável.

O que muda para o homem, em última análise, não é uma crença isolada, mas o tom de fundo. A ideia de sermos entidades separadas dá lugar à ideia de sermos nós sensíveis numa trama viva. Isto não reduz a individualidade, torna-a mais profunda. Não dissolve a liberdade, mas ancora-a a condições reais. Não idealiza a natureza, mas reconhece a sua complexidade partilhada. Como escreveu Gregory Bateson, refletindo sobre os sistemas vivos: *«A ruptura das ligações é sempre uma forma de* loucura.» A biologia dos campos sugere que a saúde do homem — biológica, psíquica, cultural — depende da qualidade das ligações que ele consegue manter.

Ciência e metafísica reconciliadas.

Durante muito tempo, na cultura ocidental, a ciência e a metafísica olharam uma para a outra com desconfiança. A primeira acusava a segunda de imprecisão; a segunda repreendia a primeira por cegueira quanto ao significado. A biologia dos campos, quase sem o querer, obriga hoje ambas a rever as suas posições. Não para se fundirem num sincretismo confuso, mas para reconhecerem que o ser vivo coloca questões que nenhuma das duas, por si só, consegue já sustentar.

O ponto de partida é surpreendentemente concreto. Quando a vida é descrita como uma estrutura informativa estabilizada, como um campo coerente que organiza a matéria e a energia ao longo do tempo, a linguagem puramente mecanicista começa a mostrar fissuras. Não porque seja falsa, mas porque é incompleta.

Desde então, a ciência da complexidade deu passos gigantescos, mas o nó filosófico permanece. Ilya Prigogine gostava de repetir que *«o futuro não está determinado»*. Dizia-o ao estudar sistemas distantes do equilíbrio, não ao escrever ensaios existenciais. No entanto, essa frase tem um alcance metafísico evidente: se a natureza produz novidades reais, se o tempo é criativo, então o mundo não é um simples desdobramento de causas já escritas. A biologia dos campos recolhe este legado e leva-o para o coração do ser vivo.

É aqui que se dá o ponto de reconciliação. A metafísica não regressa pela porta do mistério inefável, mas pela da estrutura. Já não fala de «forças vitais» num sentido nebuloso, mas sim de princípios de organização, de unidade que precede as partes, de significado como dimensão intrínseca dos sistemas vivos. É uma metafísica sóbria, poderíamos dizer, que renuncia às explicações últimas e « », mas rejeita a ideia de que o sentido seja uma ilusão subjetiva.

Um episódio frequentemente recordado nos círculos académicos franceses conta a história de uma discussão ocorrida em Paris, no final dos anos 80, entre um biólogo molecular e um filósofo da ciência, após uma conferência no Musée de l'Homme. O primeiro defendia que *«no fim, tudo se reduz às moléculas»*. O segundo respondeu: *«Sim, mas nem tudo se decide aí»*. É nesta diferença, mínima mas decisiva, que a biologia dos campos encontra o seu espaço.

A reconciliação ocorre também no plano da responsabilidade do saber. Hans Jonas, em *«O Princípio* da Responsabilidade» (1979), não falava de campos biológicos, mas tinha captado com lucidez o problema: uma ciência extremamente poderosa, desprovida de uma reflexão sobre o sentido e as consequências, torna-se perigosamente míope. Se a vida é uma rede de campos informativos, qualquer intervenção técnica nunca é local, mas ressoa em níveis que muitas vezes não sabemos medir de imediato. A metafísica, neste contexto, não dita leis à ciência: lembra-lhe a amplitude do seu impacto.

É importante esclarecer o que esta reconciliação não é. Não é um regresso ao misticismo, nem uma espiritualização imprópria da biologia. Mas também não é um reducionismo refinado que altera o vocabulário, deixando intacta a estrutura. Falar de campos significa aceitar que existem níveis de realidade que só podem ser descritos em termos relacionais e formais, não sendo completamente traduzíveis em cadeias causais lineares.

Neste sentido, a biologia dos campos desempenha um papel cultural semelhante ao que a relatividade geral teve no início do século XX. Quando Einstein apresentou as suas equações em 1915, em Berlim, não propôs apenas uma nova física, mas uma nova forma de pensar o espaço e o tempo. Da mesma forma, uma biologia que reconhece campos de informação estabilizados obriga-nos a repensar categorias como causa, forma, emergência, finalidade — palavras que a ciência tinha expulso, mas que agora regressam, transformadas e vigiadas.

O resultado não é uma síntese definitiva, mas uma coexistência fecunda. A ciência continua a fazer o que sabe fazer melhor: observar, medir, modelar. A metafísica renuncia às explicações totais, mas volta a questionar os pressupostos, os limites, o sentido global. A vida, entretanto, permanece ali: concreta, mensurável e, no entanto, irredutível a uma mera soma de dados.

Para além da explicação, antes do mistério: a vida como um acontecimento que fala.

Chegados a este ponto, depois de termos abordado as crises do paradigma, da coerência, dos campos, da saúde e do conhecimento biológico, resta uma questão que já não pode ser ignorada. Não se trata de uma questão técnica, nem de um problema de método. É uma questão de natureza: que tipo de realidade é a vida, se, para a compreender, temos de recorrer não só a reações, seleções e informações, mas também a unidades, forma, orientação e sentido?

A biologia dos campos não fornece uma resposta definitiva, mas torna evidente que o ser vivo não é neutro em relação ao significado. Não no sentido de que «significa algo» como um texto simbólico, mas no sentido mais sóbrio e profundo: a vida ocorre como um acontecimento estruturado, coerente e orientado. E onde há orientação, mesmo que mínima, mesmo que impessoal, surge inevitavelmente uma questão de sentido.

Um físico como John Archibald Wheeler, nos últimos anos da sua vida, gostava de resumir a sua visão com uma fórmula curiosa: «*it from bit*». A realidade física, sugeria ele, emerge da informação. Era uma hipótese ousada, mas reveladora de um clima cultural: quando a ciência chega ao cerne dos processos, depara-se com algo que não é apenas matéria em movimento, mas configuração, escolha entre possibilidades, estabilização de formas. A biologia dos campos transporta esta intuição para o domínio do vivo, mostrando que os organismos não são apenas produtos do mundo, mas eventos que organizam o mundo localmente.

Aqui, a ciência e a metafísica deixam de disputar território e começam, finalmente, a reconhecer-se mutuamente. A ciência aceita que a descrição do vivo implica níveis de realidade que não se esgotam na causalidade linear. A metafísica, por sua vez, renuncia a falar em nome da ciência e limita-se a questionar aquilo que a ciência pressupõe sem poder medi-lo diretamente: unidade, identidade, direção, valor.

Pensar a vida como um acontecimento de sentido não significa atribuir-lhe um fim externo ou um projeto cósmico pré-estabelecido. Significa reconhecer que, no universo conhecido, a vida é o lugar onde a informação se torna experiência organizada, onde a matéria deixa de ser indiferente a si própria. Como escreveu a filósofa Hannah Arendt, ao refletir sobre o nascimento, cada novo começo *«introduz no mundo algo que antes não existia»*. A biologia dos campos mostra que isto não se aplica apenas à ação humana, mas ao ser vivo enquanto tal.

Este capítulo encerra-se, portanto, num limiar. Não oferece uma metafísica da vida, mas mostra por que razão uma reflexão sobre o sentido não é um acréscimo arbitrário, mas sim uma consequência natural do que a biologia contemporânea está a descobrir. Se a vida é um campo coerente que se mantém ao longo do tempo, se conhece, mede, seleciona e responde, então não é apenas um facto do universo, mas um acontecimento que o modifica a partir de dentro.

A conclusão do livro poderá agora abordar abertamente esta implicação: não o que significa a vida, mas por que razão, no próprio coração da natureza, o significado se torna uma possibilidade real.

Conclusão. A vida como evento de sentido no universo.

Chegados à conclusão, o percurso percorrido pela biologia dos campos permite formular uma afirmação que, há apenas algumas décadas, teria parecido inadequada num contexto científico: a vida é um evento de sentido no universo. Não se trata de um acréscimo poético, nem de um consolo filosófico, mas sim de uma consequência rigorosa do que emerge quando o ser vivo é observado como uma estrutura informativa estabilizada, como um campo coerente que organiza matéria, energia e informação ao longo do tempo.

Durante muito tempo, a ideia dominante foi a de que a vida constituía um desvio improvável num cosmos essencialmente indiferente. Jacques Monod, na sua célebre obra «O Acaso e a Necessidade», falava de uma «solidão» fundamental do homem num universo cego. Essa visão teve uma enorme influência cultural, mas hoje parece estar historicamente contextualizada. Não porque tenha sido «desmentida», mas porque o quadro cognitivo mudou. Ao estudar sistemas complexos, auto-organização e dinâmicas não lineares, torna-se cada vez mais difícil sustentar que a vida seja apenas um acidente estatístico.

Este livro sugere outra perspetiva: a vida como uma modalidade natural através da qual o universo, em determinadas condições, produz coerência duradoura e informação incorporada. Não é um acontecimento sobrenatural, mas também não é uma simples consequência mecânica. É uma mudança de nível. Tal como a água que, a uma determinada temperatura, deixa de ser líquida e se transforma em gelo com novas propriedades, assim a matéria, ao organizar-se em campos biológicos, gera algo que antes não existia: um centro de relação, de memória, de resposta.

Uma anedota pouco conhecida diz respeito a uma conferência proferida por Freeman Dyson em Princeton, no início dos anos 2000. No final do encontro, um estudante perguntou-lhe se considerava a vida «inevitável» no universo. Dyson sorriu e respondeu: *«Não sei se é inevitável, mas certamente não é surpreendente»*. Nessa frase há uma mudança subtil, mas decisiva: a vida não como uma exceção escandalosa, mas sim como o resultado coerente de um cosmos rico em possibilidades organizacionais.

Pensar na vida como um acontecimento de sentido não implica atribuir-lhe um propósito pré-estabelecido. O sentido, aqui, não é um fim imposto pelo exterior, mas uma propriedade emergente. Cada organismo vivo seleciona, interpreta e distingue o que importa do que não importa. Até mesmo a bactéria, no seu ambiente microscópico, vive num mundo significativo, feito de gradientes, limiares e sinais. Jakob von Uexküll já o tinha intuito na década de 1920, ao falar de Umwelt: cada ser vivo habita um mundo de sentido, não um universo neutro.

Se isto se aplica a todos os organismos, então o surgimento da vida introduz no universo uma nova qualidade: a possibilidade de algo ter importância. Não para alguém em particular, não para um observador externo, mas para o próprio sistema vivo. «*A biologia dos* campos» torna visível esta transição, mostrando como a coerência biológica é sempre também coerência funcional, orientada para a persistência, para a relação, para a continuidade.

Um episódio relatado por um médico de clínica geral durante os anos difíceis da pandemia ilustra este ponto numa perspetiva concreta. Perante doentes com parâmetros clínicos semelhantes, alguns reagiam, outros não. «*A certa* altura», disse ele, «*percebi que não estava apenas a tratar corpos, mas histórias que tentavam permanecer inteiras*». Não se trata de uma afirmação científica no sentido estrito, mas é uma intuição que ressoa profundamente com a ideia de campo: a vida como unidade de significado que tenta manter-se.

Nesta perspetiva, o universo já não aparece como um pano de fundo indiferente sobre o qual a vida acontece por engano. Aparece, antes, como um contexto capaz, pelo menos localmente, de produzir sentido através da vida. A biologia dos campos não afirma que o universo «queira» a vida, mas mostra que o universo pode tornar-se significativo graças à vida. É uma diferença subtil, mas crucial.

Concluir falando de sentido não significa sair da ciência, mas reconhecer o seu limite fecundo. A ciência descreve como a vida acontece; o sentido emerge do próprio facto de acontecer assim, e não de outra forma. Neste espaço, não vazio mas aberto, situa-se a responsabilidade humana: compreender que, ao estudar a vida, estamos a observar uma das formas pelas quais o universo se torna interpretável, e até narrável.

A vida, então, não é um milagre que viola as leis da natureza, nem um acidente sem importância. É um dos acontecimentos em que a natureza, seguindo as suas próprias leis, supera a sua indiferença e inaugura um mundo em que algo importa.

bibliografia especializada.

Segue-se uma bibliografia especializada, abrangente e coerente com o quadro conceptual do livro, orientada para os campos da biologia, da informação, da forma, da coerência, da complexidade e para além do reducionismo, incluindo clássicos, textos científicos, teóricos e obras interdisciplinares. Os títulos estão na língua original, quando disponível.

Abrams David	The Spell of the Sensuous – Pantheon Books
Bateson Gregory	Mind and Nature: A Necessary Unity – Dutton
Bateson Gregory	Steps to an Ecology of Mind – University of Chicago Press
Behe Michael J.	Darwin's Black Box – Free Press
Bohm David	Wholeness and the Implicate Order – Routledge
Bohm David	Causality and Chance in Modern Physics – Routledge
Capra Fritjof	The Web of Life – Anchor Books
Capra Fritjof, Luisi Pier Luigi	The Systems View of Life – Cambridge University Press
Davies Paul	The Cosmic Blueprint – Simon & Schuster
Davies Paul	The Fifth Miracle – Simon & Schuster
Deacon Terrence W.	Incomplete Nature: How Mind Emerged from Matter – W.W. Norton
Del Giudice Emilio	Role of Coherence in Biological Systems – World Scientific
Elsasser Walter	The Physical Foundation of Biology – Pergamon Press
Elsasser Walter	Atom and Organism – Princeton University Press
Goodwin Brian	How the Leopard Changed Its Spots – Princeton University Press
Goodwin Brian	Nature's Due – Floris Books
Gould Stephen Jay	The Structure of Evolutionary Theory – Harvard University Press
Hameroff Stuart, Penrose Roger	Consciousness and the Universe – Cosmology Science Publishers

Ho Mae-Wan	The Rainbow and the Worm – World Scientific
Hoffmeyer Jesper	Signs of Meaning in the Universe – Indiana University Press
Hoffmeyer Jesper	Biosemiotics – University of Scranton Press
Jantsch Erich	The Self-Organizing Universe – Pergamon Press
Kauffman Stuart	The Origins of Order – Oxford University Press
Kauffman Stuart	At Home in the Universe – Oxford University Press
Keppler Joachim	The Energetic Basis of Life – Springer
Lovelock James	Gaia: A New Look at Life on Earth – Oxford University Press
Margulis Lynn	Symbiotic Planet – Basic Books
Margulis Lynn, Sagan Dorion	What Is Life? – University of California Press
Maturana Humberto, Varela Francisco	Autopoiesis and Cognition – D. Reidel
Maturana Humberto, Varela Francisco	The Tree of Knowledge – Shambhala
Montagnier Luc	DNA Waves and Water – AIP Conference Proceedings
Morin Edgar	La Méthode – Seuil
Pattee Howard	Hierarchy Theory – George Braziller
Penrose Roger	The Emperor's New Mind – Oxford University Press
Prigogine Ilya	From Being to Becoming – W.H. Freeman
Prigogine Ilya, Stengers Isabelle	Order Out of Chaos – Bantam Books
Rosen Robert	Life Itself – Columbia University Press
Rosen Robert	Essays on Life Itself – Columbia University Press
Sheldrake Rupert	A New Science of Life – Blond & Briggs
Sheldrake Rupert	The Presence of the Past – Times Books
Stengers Isabelle	Thinking with Whitehead – Harvard University Press
Uexküll Jakob von	A Foray into the Worlds of Animals and Humans – University of Minnesota Press
Varela Francisco	Ethical Know-How – Stanford University Press
Waddington C.H.	The Strategy of the Genes – Allen & Unwin
Whitehead Alfred North	Process and Reality – Free Press
Wiener Norbert	Cybernetics – MIT Press
Wolfram Stephen	A New Kind of Science – Wolfram Media

Estudos e investigações

Segue-se uma lista especializada de estudos e projetos científicos recentes e reconhecidos, coerentes com o tema do livro.

Privilegiei trabalhos sobre coerência biológica, campos, informação, não-localidade, sistemas complexos, biofísica e cognição incorporada, evitando títulos puramente metafóricos.

Os títulos estão na língua original; a lista está ordenada alfabeticamente pelo apelido do autor principal.

Albert Rémi	Institut de Biologie de l'École Normale Supérieure	*Network Inference, Analysis, and Modeling in Systems Biology* – Nature Reviews Genetics
Bialek William	Princeton University	*Biophysics: Searching for Principles* – Princeton University Press
Cifra Michal	Czech Academy of Sciences	*Electromagnetic Fields Generated by Living Cells* – BioSystems
Del Giudice Emilio	INFN – Istituto Nazionale di Fisica Nucleare	*Coherent Quantum Electrodynamics in Living Matter* – Journal of Physics: Conference Series
De Loof Arnold	University of Leuven	*The Cell's Self-Generated Electromagnetic Field* – Communicative & Integrative Biology
Ellis George F.R.	University of Cape Town	*Top-Down Causation and the Emergence of Information in Complex Systems* – Interface Focus
Fields Chris	Independent Researcher	*How Do Living Systems Create Meaning from Information?* – Biosemiotics

Fröhlich Herbert	University of Liverpool	*Long-Range Coherence and Energy Storage in Biological Systems* – International Journal of Quantum Chemistry
Giudice Del Emilio, Preparata Giuliano	INFN	*Biological Ordering and Coherent Domains in Water* – Journal of Biological Physics
Haken Hermann	University of Stuttgart	*Synergetics: Introduction and Advanced Topics* – Springer
Ho Mae-Wan	Institute of Science in Society	*Quantum Coherence and the Living Organism* – BioSystems
Keppler Joachim	University of Tübingen	*The Energetic Basis of Information and Consciousness* – Entropy
Kauffman Stuart	Institute for Systems Biology	*Autocatalytic Sets and the Origin of Life* – Journal of Theoretical Biology
Levin Michael	Tufts University – Allen Discovery Center	*The Computational Boundary of a "Self"* – Frontiers in Psychology
Levin Michael	Tufts University – Allen Discovery Center	*Bioelectric Signaling: Reprogrammable Circuits Underlying Embryogenesis* – Cell
Longo Giuseppe	CNRS – École Normale Supérieure	*Extended Criticality and the Physics of Life* – Journal of Biological Systems
Montagnier Luc	Fondation Luc Montagnier	*DNA Waves and Water* – Interdisciplinary Sciences: Computational Life Sciences
Mossio Matteo	CNRS – Sorbonne Université	*Organizational Closure in Biological Organisms* – Journal of Theoretical Biology
Noble Denis	University of Oxford	*Biophysics and Systems Biology: Why Reductionism Fails* – Journal of Physiology
Popp Fritz-Albert	International Institute of Biophysics	*Biophoton Emission: New Evidence for Coherence in Living Systems* – Physics Letters A
Prigogine Ilya	Université Libre de Bruxelles	*Non-Equilibrium Systems and the Emergence of Order* – Physics Today
Rosen Robert	Dalhousie University	*Life Itself: A Comprehensive Inquiry into the Nature, Origin, and Fabrication of Life* – Columbia University Press

Simeonov Plamen	BAS – Bulgarian Academy of Sciences	*Integral Biomathics: A Post-Newtonian View into the Logos of Bios* – Springer
Torday John	UCLA	*Evolutionary Biology, Cell Communication and the Origin of Physiological Coherence* – Progress in Biophysics and Molecular Biology
Ulanowicz Robert	University of Maryland	*Information Theory in Ecology and Biology* – BioSystems
Varela Francisco	CNRS – CREA, École Polytechnique	*The Brainweb: Phase Synchronization and Large-Scale Integration* – Nature Reviews Neuroscience
Walker Sara Imari	Arizona State University	*The Information Theory of Life* – Reports on Progress in Physics
Werner Eric	University of Oxford	*The Origin, Evolution and Development of Biological Complexity* – BioSystems

Quarta de capa

Seremos realmente apenas o resultado de milhares de milhões de reações químicas orquestradas pelo ADN? Ou será que a vida esconde um princípio organizador mais profundo, capaz de dar forma, coerência e sentido à matéria viva? A biologia dos campos convida o leitor a questionar uma das certezas mais enraizadas da ciência moderna: a ideia de que compreender as partes equivale a compreender o todo.

Com um estilo divulgativo mas rigoroso, este livro acompanha o leitor na crise do paradigma biológico clássico, onde a explicação bioquímica revela os seus limites e o darwinismo tem dificuldade em dar resposta ao problema da forma. Como pode um organismo manter a sua identidade, desenvolver-se de forma coerente e adaptar-se criativamente ao ambiente, se não existe um princípio que coordene as partes antes mesmo de estas entrarem em ação?

A resposta proposta é tão ousada quanto fascinante: a vida como fenómeno de coerência. Da física dos sistemas complexos e quânticos à biologia, surge a imagem do organismo como um sistema não-local, no qual o todo precede e informa as partes. Neste horizonte, tomam forma os campos biológicos: não são metáforas vagas, mas estruturas informativas reais, capazes de estabilizar a forma, orientar os processos vitais e tornar a matéria viva algo mais do que um conjunto aleatório.

Informação que se encarna, energia vital a repensar em termos científicos, saúde como estado de coerência global e doença como fragmentação do campo: cada capítulo abre uma nova perspetiva sobre o viver e o conhecer. A vida surge assim como um processo cognitivo difuso, em que cada organismo, desde o mais simples ao mais complexo, interpreta o mundo e responde a ele de forma significativa.

A biologia dos campos não promete fórmulas definitivas, mas propõe uma visão integrada e responsável, capaz de estabelecer um diálogo entre ciência, filosofia e tradição sem as confundir. Um livro para quem sente que reduzir a vida a um mecanismo já não basta e sente a necessidade de conceber o organismo como um acontecimento de sentido no universo.

Breve sinopse ISBN

O livro propõe uma releitura inovadora do fenómeno vital, dirigida a quem percebe os limites de uma biologia reduzida à pura química e genética. Com um estilo divulgativo mas rigoroso, o livro aborda a crise do paradigma clássico, mostrando por que razão a vida não pode ser explicada como uma simples soma de reações nem como resultado cego da seleção natural. No centro da obra surge o conceito de coerência: a vida como um processo unitário em que o todo precede e organiza as partes. O organismo é assim descrito como um sistema não-local, sustentado por campos biológicos entendidos não como metáforas, mas como estruturas informativas reais, capazes de orientar a forma, estabilizar a identidade e integrar matéria, energia e informação. Esta perspetiva abre novas chaves de leitura para a saúde e a doença, entendidas respetivamente como estados de coerência ou de fragmentação do campo vital, e conduz a uma visão da vida como um processo cognitivo difuso. Um livro para leitores interessados numa biologia capaz de dialogar com a filosofia e de devolver à vida o seu valor de sentido no universo.

O autor

Bruno Del Medico, nascido em 1946 em Sabaudia (Itália), dedicou-se, ao longo da sua vida profissional, à informática e ao desenvolvimento de software. Posteriormente, dedicou-se ao estudo e à divulgação das teorias científicas mais atuais, como a teoria quântica na sua aceção metafísica. Atualmente, Bruno Del Medico é autor de numerosas obras publicadas pela editora Edizioni PensareDiverso. O trabalho de Bruno Del Medico distingue-se das narrativas tradicionais no campo das ciências técnicas pela sua abordagem crítica, independente e não convencional. Em vez de se limitar a interpretações padrão ou ao consenso geral sobre temas puramente científicos, Bruno Del Medico explora perspetivas alternativas que, muitas vezes, vão contra a corrente, questionando os pressupostos comummente aceites. Uma característica peculiar das suas obras é a capacidade de entrelaçar ciência, ética e filosofia num diálogo aberto, que incentiva o leitor a refletir de forma autónoma e a considerar as implicações mais profundas das inovações tecnológicas e científicas.

a vida como processo informativo – campos vitais,
organismos como sistemas coerentes – não localidade,
biologia e física quântica – coerência,
informação encarnada – forma biológica,
saúde e doença – perda de coerência,
epistemologia da biologia – nova ciência,
vida e sentido – metafísica da natureza,

AM – biologia dos campos – a vida como informação,
nova biologia – para além do reducionismo,
coerência biológica – física e vida,
campos biológicos – organismo não local,
saúde como coerência – doença sistémica,
darwinismo e forma – crítica ao evolucionismo,
biologia quântica – sistemas complexos,

www.ingramcontent.com/pod-product-compliance
Lightning Source LLC
LaVergne TN
LVHW052025200926
848481LV00005B/1583